Systems

Volume 5

Parcours au Pays des Systèmes

Volume 1
A Journey Through the Systems Landscape
Harold "Bud" Lawson

Volume 2
A Discipline of Mathematical Systems Modelling
Matthew Collinson, Brian Monahan, and David Pym

Volume 3
Beyond Alignment. Applying Systems Thinking in Architecting Enterprises
John Gøtze and Anders Jensen-Waud, eds.

Volume 4
Measuring Organisational Efficiency
Francisco Parra-Luna and Eva Kasparova, in collaboration with Micael Frenck

Volume 5
Parcours au Pays des Systèmes (French translation of Volume 1)
Harold "Bud" Lawson. Translated by Brigitte Daniel-Allegro

Systems Series Editors

Parcours au Pays des Systèmes

Harold "Bud" Lawson

Traduit de l'anglais (Etats-Unis) par
Brigitte Daniel-Allegro

ISBN 978-1-84890-148-3

College Publications
Scientific Director: Dov Gabbay
Managing Director: Jane Spurr

http://www.collegepublications.co.uk

Printed by Lightning Source, UK

The Systems series publishes books related to Systems Science, Systems Thinking, Systems Engineering and Software Engineering.

Systems Science having its contemporary roots in the first half of the 20th century is today made up of a diversity of approaches that have entered different fields of investigation. Systems Science explores how common features manifest in natural and social systems of varying complexity in order to provide scientific foundations for describing, understanding and designing systems.

Systems Thinking has grown during the latter part of the 20th century into highly useful discipline independent methods, languages and practices. Systems Thinking focuses upon applying concepts, principles, and paradigms in the analysis of the holistic structural and behavioral properties of complex systems. In particular the patterns of relationships that arise in the interactions of multiple systems.

Systems and Software Engineering. Systems Engineering has gained momentum during the latter part of the 20th century and has led to engineering related practices and standards that can be used in the life cycle management of complex systems. Software Engineering has continued to grow in importance as the software content of most complex systems has steadily increased and in many cases have become the dominant elements. Both Systems and Software Engineering focus upon transforming the need for a system into products and services that meet the need in an effective, reliable and cost effective manner. While there are similarities between Systems and Software Engineering, the unique properties of software often requires special expertise and approaches to life cycle management.

Systems Science, Systems Thinking, as well as Systems and Software Engineering can, and need to, be considered complementary in establishing the capability to individually and collectively "think" and "act" in terms of systems in order to face the complex challenges of modern systems.

This series is a cooperative enterprise between College Publications, the School of Systems and Enterprises at Stevens Institute of Technology and the Bertalanffy Centre for the Study of Systems Science (BCSSS).

TABLE DES MATIERES

Préface

La capacité à « Penser » et « Agir » en termes de système est un prérequis pour diriger et faire fonctionner des organisations tant publiques que privées afin qu'elles atteignent effectivement et efficacement leur finalité, leurs buts et leurs missions. Penser Système, est intimement lié à la capacité à comprendre la structure des systèmes et les interrelations comportementales de multiples systèmes en situations opérationnelles. Le Penser Système, également appelé approche système a évolué, grâce à diverses contributions depuis le début des années 1920, en une discipline qui peut s'appliquer pour mieux appréhender les caractéristiques du dénominateur commun à différents types de systèmes et, en particulier, les relations dynamiques entre plusieurs systèmes en fonctionnement.

Grâce au *Penser Système,* des organisations et leurs entreprises peuvent apprendre, d'une part à identifier des opportunités et des problèmes de nature système et d'autre part à déterminer le besoin de changements de systèmes et d'en évaluer les effets potentiels. Après avoir décidé du besoin de nouveaux systèmes, de la suppression de systèmes ou de changements structurels d'un ou plusieurs systèmes existants, il est vital de déployer des moyens contrôlés « d'agir » pour gérer les modifications de façon efficace et fiable. A cet égard, les principes d'ingénierie système comprenant les processus de gestion du cycle de vie des systèmes, tels que ceux définis dans le standard international ISO/IEC 15288 (*System Life Cycle Processes*), fournissent un guide pertinent pour la *gestion du cycle de vie* de tout système artificiel.

Ce livre a été fait pour mettre en exergue les propriétés essentielles des *actifs* des systèmes organisationnels, en appréhendant, d'une part, le traitement des *situations-systèmes* dynamiques et en se focalisant, d'autre part, sur une des activités les plus délicates de toute organisation ou entreprise, à savoir la *gestion du changement*. Pour ce, il introduit les *principes* et les *concepts* système du point de vue du *Penser Système* (systémique) aussi bien que du point de vue ingénierie système à l'aide du standard ISO/IEC 15288. Il fournit un *modèle de gestion du changement* basé sur les paradigmes du *Penser* et de l'*Agir* ainsi que des *connaissances à collecter*. Le modèle peut s'appliquer dans l'organisation ou l'entreprise partout où il y a besoin de prendre des décisions critiques en rapport avec des problèmes à traiter ou en rapport avec des opportunités à saisir, faisant appel à des *actifs* de nature système ou des *situations* de nature système.

L'objectif premier de ce livre est de faire réfléchir chacun et de promouvoir la communication au sein des groupes et des équipes qui voudront à la fois comprendre les *situations-systèmes* et les *systèmes de réponse* complexes et en même temps améliorer, grâce à la gestion des systèmes, les *actifs* utilisés pour réaliser la finalité, les buts et les missions de leur organisation ou entreprise. Le but ultime est d'aider à créer une *organisation apprenante* qui améliore en permanence ses capacités à *Penser et Agir Système*.

LE PARCOURS

Le livre est organisé comme un parcours au pays conceptuel des systèmes d'une organisation et de ses entreprises. Le parcours se déroule à travers des chapitres modulaires dans lesquels sont présentés des *principes* et des *concepts* importants ainsi que les *connaissances* requises pour *Penser et Agir Système*. Pour encourager l'assimilation des connaissances, chaque chapitre se termine par un certain nombre de questions et d'exercices qui aident le lecteur à vérifier ses propres connaissances acquises dans le chapitre concerné. Cette approche peut et doit être utilisée également par des groupes ou des équipes qui apprennent à partir de situations, d'autant plus que les questions et les exercices conduisent à des discussions enrichissantes, des dialogues et un apprentissage collectif. Le dessin ci-après brosse les grandes lignes du parcours.

Introduction aux Systèmes – Le parcours commence par la reconnaissance de l'omniprésence des systèmes, des étapes franchies par le courant des systèmes et également de la nature interdisciplinaire des systèmes. Il se poursuit par la présentation d'un modèle unifié soulignant le rôle central de la structure et du comportement dans le domaine des sciences, de l'ingénierie et d'autres disciplines et par l'introduction des disciplines du *Penser Systèmes* et de l'*Ingénierie Système*. Les systèmes sont ensuite classés en types fondamentaux. Les hiérarchies et les réseaux sont identifiés comme les deux topologies rudimentaires des systèmes. Le voyage continue avec la présentation des multiples *points de vue* et *vues* des systèmes. Envisager que les systèmes ne sont pas réels et n'existent que par leurs descriptions est présenté comme un argument de controverse. Le parcours se prolonge avec la description de l'atteinte de la finalité, des buts et des missions de l'organisation et de l'entreprise reposant sur l'usage des systèmes en tant qu'actifs. Les *actifs-systèmes* sont décrits comme des systèmes de soutien et mis en regard d'une part, avec les *situations-systèmes* naissant de problèmes ou d'opportunités et, d'autre part, avec les *systèmes de réponse* créés pour comprendre les situations problématiques ou opportunistes.

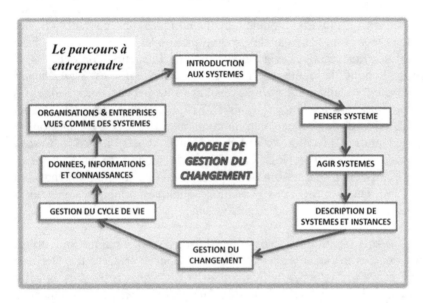

Le parcours passe ensuite par la description du regroupement de systèmes opérationnels individuels en *Systèmes de Systèmes* pour répondre à une situation de crise complexe ou pour former une entreprise. Un *modèle de changement générique* est introduit. Il se focalise sur les changements structurels et opérationnels ainsi que sur la collecte des connaissances en s'appuyant sur des mécanismes d'assimilation et de réutilisation. Le parcours passe aussi par la présentation de différentes sources de complexité des systèmes et du besoin d'avoir une vue holistique des systèmes. Enfin, nous formalisons cette introduction informelle aux systèmes de ce premier chapitre grâce à un *Kit de Survie des Systèmes* constitué d'un petit nombre de concepts, un *Modèle Mental Universel* et quelques principes. Le lecteur devrait toujours garder ce kit à l'esprit car il peut et sera utilisé pour décrire le traitement de tous les types de systèmes.

Penser Système – Nous introduisons le *Penser Système*, notion qui a évolué depuis les années 1920 en une discipline aussi appelée *Pensée Systémique*. Le *Penser Système* se concentre en tout premier lieu sur l'utilisation d'un point de vue holistique pour comprendre les dynamiques des interactions entre de nombreux systèmes en fonctionnement. C'est grâce à ce point de vue que les problèmes ou opportunités sous-jacentes peuvent être identifiées. Nous présentons les buts du *Penser Système* ainsi que quelques-uns des « outils » du commerce. La différence entre les systèmes « hard » et « soft » est décrite. La modélisation est au cœur du *Penser Système*. Il existe une diversité de méthodes et d'outils allant de textes structurés et de représentations graphiques variées, utilisés pour des analyses qualitatives, jusqu'aux modèles mathématiques, en passant par des modèles écrits en langage de programmation et utilisés comme base d'analyses quantitatives via la simulation. Plusieurs approches sont décrites, dont la méthode des *Cinq Pourquoi*, les *diagrammes d'influence*, le langage des *liens, boucles et retards* de Peter Senge, les *images enrichies*, les *Systemigrams, STELLA* et *iThink*. Peter Checkland, une des figures de premier plan du domaine du *Penser Système*, fournit un lien entre *Penser et Agir* dans ce qu'il appelle le « *Soft System Methodology (SSM)* ». Nous considérons le moteur de la *Recherche-Action* qui conduit au besoin de *SSM* ainsi qu'au modèle *SSM* introduit par Checkland. Enfin, nous présentons quelques principes généraux à garder à l'esprit relatifs au *Penser Système*.

Agir Système – Nous introduisons un paradigme qui utilise deux boucles très connues à savoir *OODA* (Observer, Orienter, Décider, Agir) et *PDCA* (*Planifier, Développer, Contrôler, Agir*). Ces boucles sont intégrées au *modèle de gestion du changement* pour articuler les activités récurrentes associées à la prise de conscience d'une *situation* et à la *prise de décision*; il s'agit des activités de projets relatifs aux changements en cours, pour qu'ils s'organisent de façon contrôlée et fiable. Nous présentons le contexte et l'importance de la discipline d'*ingénierie système* pour réaliser les changements au niveau système. La *gestion du cycle de vie des systèmes* s'appuyant sur des processus est au cœur de l'*ingénierie système*. Nous décrivons l'organisation des cycles de vie des *Systèmes d'Intérêt* relativement aux les phases et aux systèmes de soutien contributeurs. Nous introduisons le standard ISO/IEC 15288, développé pour constituer une base aux échanges mondiaux de *produits-systèmes* et de *services-systèmes*. Le standard fournit un moyen de définir les systèmes, de définir les frontières des systèmes et d'identifier les processus clés impliqués dans *la gestion du cycle de vie des systèmes*. Nous donnons un exemple d'utilisation du standard et une description d'une façon de l'ajuster pour répondre aux besoins spécifiques des organisations, des entreprises, des projets et des contrats. Grâce à des définitions claires de ce qui touche aux systèmes et à la mise en évidence des besoins de tous les acteurs du système, le standard promeut le *Penser Système* ; cependant, sa contribution majeure réside dans le guide essentiel qu'il propose pour *Agir Système*.

Descriptions et Instances Systèmes – Ce chapitre met l'accent sur l'importance de la compréhension des différences fondamentales entre les *descriptions des systèmes* et les *instances systèmes* de nature *produits* et *services*. Nous introduisons d'abord un point de vue pour visualiser, sous forme de versions successives du *Systèmes d'Intérêt*, des produits intermédiaires issus des processus. Nous mettons en exergue l'importance à établir des *principes* et des *concepts* directeurs et à évaluer l'utilisation de l'architecture, des processus, des méthodes et des outils pendant le cycle de vie. Ensuite, nous réduisons les cycles de vie à trois phases pour refléter trois transformations fondamentales (*Définition, Production* et *Utilisation*) et nous appliquons le *Modèle Mental Universel* en définissant les buts et les objectifs des situations pour construire des projets associés à chaque phase. Nous décrivons différents aspects du cycle de vie, incluant le champ d'application du projet, les exigences de transformation allouées à l'architecture, les bases de référence et les configurations, les produits réalisés et les aspects opérationnels. L'importance de l'architecture système est mise en exergue en considérant les caractéristiques principales du standard international ISO/IEC 42010 (*Architecture Definition*). Nous introduisons les concepts et les principes de « *Cadre Architectural Léger* » dénommé en anglais « *Light-Weight Architectural Framework (LAF)* » qui permettent de décrire les produits d'architecture venant des acteurs importants du système. Ensuite, nous présentons l'importante question de la propriété des descriptions (définitions) du système, des produits et des services, et nous illustrons le caractère d'influence des négociations de produits et services. Enfin, nous présentons les relations avec le soutien logistique, établies pour la commercialisation des *produits et services-systèmes* dans les différentes phases du cycle de vie.

Gestion du changement – Ce chapitre porte sur la capacité d'organiser et de conduire les activités de changement. Nous expliquons le modèle de rétroaction d'un système cybernétique, composé d'un *élément de contrôle*, d'un *élément contrôlé* et d'un *élément de mesure*. Nous présentons l'utilisation de la cybernétique dans une organisation, telle qu'introduite par Stafford Beer. Nous montrons ensuite que le *Modèle de Gestion du Changement* est, de fait, un système cybernétique. La *mesure de l'effet* d'un changement est indispensable pour déterminer si les objectifs de consigne ont été atteints et pour déterminer la nécessité de futurs changements. Nous passons en revue différents types de mesures de produits, services et processus. Nous décrivons l'importance des *prises de décision cohérentes* ainsi que les conséquences de mauvaises prises de décisions, l'effet de ce qu'on appelle *entropie*. Nous donnons des indications sur la façon dont la gestion du changement peut être mise en œuvre dans le cadre du standard ISO/IEC 15288. Enfin, nous décrivons un raffinement de la partie *OODA* du modèle de changement, en particulier une variante appelée *DOODA* (*Dynamic OODA*) visant à des prises de décision rapides dans des opérations de Commandement et de Contrôle.

Gestion du cycle de vie des Systèmes – Ce chapitre considère en premier lieu les différences entre la *gestion et le leadership des systèmes*. Nous décrivons le rôle du *Comité de Contrôle du Changement* en rapport avec le *Modèle Mental Universel*. Nous présentons et illustrons différents types de systèmes ayant différentes durées de vie. Nous revisitons le thème de *Système de Systèmes* et examinons les questions de propriété. Un regard plus poussé sur les *modèles de cycle de vie*, basé sur plusieurs illustrations du modèle en T, investigue la façon d'appliquer l'ISO/IEC 15288 dans divers types de situations. Nous décrivons les concepts itératifs de développement et de mise en œuvre des systèmes, ainsi que l'acquisition incrémentale et progressive des systèmes. Nous illustrons les propriétés des fameux *modèles en « V »* ou en *spirale*. Nous présentons les rôles et les responsabilités incombant aux différents acteurs impliqués tout au long d'un cycle de vie. Enfin, nous présentons une description des cycles de vie de produits du point de vue d'une entreprise, et nous clarifions la relation entre la gestion du cycle de vie du système et du produit, en y incluant les *Systèmes de Logistiques Intégrés*.

Données, Informations et Connaissances – Il est crucial d'assimiler les connaissances relatives aux systèmes, qui peuvent être utilisées pour prendre de sages décisions de changement. Ainsi, comprendre la signification autant que les relations entre *les données, les informations, les connaissances* et même *la sagesse*, est évoqué dans ce chapitre. La visualisation des informations comprend différentes formes multi media informatiques. Nous considérons la qualité des informations, question cruciale à la fois pour *Penser et Agir Système* et nous décrivons la classification des informations suivant des taxinomies et des ontologies. Nous décrivons la collecte des données, des informations et des connaissances pendant les cycles de vie de systèmes, comme une contribution vitale au capital intellectuel d'une organisation et de ses entreprises. Nous présentons l'importance de bâtir des modèles d'informations. Nous décrivons et illustrons le rôle du *Penser Créatif* comme un des moyens de stimuler de nouvelles connaissances en lien avec des problèmes et des opportunités. Enfin, les cinq disciplines décrites par Peter Senge, qui sont les pierres angulaires d'une *organisation apprenante*, à savoir *la maîtrise de soi, les modèles mentaux*, la *vision partagée*, l'*apprentissage en équipe* et le *Penser Système* sont revisitées.

Les Organisations et Entreprises vues comme des Systèmes – A cette dernière étape du parcours, il devient clair qu'une organisation et ses entreprises sont des systèmes composés d'éléments de systèmes et de relations et de ce fait doivent être gérées aussi en cycle de vie. Nous décrivons le rôle des managers en tant que propriétaires de systèmes. Nous présentons l'architecture d'une entreprise vue comme un agrégat d'architectures systèmes reliées par une organisation. Pour traiter la complexité croissante des architectures d'entreprise, nous proposons de mettre en application un Cadre d'Architecture Léger *(Light-Weight Architecture Framework (LAF))*. Nous présentons une stratégie de conduite du changement dans une organisation et examinons les raisons pour lesquelles les modifications des systèmes n'arrivent souvent pas à atteindre leurs buts. Nous soulignons la façon dont le *parcours au pays des systèmes* a contribué à la finalisation des principes de gestion de la qualité de l'ISO 9000, à savoir, une focalisation sur le client, le leadership, l'implication des personnes, l'approche processus, l'approche système pour la gestion, l'amélioration continue, l'approche factuelle pour la prise de décision et les relations fournisseur gagnant-gagnant. Enfin, nous présentons une stratégie pour mettre en œuvre les standards de gestion des systèmes tels que l'ISO 9001 et l'ISO 14001.

Pour résumer le tout, nous concluons sur les bénéfices accrus dus au partage d'une vision commune des systèmes, indépendante des disciplines, dans le pays des systèmes d'une organisation et de ses entreprises.

Interludes – Pour mieux comprendre l'application des concepts « *Penser* » et « *Agir* » *Système*, nous présentons à différents endroits du livre un certain nombre d'études de cas. Trois d'entre elles s'appuient sur des projets réalisés par des participants à mes cours et l'une d'elles s'appuie sur un travail d'architecture réalisé par votre auteur. Les interludes sont les suivants :

Etude de cas en Gestion de Crises.
Etude de cas en Développement Organisationnel.
Etude de cas en Principes et Concepts d'Architecture.
Etude de cas en Ontologies de Gestion de Cycle de Vie.

REMERCIEMENTS

Un certain nombre de personnes ont contribué directement ou indirectement à ce livre. La vie étant une expérience d'apprentissage, l'auteur a eu la chance d'être confronté à un spectre large de problèmes et d'opportunités de nature système durant sa carrière professionnelle entamée à la fin des années 1950. Ainsi, je tiens à remercier tous les collègues avec qui j'ai travaillé dans l'industrie informatique, dans des établissements universitaires ainsi que dans mes activités de conseil en rapport avec les systèmes, que ce soit dans des organisations publiques ou privées, grâce à leurs contributions directes ou indirectes à mes propres connaissances des systèmes. En particulier, je suis heureux de souligner la forte influence de mon premier patron et mentor, à savoir feu le légendaire contre-amiral Dr Grace Murray Hopper. Grace, un pionnier de l'industrie informatique, m'a appris à être un explorateur, à chercher à mieux comprendre et à toujours questionner le statu quo, ce qui s'est avéré être un excellent début pour mon propre parcours dans le monde des systèmes complexes.

En 1996, j'ai été impliqué en tant que chef de la délégation suédoise puis à nouveau en 1999 en tant qu'architecte élu du standard ISO/IEC 15288 (processus de Cycle de vie des Systèmes), développé au sein du groupe de travail 7 au sein de l'ISO/IEC JTC1 SC7. Ma participation au groupe de travail 7 a été demandée par le Dr Raghu Singh et je remercie sa perspicacité pour avoir lancé ce projet important de standards internationaux. La participation à cet effort a été parrainée par l'Administration suédoise du matériel de défense (FMV) et par les agences de développement suédoises NUTEK et VINNOVA. À cet égard, je suis reconnaissant du soutien continuel d'Ingemar Carlsson et d'autres personnes de FMV et du soutien de Karl-Einar Sjödin de NUTEK et plus tard de VINNOVA. Au sein du projet du groupe de travail 7, je tiens à remercier tous mes collègues pour les nombreuses heures de discussions fructueuses, lors de réunions à tous les coins du monde. En particulier, je remercie Stuart Arnold, éditeur du standard pour notre étroite coopération à établir et à « défendre » les concepts et les principes sur lesquels repose l'architecture de la 15288 ainsi que Stan Magee et Doug Thiele qui ont géré cet effort de façon efficace.

Il y a eu plusieurs personnes qui ont apporté des contributions importantes au Penser Systèmes (pensée systémique). Une recherche de cette rubrique sur le web donne des milliers de références pertinentes. En particulier, j'ai été inspiré par les contributions de Peter Senge dans son travail de pionnier sur « La Cinquième Discipline », à savoir le Penser Système et les disciplines nécessaires pour mettre en place une organisation apprenante. J'ai aussi été attiré par le travail de Robert Flood qui a fourni une investigation plus poussée du travail de Senge et d'autres, y compris ses propres contributions dans son livre «Rethinking the Fifth Discipline. » Mon collègue du Stevens Institute of Technology, John Boardman, a apporté des contributions importantes à l'élaboration des diagrammes pour représenter des situations complexes sous forme de Systemigrams, présentés dans le livre bouillonnant d'idées « Systems Thinking: Coping with 21st Century Problems » et «Systemic Thinking: Building Maps for Worlds of Systems » co-écrits par John Boardman et Brian Sauser. Les contributions de Peter Checklands, qui a reconnu la façon d'appliquer le Penser Système aux systèmes non techniques, c'est-à-dire, la Méthodologie des Systèmes Soft (MSS) qui a évolué au fil des années, a été une source d'inspiration. Les contributions d'autres penseurs systèmes dont Russell Ackoff, Ross Ashby, Stafford Beer, Jay Forrester et Wes Churchman ont également influencé l'exposé de ce livre. J'ai été inspiré plus récemment par le travail d'un autre pionnier dans la discipline du Penser Système, à savoir, Georgy Petrovich Schedrovitsky, qui a présenté ce sujet très tôt en Russie.

Ces dernières années, j'ai eu l'occasion d'explorer les questions au cœur de la gestion du changement. À cet égard, je tiens à souligner la coopération étroite de Johan Bendz de l'Administration suédoise des matériels de défense, pour la formulation des premières versions d'un modèle de gestion changement ainsi que pour nos nombreuses discussions pointues sur des questions critiques de système. Avec Lennart Castenhag de Svenska Kraftnät et Gösta Enberg du gouvernement du comté de Stockholm, quelques idées importantes de l'application de l'ISO/IEC 15288 à la gestion des Technologies de l'Information ont été développées dans le projet Egiden. Mes remerciements au Dr Dinesh Verma du *Stevens Institute of Technology*, pour avoir suggéré que je développe un cours diplômant de deuxième cycle sur le Penser Système au *Stevens Institute of Technology*, où les premières versions du livre ont été utilisées. Je tiens aussi à remercier Jack Robinson et ses collègues au département informatique du gouvernement du comté Stockholm pour leur intérêt dans l'application des concepts fournis dans les premières versions de ce livre.

Les cours de cycles supérieurs et de perfectionnement professionnel qui ont conduit à cet ouvrage ont été donnés à plusieurs reprises aux Etats-Unis et en Suède et je suis reconnaissant à Sten et Anita Andler de l'Université de Skövde, Anita Kollerbauer de l'Université de Stockholms, Andreas Ermedahl et Kristina Lundqvist de l'Université de Mälardalen, Martin Torngren et ANDREAS EKDAHL de l'Université technique Royal (KTH), Peter Gabrielsson de l'Administration suédoise des matériels de défense, Berndt Brehmer, Per-Arne Persson et Mats Persson du Collège militaire National suédois ainsi que Jan-Inge Svensson de la *Folke Bernadotte Academy* pour leur soutien dans l'organisation et la prestation du cours en Suède.

À tous les participants au cours, j'exprime ma profonde gratitude pour m'avoir appris dans des domaines où je n'avais aucune connaissance préalable. Comme en témoignent les nombreux projets qui ont été menés, les systèmes sont véritablement universels. Certains résultats de projets sont inclus à divers endroits du livre et en particulier dans trois études de cas. Je remercie mes collègues de *Syntell AB*, Stuart Allison, Jonas Andersson, Ulf Carlsson, Mike Cost, Asmus Pandikow, Tom Strandberg et les autres pour nos nombreuses discussions intéressantes. Je remercie le Directeur Général de *Syntell AB*, Mats Bjorkeroth, pour avoir fourni un environnement d'expertise dans lequel les concepts et les idées présentés dans ce livre ont été appliqués dans une diversité de situations concrètes organisationnelles et d'entreprise. Enfin, un grand merci à Mats Persson pour son aide indispensable à la préparation des figures et à la mise en forme de ce livre ainsi qu'un grand merci à mon collègue de *Stevens Institute of Technology* Jon Wade, pour sa relecture attentive du livre.

J'ai une reconnaissance particulière à feu Christer Jäderlund, un pionnier de l'informatique suédoise et un vrai professionnel du Penser et Agir Système. Il comparait souvent les systèmes à un kaléidoscope tel que celui qui est représenté sur la couverture de ce livre. Autrement dit, en fonction de la façon dont vous le tenez, la vue système telle que vue par le spectateur peut avoir des structures différentes et produire des expériences comportementales différentes. Au fur et à mesure que le lecteur avancera dans le contenu de ce livre, ce point de vue kaléidoscopique des systèmes deviendra progressivement évident.

Enfin, je remercie ma femme Annika et nos enfants Adrian et Jasmine pour leur patience, leur soutien et leur aide tout au long des nombreuses années pendant lesquelles j'ai donné des cours sur ce sujet, matière qui a conduit à la production de ce livre.

Bonne lecture et compréhension tout au long de ce parcours.

Harold "Bud" Lawson

Lidingö, Sweden

[NDT]

1. Un concept, représenté par un seul mot en anglais, nécessite parfois plusieurs mots en français pour exprimer la notion équivalente. Dans ce cas, le parti pris a été de conserver le terme anglais, *« entre guillemets et en italique »* et de ne pas traduire ce terme par des mots différents suivant leur contexte.

    Exemple : le terme anglais « *pattern* » représente à la fois une notion statique (motif, schéma-type, modèle, disposition) et une notion dynamique (tendance, opérations, rythme).

2. « *Systèmes soft* » et « *systèmes hard* », « *sciences soft* » et « *sciences hard* ». Les termes « *soft* » et « *hard* » n'ont délibérément pas été traduits, étant d'un usage courant en langue française.

3. Les illustrations des études de cas n'ont en général pas été traduites pour ne pas dénaturer leur origine.

Chapitre 1 - Une Introduction aux Systèmes

« On parle beaucoup des systèmes et on les comprend si mal. »
Pirsig, R.M., Zen and the Art of Motorcycle Maintenance, 1974

Il y a très peu de mots interprétables de façons aussi diverses que le mot « système ». Qu'est-ce qu'un système? C'est le plus souvent une question de point de vue. Pourtant, nous utilisons tous ce terme pour décrire quelque chose d'essentiel. Le système solaire, le système météo, le système d'énergie, le système politique, le système scolaire, le système matériel, le système logiciel, le système automobile, le système financier, le système sanitaire, le système de gestion, le système d'urbanisme, le système juridique, le système social, etc. Il est tout à fait clair que les systèmes, bien que souvent abstraits par nature, sont d'une certaine façon présents et nous touchent en permanence. Il est important de noter que certains systèmes, comme le système solaire ou le système météo sont l'œuvre de la nature alors que les autres exemples de systèmes sont tous des systèmes artificiels.

Notre compréhension des systèmes, en particulier des systèmes complexes, est, dans le meilleur des cas, celle de la remarque de Pirsig [Pirsig, 1974]. En effet, une compréhension parfaite des systèmes, hormis les plus simples, est pratiquement impossible. Si bien que nous nous accommodons d'une compréhension qui se situe quelque part entre le mystère et la maîtrise [Flood, 1998]. Cette incertitude provoque souvent un sentiment de malaise quand il s'agit de systèmes. Grâce au chemin parcouru dans ce livre, le lecteur sera capable de lever une bonne part de mystère et d'avancer vers une prise de conscience des systèmes et leur maîtrise au moins partielle.

LES SYSTEMES SE RENCONTRENT PARTOUT

Ludwig von Bertalanffy [von Bertalanffy, 1968], biologiste autrichien, considéré par beaucoup comme le père du *Penser Système* moderne, pointe du doigt le fait que les systèmes se rencontrent partout. Nous n'arrivons pas toujours à formaliser notre vision d'un système mais nous ressentons clairement ses effets. Aucun d'entre nous n'oubliera les influences d'apparence système dans la crise financière internationale de l'automne 2008. Les systèmes intimement liés peuvent avoir de fortes influences causales entre eux. Considérons d'abord le contexte d'identification et de formalisation des systèmes, les concepts fondamentaux des systèmes et l'omniprésence des systèmes dans tous les domaines d'activité.

LE COURANT DES SYSTEMES

Un certain nombre de contributions ont été apportées dans le domaine des systèmes au cours du XX° siècle. En particulier, pendant et après la deuxième guerre mondiale, il y a eu une prise de conscience croissante du besoin d'examiner et de comprendre, de façon holistique, des entités complexes, composées de multiples éléments. Ce courant continue à monter en force et attire l'attention d'éminents chercheurs et praticiens. Etant donné les complexités de la société moderne, on peut se poser les questions suivantes : pourquoi a-t-il fallu autant de temps pour se concentrer sur ce domaine vital ? Y a-t-il un courant actif sur les systèmes ? Comment se traduit-il ?

Se concentrer sur les propriétés holistiques des entités n'est pas un phénomène nouveau. En fait, les philosophes grecs, en particulier Aristote, soulignaient la nécessité d'examiner des facteurs multiples pour expliquer l'univers. Ainsi, ses travaux en physique, logique, métaphysique, éthique, politique et biologie comprennent des observations sur la nécessité de traiter les propriétés holistiques. Cette vision holistique très ancienne a survécu jusqu'au XVII ° siècle. Vint alors la révolution scientifique. Tirée par le besoin de prouver ou réfuter une hypothèse spécifique, la méthode scientifique a commencé à évoluer avec les travaux, entre autres, de Kepler, Galilée, Bacon et Descartes.

Les méthodes scientifiques développées depuis le XVII° siècle se caractérisent notamment par le besoin d'isoler un ou un petit nombre d'éléments du phénomène à étudier. Cette manière de réduire à des éléments à étudier de façon isolée ou de réduire à une hypothèse qui doit pouvoir être prouvée ou réfutée, a, de fait, freiné le développement holistique du *Penser Système*. Il y a eu, bien sûr, quelques exceptions où une vision plus large de phénomènes naturels a été considérée et a conduit à une compréhension plus globale de lois naturelles. Isaac Newton a fourni une explication scientifique de l'univers, en termes de mouvements de la terre et de la lune, ce qui lui a permis d'inventer *le calcul de Newton* comme un outil mathématique. La vision newtonienne a prévalu, en science, jusqu'au changement majeur de paradigme introduit par les généralisations essentielles d'Albert Einstein avec sa théorie de la relativité.

C'est dans les années 1920 que Ludwig von Bertalanffy a souligné les analogies entre les propriétés holistiques des systèmes biologiques et les autres systèmes. Ce fut le décollage du courant actuel des systèmes. Von Bertalanffy a continué à appliquer ses observations à une grande diversité de systèmes y compris les systèmes de gestion et d'organisation [von Bertalanffy, 1968]. Checkland [Checkland, 1993] et Skyttner [Skyttner, 2001] ont ensuite fait d'excellents résumés historiques sur le *Penser Système* ainsi que sur le courant scientifique depuis les contributions des Grecs anciens qui ont débouché aux visions contemporaines des systèmes. Il est maintenant clair qu'il y a un courant système même s'il est difficile de s'accorder précisément sur ce qu'il est, ce qu'il comprend, voire même, le cas échéant, ce qui en est exclus. Dans ce livre nous examinerons quelques développements au cœur du courant système pour en saisir son expression théorique et ses applications pratiques.

PROPRIETES FONDAMENTALES

Nous introduisons dans ce chapitre un ensemble de concepts et de principes qui stimuleront votre capacité à « *penser*» et « *agir*» en termes de systèmes. La compréhension et l'application des concepts et des principes sont considérées comme les points les plus importants de ce livre. En effet, ils influeront sur votre propre capacité à voir les aspects système de n'importe quel type de système et à communiquer avec autrui sur des problèmes ou des opportunités en lien avec les systèmes.

« Nous croyons que l'essence d'un système est l'intégrité, le dessin d'ensemble des différentes parties et les relations qu'elles établissent pour produire un nouveau tout... »
John Boardman et Brian Sauser [Boardman et Saucer, 2008]

Ce premier concept fondamental « d'*intégrité* » nous permet de reconnaître, comme le postulait von Bertalanffy que les systèmes sont partout. La notion d'intégrité nous conduit à deux concepts supplémentaires, à savoir la *structure* et le *comportement*.

Les structures et les comportements sont des propriétés au cœur des systèmes artificiels. La structure d'un système est une propriété statique et fait référence aux éléments qui le constituent et à leurs relations.

Le comportement est une propriété dynamique et fait référence aux effets produits par un système « en opération. »

Une autre propriété fondamentale attribuée aux systèmes est le concept d'*émergenc*e. L'émergence résulte à la fois du comportement prévisible et non prévisible d'un système en tant que tel ou en relation avec l'environnement dans lequel il se trouve. Peter Checkland a capté ce concept dans la citation suivante :

> « Les entités globales révèlent des propriétés qui ont un sens uniquement quand elles sont attribuées au tout, mais pas à leurs parties. »
> **Peter Checkland** [Checkland, 1999]

UNE DISCIPLINE AUTONOME

L'omniprésence des systèmes implique que la compréhension des propriétés des systèmes et leur utilisation sont indépendantes de la discipline dans laquelle les systèmes sont considérés. Pour les systèmes complexes, la compréhension collective à la fois de la dynamique du comportement du système et des aspects de la gestion du cycle de vie, est souvent, par nécessité, le résultat d'efforts interdisciplinaires. Pour neutraliser l'effet de la discipline et se concentrer sur « le fond des systèmes », il est essentiel d'unifier *le Penser* et *l'Agir* des individus et des groupes issus de contextes de spécialités diverses et possédant diverses connaissances, compétences et capacités. A cet égard, les aspects unificateurs importants sont illustrés par la Figure 1-1.

Les disciplines de la science et de l'ingénierie traitent toutes les deux des concepts systèmes fondamentaux que sont les structures et les comportements. Dans le cas de disciplines scientifiques, le scientifique observe les comportements (des systèmes naturels ou artificiels) et cherche ensuite à trouver et à décrire les structures et les relations (sous forme de « langage ») qui expliquent les comportements. Dans le cas de disciplines d'ingénierie, l'ingénieur, à partir du besoin de fournir des comportements requis (spécifiés), conçoit et développe des structures qui ont des relations et qui, une fois produites et instanciées satisfont les exigences comportementales.

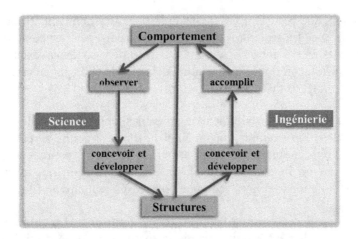

Figure 1-1: Relations entre la Science et l'Ingénierie par rapport aux Structures et aux Comportements

Pour illustrer la différence d'approche des structures et des comportements, considérez les disciplines suivantes : certaines d'entre elles sont traditionnellement associées aux sciences naturelles, d'autres ont utilisé le terme de science au lieu de discipline et enfin, il y a une large palette de disciplines d'ingénierie :

(x) Science	(y) Ingénierie
Biologie	Electricité
Physique	Mécanique
Chimie	Chimie
Environnement	Assainissement
Gestion	Processus d'entreprise
Ordinateur	Logiciel
Système	Systèmes
Santé	Services de santé
Militaire	Militaire
Données	Information

En tant que lecteur vous pouvez considérer à titre d'exercice comment ces disciplines sont en phase avec les vues scientifique et ingénierie des structures et des comportements tels que représentées dans la Figure 1-1. Notez en particulier les derniers points de la science des Données et de l'ingénierie de l'Information. Grâce à l'utilisation moderne de la technologie Internet, ces domaines prospectifs ont évolué vers la fouille de données et la gestion de l'information.

Alors que ces exemples de discipline ont des liens scientifiques ou d'ingénierie avec les structures et les comportements, ce n'est peut-être pas aussi évident pour d'autres disciplines. Il est intéressant, par exemple de réfléchir sur la façon dont l'art est relié à la science et à l'ingénierie. Il y a au moins deux types de relations.

Des structures esthétiquement agréables, appréciées par les « yeux du spectateur ». Par exemple, un arc en ciel est une structure agréable dans la nature. Pour un mathématicien, la structure d'une preuve peut être agréable. Pour un ingénieur logiciel, un algorithme clair, qui fournit un comportement attendu d'une façon non complexe, peut être agréable.

Un autre lien vient du terme « artisan ». Le terme artisan s'adresse généralement à qui a acquis la maturité dans sa discipline. Le plus souvent, les artisans sont capables de concevoir et de développer des structures qui répondent aux besoins et de ce fait s'apparentent plus aux professions d'ingénierie. Cependant, les véritables artisans sont presque toujours capables d'observer puis de trouver et de décrire par eux-mêmes des structures pertinentes.

Le lien artistique introduit la notion importante de style dans les œuvres en rapport avec les systèmes. Nous vous encourageons à considérer d'autres liens entre l'art et la science ainsi qu'entre l'art et l'ingénierie.

Ensuite, considérez des liens structurels et comportementaux dans des disciplines telles que la médecine, la psychologie, la sociologie ou d'autres disciplines auxquelles vous êtes familiers.

LE PENSER SYSTEMES ET L'INGENIERIE SYSTEME

Il devient clair que l'exercice de toute discipline comporte des aspects systèmes. De fait, nous sommes tous des penseurs système et des ingénieurs système au sens où nous pensons et agissons en permanence pour répondre à des situations systèmes qui affectent nos vies au quotidien. Comprendre les concepts-clé des disciplines du *Penser Système* et de l'*Ingénierie Système*, en théorie et en pratique, donne les moyens de faire des systèmes un point de focalisation (un objet de première importance) qui peut être exploité pour améliorer notre capacité à traiter des systèmes complexes dans n'importe quel champ d'activité.

Penser en termes de systèmes est grandement lié à l'observation des comportements dynamiques des systèmes en opération et, par conséquent, est corrélé au côté gauche (scientifique) de la Figure 1-1. Cependant, contrairement à la méthode scientifique qui consiste à réduire les comportements en éléments à étudier de façon isolée, le *Penser Système* se base sur l'observation et la description des comportements holistiques de systèmes multiples et de leurs éléments systèmes.

Agir en termes de systèmes implique la création (ingénierie) des structures d'un ou plusieurs systèmes présentant un intérêt et, par conséquent, agir est grandement corrélé au côté droit (ingénierie) de la Figure 1-1. Ceci nous amène naturellement à nous focaliser lors de ce parcours au pays des systèmes sur le couplage entre le *Penser Système* et *l'Ingénierie Système* qui sont, de fait, très liés. Exercer le *Penser Système* sans apprendre à évaluer des améliorations structurelles alternatives ni à établir des objectifs et des plans d'amélioration des systèmes n'a pas de sens. Par ailleurs, *Agir Systèmes* par le biais de *l'Ingénierie Système* sans comprendre les raisons sous-jacentes ni les implications de l'action n'a pas de sens. Aussi, le couplage naturel du *Penser Système* et de l'*Agir Système* conduit au besoin de prise de décision et de gestion du changement que nous examinerons avec attention tout au long de notre parcours au pays des systèmes.

CLASSER LES SYSTEMES

Une taxinomie serait un outil utile pour structurer le parcours système à suivre dans ce livre. Une telle énumération des systèmes n'est en général pas possible, car les points de vue sur les systèmes dépendent considérablement du contexte et sont sujets à une grande diversité. Par ailleurs, pour des raisons pratiques, l'énumération de systèmes intéressants pour une finalité précise est faisable et très importante. Plutôt que d'avoir une taxinomie exhaustive et de se concentrer sur des types de systèmes, la classification de Checkland [Checkland, 1993] fournit un point de départ utile. Le lecteur observera que tout système peut être placé dans une ou plusieurs des quatre catégories suivantes.

Systèmes naturels – Ces systèmes trouvent leur origine dans l'univers et résultent de forces et de processus qui le caractérisent. Ce sont des systèmes qui ne pourraient pas être autres que ce qu'ils sont, étant donné un univers où les lois et les « patterns » ne sont pas erratiques.

Systèmes physiques définis – Ces systèmes sont le résultat d'une conception consciente visant à satisfaire telle finalité humaine. Ils sont composés d'éléments physiques qui ont des relations bien définies.

Systèmes abstraits définis – Ces systèmes ne contiennent aucun artefact physique mais sont conçus pour répondre à des besoins explicatifs. Les descriptions mathématiques, les poèmes ou les philosophies font partie de ces systèmes abstraits. Ils représentent le produit conscient et ordonné de l'esprit humain. Les définitions de systèmes composés de fonctions ou d'éléments capacitifs sont des exemples d'abstractions qui peuvent être ensuite saisies dans d'autres formes de systèmes artificiels, qu'ils soient physiques ou qu'ils relèvent d'activités humaines concrètes.

Systèmes de l'activité humaine – Ces systèmes sont observables dans le monde des activités humaines innombrables, ordonnées plus ou moins consciemment dans un *tout* résultant d'une finalité ou d'une mission sous-jacente. A un extrême on a un système constitué d'un humain maniant un marteau, à l'autre extrême on a des systèmes politiques internationaux dont on a besoin pour maintenir une vie tolérable sur notre petite planète. Cela inclut a priori des ensembles définis de processus composés d'activités (non explicitement adressées par Checkland) ainsi que des activités regroupées selon un point de vue particulier de gens concernés.

A noter que les systèmes logiciels sont un système hybride entre des systèmes abstraits définis et des systèmes physiques définis. En effet, à partir de descriptions abstraites sous forme de langage ou de modèle, un code de programmation est généré par un programme de traduction, qui, une fois intégré et exécuté par un ordinateur (système physique défini) crée un comportement émergent. Le terme de « système à logiciel prépondérant » (*software-intensive system*, en anglais) est aussi utilisé pour décrire un système qui comprend principalement du logiciel mais contient aussi d'autres éléments physiques et souvent des activités humaines.

Dans ce livre, nous mettons l'accent sur les systèmes artificiels et les situations systèmes significatives pour les individus ainsi que pour des groupes divers comme des organisations publiques ou privées et leurs entreprises dans le développement de capacités à apprendre à *Penser Système* et *Agir Système*. Ainsi, comprendre les systèmes définis physiques ou abstraits, ceux de l'activité humaine ou les systèmes logiciels est également important pour atteindre cet objectif. Les systèmes naturels ne sont bien évidemment pas exclus puisque des éléments de provenance naturelle peuvent être incorporés comme éléments de systèmes artificiels ou comme éléments d'un environnement dans lequel des systèmes artificiels opèrent.

TOPOLOGIE DES SYSTEMES

Il existe deux topologies fondamentales des systèmes qui fondent leur « intégrité », à savoir la hiérarchie et le réseau, comme l'illustre la Figure 1-2.

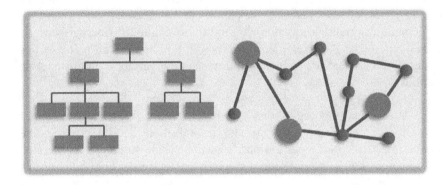

Figure 1-2: Topologies des systèmes hiérarchique et en réseau

La topologie hiérarchique résulte du développement d'un *système défini* pour répondre à des besoins. Le système résulte d'une analyse qui décompose le système en éléments constitutifs à deux niveaux ou plus. Cette décomposition conduit à une base logique pour comprendre, partitionner, développer, conditionner et gérer le système de façon judicieuse. Cette topologie est caractéristique de la planification du développement de produits (physiques ou abstraits) mais aussi de la planification du développement d'une organisation, d'une entreprise ou même d'un projet. L'usage d'organigramme dans une activité humaine est très courant pour expliquer qui est responsable de parties de systèmes, le travail à faire sur le système ainsi que pour établir une chaine de commande (qui rapporte à qui).

La topologie en réseau peut être utilisée pour capter les propriétés essentielles de *systèmes physiques définis*; par exemple les réseaux de plomberie, d'autoroutes, de voies ferrées, de transmission de puissance, de télécommunications et bien sûr, d'internet. A plus haut niveau, les topologies en réseau peuvent capter des *abstractions définies* telles que des capacités ou des fonctions à fournir et, comme indiqué précédemment, peuvent ainsi fonder la base des réalisations de systèmes physiques. De tels systèmes, physiques ou abstraits, sont souvent conçus pour évoluer ; autrement dit, la topologie change au cours du temps quand des nœuds ou des liens sont ajoutés ou enlevés.

La topologie en réseau est aussi appropriée pour les *systèmes d'activité humaine*, tels que les systèmes sociaux dans lesquels on peut exprimer différentes formes de relations entre les éléments humains (individus ou groupes). De tels systèmes peuvent être planifiés ou non. S'ils sont planifiés, ce peut être pour réguler des relations. Toutefois, ils peuvent apparaître suite à des éléments et des relations qui évoluent et, dans ce cas, essayer de figurer des relations interpersonnelles conflictuelles ou difficiles. Des réseaux apparaissent à cause de situations problématiques dans lesquelles de multiples éléments interagissent de façon dangereuse. Par exemple, un terroriste, une bombe, un métro et des passagers deviennent les éléments d'un réseau dangereux d'éléments et de relations.

Les deux topologies des systèmes ne sont pas exclusives entre elles. Il est tout à fait clair qu'une organisation décrite comme une hiérarchie ne fonctionne pas toujours selon une ligne stricte de commande. Des réseaux, même indéterminés, apparaissent entre des individus et des groupes et fournissent les éléments et les relations nécessaires pour que les choses se fassent. Par ailleurs, il est clair que des éléments individuels dans un réseau physique tel qu'un transformateur dans un réseau de puissance, sont des produits qui fournissent des services et qui ont été planifiés et développés comme des systèmes pour leur finalité ou leur objectif propres. Ces éléments sont des systèmes de plein droit, qui peuvent être décomposés, développés et gérés selon une topologie hiérarchique.

POINTS DE VUE ET VISIONS MULTIPLES

« Un système est une façon de regarder le monde …un système, n'importe quel système, est le point de vue d'un ou plusieurs observateurs… »
Gerald Weinberg [Weinberg, 2001]

Conformément à la propriété d'intégrité exprimée par Boardman et Sauser, et au point de vue mentionné par Weinberg, tout jeu collectif d'éléments (parties) qui ont une certaine forme de relations peut être vu comme un système. Selon les angles de vue, les intérêts propres, les préoccupations des parties prenantes (i.e. les points de vue), les individus, les groupes, les équipes, les organisations et les entreprises verront les systèmes de façons différentes. Cet aspect de kaléidoscope des systèmes est illustré par la Figure 1-3.

Figure 1-3: Points de vue multiples et Vues

Des *systèmes physiques définis*, *abstraits définis*, logiciels et même certains *systèmes d'activité humaine* peuvent être vus par certains comme des actifs, par d'autres comme des produits et par d'autres encore comme des services à valeur ajoutée. Associés à ces vues et sur la base de leurs rôles et responsabilités en tant qu'individus, les groupes, les équipes, les organisations ou les entreprises ont des points de vue sur un *système défini* qui reflètent leurs propres préoccupations d'intérêt (par exemple, en tant que propriétaire, acquéreur, développeur, utilisateur ou en charge de la maintenance). De tels systèmes sont planifiés, développés et utilisés pour atteindre une certaine finalité bien définie.

Contrairement aux systèmes planifiés, les *systèmes de situation* apparaissent à cause d'interactions dynamiques de systèmes multiples en opération (incluant des *systèmes naturels*). De tels systèmes peuvent se baser sur une activité humaine telle que le maniement d'un marteau, une situation politique, une situation d'urgence ou de crise qui est apparu (par exemple un feu, un tsunami, un ouragan, un acte terroriste, etc.). Comme mentionné dans la figure 1-3, il peut y avoir à nouveau différentes vues reflétant des points de vue basés sur des préoccupations relatives à la situation du système (par exemple, comme responsable de la survenue de la situation ou responsable pour traiter la situation, contributeur à la situation ou étant subissant la situation).

EST-CE QUE LES SYSTEMES EXISTENT VRAIMENT?

Indépendamment des points de vue et des vues associées aux systèmes, on peut se poser une question intéressante:

Est-ce que les systèmes existent vraiment?

Ceci peut relever d'une question philosophique mais utilisons cette idée pour illustrer un point de vue sur les systèmes. Selon la classification mentionnée par Checkland précédemment, on a relevé que les *systèmes naturels* sont comme ils sont (i.e. ils existent). Néanmoins, toutes les autres formes de systèmes planifiés ou les systèmes de situations, à savoir les *systèmes physiques définis*, *abstraits définis*, ou *d'activité humaine* sont soit des produits conçus et planifiés par l'homme ou relèvent d'une situation qui est apparue.

Plus concrètement, les produits planifiés par l'homme, un système aéronef, un système moteur, un système de cellule d'avion, etc. peuvent concrétiser une vision de quelque chose qui existe vraiment et peuvent être « touchés ». Par ailleurs, un système politique, un système scolaire, un système juridique, un système de plan d'urbanisme, bien qu'ils représentent de façon abstraite quelque chose d'important, ne peuvent pas être « touchés ». Alors, qu'est-ce qu'un système ? Une idée potentiellement sujette à débat est que:

Les systèmes artificiels n'existent que par leurs descriptions.

Votre auteur a souvent utilisé les éléments exposés dans la Figure 1-4 pour débattre de cette idée. Vous devez maintenant vous prononcer. Ces éléments sont-ils un système ? Pourquoi ou pourquoi pas ?

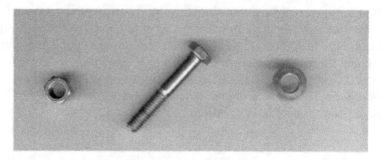

Figure 1-4: Boulon, écrou et rondelle de frein

Après avoir réfléchi à cette question, considérez la question annexe suivante : déterminez si ces éléments pris individuellement, tels qu'ils sont exposés, ont une raison d'être quelconque ? Est-ce qu'ils répondent à un besoin propre ?

Réfléchissez ensuite à des individus ou à des groupes ayant des responsabilités dans la conception ou la production de chacun des éléments présenté dans la figure et pris individuellement. Les voient-ils comme des systèmes ? Les voient-ils comme des produits? Ou les voient-ils comme des services qu'ils sont susceptibles de fournir? Ou les voient-ils de ces trois façons?

Imaginez ensuite l'assemblage physique des éléments avec deux ou trois autres objets (ayant des trous adéquats) pour solidariser ces objets. Un système a-t-il été construit ? Vous pouvez le penser mais considérez le fait que pour créer cette construction, les éléments (incluant les objets à solidariser) ont été conçus et ces instances d'objets, les écrous, les boulons et les rondelles de frein ont été produits suivant une certaine description (spécification). Il peut également exister une description de la procédure d'assemblage pour assembler les éléments. De multiples instances d'assemblage peuvent être réalisées à partir de la définition des éléments, de leurs relations et de la procédure d'assemblage. N'avons-nous pas produit des produits à partir de la description du système ? De fait, si nous voulons utiliser les termes de produit et système pour évoquer deux concepts différents, nous devons admettre que le système en réalité une description et donc que le « système » n'existe pas. Interrogeons cette piste de raisonnement.

Les systèmes artificiels et planifiés, en réseau ou hiérarchisés, sont composés d'éléments définis et de relations définies. Les éléments matériels, logiciels ou humains d'un système peuvent être vus au mieux comme des objets réels qui, d'une certaine façon, peuvent être « touchés ». Cependant, l'existence d'éléments dans un système planifié est uniquement basée sur leurs descriptions en tant qu'éléments matériels, éléments logiciels, éléments humains et des interactions entre éléments.

Dans le cas de produit à valeur ajoutée, la description du système sert de « patron » à partir duquel on peut générer des instances de produits (une production unique ou une production de masse). De façon analogue, des services à valeur ajoutée, par exemple un service bancaire, sont le résultat d'une instanciation d'une opération de service suivant la description système du service en tant que « patron ».

Pour continuer à illustrer ce point de vue sur les systèmes, considérez l'exemple réel suivant. L'ordinateur portable à partir duquel ce livre a été préparé est un produit ; le fabricant qui intègre ses éléments est propriétaire de sa description système et gestionnaire de son cycle de vie. Les éléments matériels du système peuvent appartenir à des tiers qui gèrent les cycles de vie de ces éléments comme des produits système qu'ils fournissent aux intégrateurs du système ordinateur. En outre, il existe une grande diversité de produits logiciels qui font marcher le matériel. Leurs descriptions système ainsi que la gestion de leur cycle de vie appartiennent à des organisations de fournisseurs. Ces systèmes logiciels sont fournis à l'intégrateur en tant que produits.

De fait, la représentation précise des actifs, produits et services varie à différents points du cycle de vie. Dans les phases amont du cycle de vie, le système décrit est souvent vu comme un système abstrait composé d'un ensemble de fonctions ou de capacités qui ont des relations définies. Quand la conception a donné lieu à un produit ou un service livré, la description système devient plus spécifique, soit sous forme d'éléments physiques, sous forme d'activités définies pour l'homme (procédures ou processus) ou sous forme d'une combinaison des deux.

En ce qui concerne l'apparition de situations, ce n'est que lorsque nous décidons d'y penser ou concrètement de décrire les éléments d'une situation et leurs interrelations que les propriétés de nature système deviennent apparentes. Sinon, il s'agit seulement d'une situation. Pour une situation complexe, si l'on tente une telle description, elle est rarement complète et, une fois de plus, elle ne s'appuie que sur des vues de la situation reflétant les points de vue et les préoccupations des parties impliquées dans la situation.

En résumé, nous observons que les systèmes n'existent que par leurs descriptions. Toutefois, comme souligné dans la Figure 1-3 et dans les discussions précédentes, un système donné peut être vu comme un actif par certains, vu comme un produit par d'autres et par d'autres encore vu comme un service fourni. Aussi, déterminer si un produit est vraiment un système ou si un service est un système, ou s'ils sont de simples produits et services revient à une question de préoccupations et de points de vue. Ou alors, pour éviter toute confusion, il peut être utile de faire la distinction entre d'une part les systèmes vus comme des descriptions, et d'autre part les *produits-systèmes* et les *services- systèmes*. Nous n'allons pas abuser de ce point philosophique sauf à répéter que nos points de vue et nos vues peuvent affecter la façon dont on observe un système.

SYSTEMES D'INTERET

Toutes les formes de systèmes, qu'ils soient artificiels ou naturels, contiennent potentiellement un grand nombre d'éléments comme indiqué ci-après :

« *A ce stade, nous devons être clair sur la façon de définir un système. Notre première réaction est de désigner la pendule et de dire "le système est cette chose-là." Cette méthode présente cependant un inconvénient fondamental : tout objet matériel ne contient pas moins d'une infinité de variables et, de ce fait, de systèmes envisageables. La pendule réelle, par exemple, n'a pas seulement une longueur et une position ; elle a aussi une masse, une température, une conductivité électrique, une structure cristalline, des impuretés chimiques, une certaine radioactivité, une vitesse, un pouvoir réfléchissant, une résistance à l'étirement, de la moisissure en surface, une contamination bactérienne, une absorption optique, une élasticité, une forme, une densité relative, etc. Toute suggestion visant à étudier tous ces faits est irréaliste, et, en réalité, nous ne le tenterons jamais. Ce qui est nécessaire est de devoir trier et étudier les faits pertinents par rapport à un intérêt principal donné au préalable.* »
W.R. Ashby [Ashby, 1956]

Ainsi il est important d'identifier où se situe votre système d'intérêt ? Quels en sont les éléments essentiels ? Comment est-il relié aux autres systèmes et à l'environnement dans lequel il est plongé. Ce sont des questions essentielles à soulever.

A cet égard, Flood et Carson [1998] fournissent un point de vue utile illustré par la Figure 1-5.

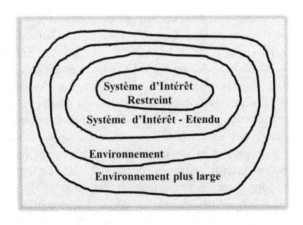

Figure 1-5: Systèmes d'intérêt dans leurs environnements

Un système peut être considéré comme un *système fermé* si aucun élément du système n'a de relation avec quoi que ce soit d'externe à ce système. Par exemple, une machine à mouvement perpétuel qui fonctionne continuellement sur la base de poids qui se contrebalancent, sans aucune influence de l'environnement dans laquelle elle opère. A l'opposé, un *système ouvert* se caractérise par un échange de matière, d'information ou d'énergie, entre lui-même et son environnement, à travers une frontière.

Par conséquent, pour ce qui est des systèmes ouverts, alors que nous pourrions nous focaliser sur les éléments et les relations dans un *Système d'Intérêt-Restreint (SdI-R)*, nous devons considérer également leur contexte en termes de *Système d'Intérêt-Etendu (SdI-E)* ainsi que les *environnements* dans lesquels ils opèrent. Considérons deux exemples:

Une entreprise commerciale qui vend des jouets est un système composé d'éléments de planification, marketing et ventes, recherche et développement, production et distribution. Ainsi, le commerce peut être considéré comme un *Système d'Intérêt-Restreint (SdI-R),* sur lequel nous pouvons nous focaliser. Toutefois, il fait partie d'un *Système d'Intérêt-Etendu (SdI-E)* qui englobe, entre autres éléments, ses clients et ses fournisseurs de matières premières. Le commerce opère dans un *environnement* où les jouets sont commercialisés et les changements de cet environnement, dus aux attitudes du consommateur par rapport aux jouets, aux facteurs économiques, aux concurrents etc. auront un effet sur le *Système d'Intérêt-Etendu* et, par voie de conséquence sur le *Système d'Intérêt-Restreint* du commerce de jouets. Il y a aussi un environnement plus large qui peut affecter aussi bien l'environnement plus proche que les autres Systèmes d'Intérêt. Par exemple, la réglementation de sécurité sur les jouets peut affecter la production et la consommation des jouets.

Imaginez, comme autre exemple de relations représentées par la Figure 1-5, une action composée d'un terroriste, d'une bombe, d'un métro et des passagers en tant qu'éléments ayant des relations dans cette situation dangereuse. Ce *(SdI-R)* est lié à un *(SdI-E)* par, entre autres éléments, des contacts avec une organisation terroriste, la fourniture de matériels, un savoir-faire pour fabriquer la bombe, le système du métro, la composition et la structure mentale des passagers. Le *SdI-R* et *SdI-E* se situent dans un environnement où il y a un système basé par exemple sur la politique, l'économie et des croyances religieuses aussi bien que sur les efforts des services de renseignements afin de découvrir des actions terroristes potentielles. A son tour, cet environnement est englobé dans un environnement plus large dans lequel des décisions sont prises en compte sous forme de lois et réglementations sur des thèmes politiques, économiques et religieux.

Le lecteur observera à travers ces deux exemples et aussi à travers les discussions précédentes sur les points de vue, les préoccupations et les vues, que le champ d'application des systèmes est vraiment vaste. Cette grande portée implique évidemment qu'il y a tout intérêt à lever un grand pan du mystère et d'avancer vers une maîtrise au moins partielle des systèmes comme souligné précédemment dans ce chapitre.

ACTIFS DES SYSTEMES

Il existe une grande diversité de systèmes artificiels exploités dans tous types d'organisations (publiques, privées et même à but non lucratif). Ces systèmes planifiés sont essentiels pour les entreprises qui cherchent à atteindre une finalité, des buts et des missions tels que représentés par la Figure 1-6. Ainsi, l'entreprise tout comme l'organisation doit se focaliser sur *(institutionnaliser)* son portefeuille d'*actifs-systèmes*. La disponibilité ainsi que la condition (c'est-à-dire, l'état) de ces actifs est un aspect essentiel de la gestion de l'organisation et de ses entreprises. Certains des actifs du portefeuille sont les *produits-systèmes* ou *services-système* à valeur ajoutée que l'entreprise produit ; d'autres *actifs-systèmes* correspondent à ceux utilisés pour soutenir l'entreprise dans ses opérations en fournissant les services nécessaires d'infrastructure. Le standard ISO/IEC 15288 a été développé pour fournir un guide à tous les types d'organisation et leurs entreprises pour gérer les cycles de vie des systèmes artificiels résultant en des produits, des services ou les systèmes d'infrastructure qui les soutiennent [ISO/IEC, 2002 et 2008]. Ainsi, le standard s'applique à la gestion de *systèmes physiques définis*, des *systèmes abstraits définis* et aux *systèmes d'activité humaine*.

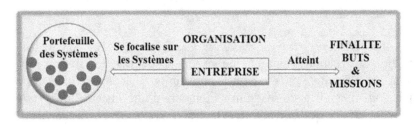

Figure 1-6: Atteindre la finalité, les buts et les missions de l'organisation grâce aux actifs-systèmes.

Dans ce livre nous utilisons indifféremment les termes organisation et entreprise [Note 1-1]. Il est clair qu'une entreprise a toujours une organisation et qu'une organisation est toujours une entreprise. De plus, il est également clair qu'avec l'apparition de grands conglomérats organisationnels complexes (entreprises étendues), dans les secteurs publics et privés, le nombre et la gamme des *actifs-systèmes* ainsi que l'intégration et l'institutionnalisation de ces actifs ont conduit à de nombreuses complexités de nature système. Pour éviter une répétition de ces deux termes importants, nous utilisons la plupart du temps le terme entreprise pour représenter tout le spectre depuis l'entreprise unique jusqu'à la vaste entreprise étendue. Sauf dans des cas explicitement soulignés, le lecteur peut, pour des raisons pratiques, considérer les termes organisation et entreprise comme synonymes.

Besoins, Services et Effet

Les systèmes artificiels qu'une entreprise fournit, produits ou services à valeur ajoutée ainsi que systèmes utilisés comme actifs d'infrastructure, ont été conçus pour répondre à des besoins, comme l'illustre la Figure 1-7. Dans cette figure, de même que dans la figure 1-5, le système sur lequel nous nous focalisons est le *Système d'Intérêt* (*SdI*). Le *SdI* est conçu pour offrir des services à l'utilisateur et, quand une instance du *produit-système* ou du *service-système* est déployée, il produit un effet.

Par exemple, mon ordinateur portable (en tant que produit) a été conçu pour répondre aux besoins de multiples utilisateurs. Il offre une large palette de services aux utilisateurs, mais au moment où j'écris ce livre, l'ordinateur et moi-même sommes en opération, c'est-à-dire nous interagissons, comme éléments d'un *SdI* d'une activité humaine. Ce *SdI* est prévu pour engendrer un effet désiré à savoir produire ce livre sous la forme d'un produit.

Les *éléments système*, à savoir E1, E2 ou E3 sont intégrés dans l'intention qu'ils contribuent à la réponse au besoin que doit fournir le *SdI*. Chacun des éléments système peut fournir un ou plusieurs services au SdI et quand il interagit avec les autres éléments d'une instance du *produit-système* ou *service-système* un effet émerge.

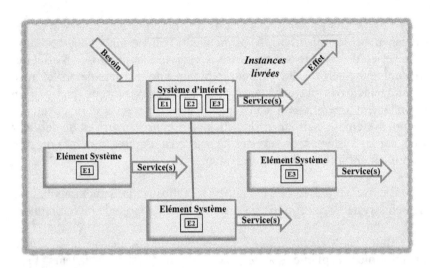

Figure 1-7: Structure Système: Besoin, Services et Effet

Les notions-clés du système, sa *structure* et son *comportement* sont implicites dans la Figure 1-7. Autrement dit, le *SdI* représenté a une structure définie par un ensemble d'éléments système ainsi que par des relations définies entre les éléments. Les services qui peuvent être fournis correspondent au comportement émergent potentiel du système. Quand le *produit-système* ou le *service-système* est utilisé opérationnellement pour répondre à un besoin, il produit un effet qui est le comportement réel du système.

Il est important de noter que l'effet engendré (i.e. le comportement) par le *produit-système* ou le *service-système* ne correspond absolument pas aux comportements individuels des éléments du système. Le comportement qui résulte du fonctionnement des éléments du système en interaction est ainsi, comme indiqué précédemment, appelé le *comportement émergent*. Le lecteur est invité à comparer ces propriétés-ci du système avec la discussion précédente sur le boulon, l'écrou, la rondelle de frein et les objets à solidariser.

Mon ordinateur portable est composé d'éléments matériels et logiciels dont chacun fournit des services et produit un effet. Moi, en tant qu'autre élément de ce *SdI*, travaillant en coopération avec l'élément ordinateur, je suis capable de produire un comportement qui conduit à la production de ce livre. Aucun de ces éléments n'aurait été capable, à lui seul, d'obtenir ce comportement. Ainsi, le comportement est vraiment émergent.

Les personnes ont, en général, des rapports très divers avec les systèmes pour les planifier. Elles peuvent être parties prenantes d'un système et vouloir que le *SdI* fournisse des services et produise un effet qui réponde à leur intérêt. Elles peuvent exploiter une instance de *SdI* et ainsi être un élément de ce système. Enfin, elles peuvent faire partie d'un environnement opérationnel dans lequel elles interagissent avec un ou plusieurs systèmes ; autrement dit, elles sont consommatrices de services fournis par les systèmes, de services de soutien à d'autres systèmes ou sont tout simplement influencées par le système.

Le *SdI* représenté en Figure 1-7 illustre la structure statique d'éléments système qui font partie d'un système à topologie hiérarchique.

Cette *vue structurelle* ne représente qu'une seule vue du système. Pour être plus explicite sur les éléments du système et leurs liens dynamiques comportementaux, on a besoin d'une topologie en réseau pour décrire une *vue opérationnelle* comme l'illustre la Figure 1-8.

Dans cette description, nous voyons des relations explicites qui sont présentées comme des services. Nous pouvons utiliser un tel modèle comportemental (vue opérationnelle) pour un bon nombre d'instances de systèmes physiques réels. Par exemple, E1 est un bouton de réglage de climatisation, E2 est un élément de chauffage ou de refroidissement et E3 est un thermostat qui surveille la température.

Ces relations fondamentales existent dans de nombreux produits tels que des radiateurs, des grilles pains et une grande variété d'appareils domestiques. Cette représentation en réseau identifie les comportements potentiels du système par opposition à l'énumération d'éléments du système représentés selon la hiérarchie statique de la Figure 1-7.

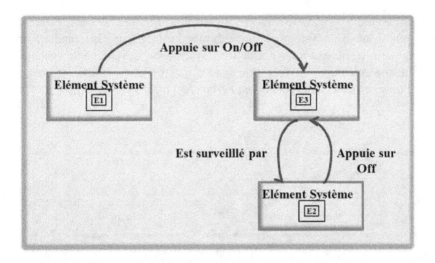

Figure 1-8: Eléments système et relations comportementales

Pour illustrer un autre *SdI*, considérez E1 comme un opérateur qui installe puis met en marche une photocopieuse, E2 et E3 comme des éléments de contrôle du logiciel de la photocopieuse qui arrêtent la machine quand elle a terminé son travail ou si un dysfonctionnement sérieux survient. Le lecteur peut certainement corréler ce type de structure de « contrôle » à beaucoup de *produits-systèmes* courants.

Comme mentionné précédemment, la description système varie à différents points de son cycle de vie. Dans des phases amont, les éléments peuvent être définis comme des fonctions ou des capacités avec des relations entre elles. Dans des phases ultérieures, ces définitions sont raffinées en éléments intégrés concrets, matériels, logiciels ou activités humaines qui fournissent des fonctions ou des capacités.

Décomposition

Qu'il soit défini de façon abstraite ou concrète, un *SdI* comprend typiquement des éléments système qui sont eux-mêmes des systèmes et donc contiennent leurs propres éléments systèmes comme l'illustre la Figure 1-9. Les niveaux de systèmes inférieurs peuvent être décomposés en éléments système qui sont eux-mêmes, à leur tour, des systèmes. Cette décomposition hiérarchique des systèmes est appelée décomposition *récursive*. C'est un concept-clé du standard ISO/IEC 15288. A chaque niveau, un ou plusieurs des éléments du système peuvent eux-mêmes être des systèmes. Le standard traite cette décomposition récursive d'une façon très cohérente. A chaque niveau illustré en Figure 1-9, les éléments systèmes sont des systèmes pour le niveau inférieur, le standard est réappliqué à ce niveau pour permettre l'intégration des éléments systèmes en tant que *SdI* de ce niveau. Ainsi, le *SdI* dépend du niveau et change quand on considère différents niveaux dans la gestion du cycle de vie.

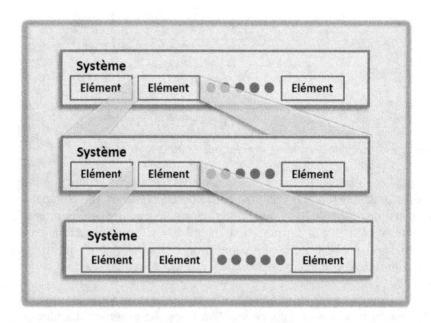

Figure 1-9: Structure système: décomposition en niveaux

Dans la décomposition récursive illustrée en Figure 1-9, il y a trois niveaux ; par conséquent, chacun de ces niveaux contient un ou plusieurs systèmes d'intérêt. Le standard ISO/IEC 15288 est réappliqué à chacun de ces trois niveaux, le cas échéant par une autre entreprise fournisseur pour gérer le cycle de vie du système d'intérêt de ce niveau.

La décomposition de systèmes en éléments de systèmes s'arrête à un moment. Ainsi, il y a une *règle d'arrêt* qui est liée à un besoin pratique ainsi qu'aux risques associés à l'élément du système. Ce qui veut dire que s'il n'y a aucun avantage à poursuivre la décomposition ou si l'élément du système est bien défini et peut être intégré avec un risque maîtrisé (il peut être acheté comme un élément standard « sur étagère » ou son approvisionnement est garanti sans avoir recours à une décomposition plus poussée), la décomposition récursive peut être terminée.

Revenons à mon ordinateur portable. Le *SdI* important pour moi en tant qu'auteur est composé du système ordinateur et de moi-même. Dans ce contexte, je n'ai pas besoin de considérer une décomposition plus poussée de ces deux éléments. Par ailleurs, le système ordinateur est un *Système d'Intérêt* du fournisseur qui intègre ses éléments. A leur tour, les éléments du système matériel et ceux du système logiciel sont des produits du *Système d'Intérêt* dont les cycles de vie sont gérés par d'autres. Les systèmes matériel et logiciel sont chacun décomposés en éléments de système qui sont des systèmes, et ainsi de suite. Ainsi, les propriétaires respectifs de ces *Systèmes d'Intérêt* appliquent la règle d'arrêt en fonction de leurs besoins pratiques et des risques impliqués dans l'approvisionnement des éléments.

Actifs Système classiques

Il est crucial pour une organisation publique, privée ou à but non lucratif de bien comprendre et de s'accorder sur ce que sont les actifs de son portefeuille de systèmes institutionnalisé et sur la façon dont ils sont reliés entre eux. Pour ce, une classification est utile. Alors même que l'ensemble des actifs spécifiques varie d'une organisation à l'autre, des catégories d'*actifs-systèmes* définis, représentées dans le Tableau 1-1 se dégagent, en général.

Toute entreprise publique ou privée existe dans le but de fournir des produits ou services à valeur ajoutée. Ces systèmes ainsi que les systèmes de gestion des produits ou services correspondent souvent au *Système d'Intérêt-Restreint* principal d'une entreprise. Toutefois, dans le contexte plus large du *Système d'Intérêt-Etendu*, tous les autres systèmes « contribuent » à la fourniture des *produits-systèmes* ou des *services-systèmes*.

Tableau1-1 : *Actifs-système*s d'organisations/entreprises institutionnalisées

A. Associés aux produits à valeur ajoutée	
B. Associés aux services à valeur ajoutée	
C. Associés à la gestion de Produits / Services	
Développement	Support
Production	Retrait
Opération	
D. Associés au fonctionnement de l'entreprise	
Politique	Ressources Humaines
Gestion	Logistique
Finance	Accords
Marketing	Contrats
Moyens Généraux	Modèles de cycle de vie
Processus	
E. Associés à l'organisation	
Entreprise	Projet
Division	Groupe de Travail
Département	
F. Associés à l'information	
Données et Informations	Connaissances
Processus d'Information	Gestion des connaissances

Même s'ils ne sont pas explicitement perçus comme tels par le personnel de l'entreprise, chacun des actifs institutionnalisés est un système composé d'éléments systèmes et de relations qui doivent être gérés dans leur cycle de vie d'une façon ou d'une autre. Gérer formellement le cycle de vie de ces systèmes selon des modèles de cycle de vie appropriés les rend explicites et amène à une meilleure compréhension de la nature des systèmes et de leur rôle dans l'entreprise [ISO/IEC, 2002 et 2008]. Autrement dit, les responsables d'un actif ainsi que ceux qui sont influencés par l'*actif-système*, développent une vision partagée des systèmes avec les autres tiers responsables des actifs de l'entreprise. Une compréhension et une attribution claires des responsabilités des *actifs-systèmes*, est un préalable à un fonctionnement efficace des entreprises privées, publiques ou à but non lucratif.

Eléments systèmes

Les éléments systèmes d'un actif d'un Système d'Intérêt planifié peuvent être de divers types notamment de ceux illustrés par le Tableau 1-2.

Tableau 1-2: Types possibles d'éléments systèmes

Matériel - mécanique, électronique	**Procédures** – instructions opératoires
Logiciel – système logiciel, micro logiciel, application, utilitaires	**Infrastructures** – containers, bâtiments, instruments, outils
Humains – activités, opérateurs	**Eléments Naturels** – eau, gaz, organismes, minéraux, etc.
Données – données individuelles et ensemble de données	**Autres types d'éléments** – politiques, lois, règlements, brevets, contrats, accords
Information – données individuelles et ensemble de données qui ont des interprétations définies	
Processus – entreprise, politique, gestion de système	

Comme mentionné précédemment, des éléments naturels comme l'eau, le gaz, l'air, les organismes, les minéraux etc. peuvent être inclus comme éléments dans un système artificiel. Par exemple un système automobile, bien que composé d'un grand nombre d'éléments matériels et logiciels, requiert également l'usage de l'eau, du gaz et de l'air considérés comme *éléments-systèmes* pour fonctionner.

La liste d'*éléments-systèmes* comprend d'autres types d'éléments qui revêtent une importance (préoccupation) pour des tiers particuliers, selon leurs points de vue. Par exemple, des politiques, des lois, des règlements, des brevets, des contrats et des accords peuvent être considérés comme des facteurs environnementaux affectant les systèmes de certains tiers, mais pour d'autres, ils sont considérés comme des éléments d'un *SdI*. Ils peuvent même être considérés comme des systèmes ; par exemple un accord peut être vu comme un *SdI* pour ceux qui sont impliqués dans l'acquisition des *produits-systèmes* ou de *services-systèmes*.

SYSTEME DE SOUTIEN, DE
REPONSE/SITUATION ET THEMATIQUE

En fonction du type de produit ou service à valeur ajoutée que l'entreprise publique, privée ou à but non lucratif fournit, les actifs de ses systèmes contributeurs et ceux liés à ses approvisionnements ont des longévités différentes. Les systèmes institutionnalisés doivent être correctement *maintenus* sur de longues périodes pour être en condition d'être prêts à fournir l'effet désiré lorsqu'ils seront mis en opération (instanciés).

La fourniture de produits et services à valeur ajoutée comme un avion, un équipement de télécommunication, des services bancaires, la santé, les allocations sociales, etc. exigent un soutien pendant un cycle de vie de longue durée. De tels systèmes de soutien font typiquement l'objet de familles de produits ou de services. Ainsi, à partir d'une description système générique sont produits d'autres produits et services, dont chacun doit être géré en cycle de vie.

Des systèmes peuvent naître sous forme de *situation* à court terme mais peuvent avoir une longue longévité. La situation peut être considérée et même décrite en termes d'éléments et de relations collaborant dans un réseau, comme décrit précédemment dans le cas de l'action terroriste.

Pour contrer la situation qui est apparu, un *système de réponse* est créé et mis en œuvre. Considérez par exemple une brigade de pompiers comme un *système de réponse*, constitué d'éléments (équipements, consommables (eau, produits chimiques, etc.) et ressources humaines) pour pouvoir prendre le contrôle du feu. Un autre exemple de *système de réponse* est le rassemblement de forces armées pour suivre un plan d'action afin de traiter une situation qui est apparu. De tels services systèmes sont composés d'actifs disponibles (équipements et personnes) et constituent un *actif-système* temporaire, défini rapidement et mis en œuvre par le biais d'une mission rattachée à une unité opérationnelle. Pendant que le *service-système* est en opération, les retours d'information sur le déroulement de la situation sont utilisés pour restructurer rapidement (redéfinir et dimensionner) le *système de réponse* afin de répondre aux besoins nouveaux.

Des *situation-systèmes* apparaissent dans le fonctionnement de toute organisation et représentent un défi à l'organisation pour mettre en place un *système de réponse*. La situation est souvent traitée par la formation d'un groupe de travail ou d'un projet qui prendra en charge la situation, qu'il s'agisse d'un problème (peut-être une crise), ou d'une opportunité pour l'organisation. Selon les angles de vues et les points de vue, la *situation-système* et le *système de réponse* peuvent être vus comme couplés dans un seul *SdI-E* plus large où les *situations-systèmes* et les *systèmes de réponse* interagissent.

En reliant les *situations-systèmes* aux *systèmes de réponse* et aux actifs des systèmes de soutien, considérez maintenant le *Diagramme de Couplage Système* qu'illustre la Figure 1-10.

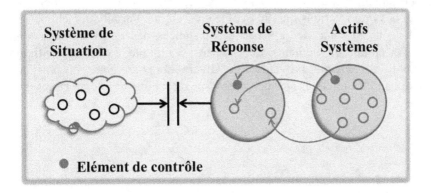

Figure 1-10: Diagramme de Couplage Système

Nous voyons ici clairement l'élaboration d'un *système de réponse* basé sur les *actifs-systèmes*. Un des éléments à incorporer est un *élément de contrôle*, dirigeant le *système de réponse* dans ses activités opérationnelles, pour répondre à la *situation-système*. La *situation-système* fournit l'entrée du *système de réponse* et est le destinataire des sorties issues des actions du système de réponse. Cette interaction est indiquée par une double barre. Le lecteur devra conserver ce diagramme de couplage en mémoire car nous y reviendrons plusieurs fois tout au long de notre parcours. Il devrait devenir un scénario connu de tous. Considérez la situation où vous vous rendez quelque part en transport public ou privé. Vous construisez dans votre esprit, des *systèmes de réponse* basés sur les *actifs-systèmes* tels que la connaissance des itinéraires, les moyens de transport disponibles, les horaires, etc. Comme von Bertalanffy l'affirmait, les systèmes sont effectivement partout.

Les situations décrites ci-dessus sont réelles, c'est-à-dire qu'elles se produisent vraiment. Les situations *thématiques* sont une autre forme de situations. Elles sont construites avec la finalité d'étudier les aspects systémiques d'une situation issue d'un problème ou d'une opportunité. C'est-à-dire (que faire si ?) une situation problématique ou opportuniste se présente. Au-delà de l'étude de la situation problématique ou opportuniste, un ou plusieurs *systèmes de réponse* peuvent être conçus pour évaluer l'effet produit par les plans d'actions possibles ou pour s'exercer, dans un environnement simulé situation/réponse. De telles sessions de formation sont tout à fait courantes dans les environnements militaires et dans la gestion de crises civiles ; par exemple, des essais de stress dans les banques européennes. On peut les utiliser également comme base de jeu d'entreprise et dans des exercices de gestion de situation dans tout type d'organisation. La nature d'une situation réelle ou d'une situation thématique peut être associée à certains aspects de la structure ou du comportement des *actifs-systèmes* d'une organisation, ou être associée au réseau des interrelations qui ont évolué en système. Par ailleurs, en mettant en place un *système de réponse*, des instances des *actifs-systèmes* sont déployés en tant qu'éléments. Le Tableau 1-3 indique le couplage entre un ensemble d'éléments provenant de divers *actifs-systèmes* et plusieurs situations. Implicitement, les couplages suggèrent une topologie en réseau.

Tableau 1-3: Eléments de situations réelles ou thématiques et/ou systèmes de réponse

Situations Systèmes \ Systèmes Intitutionalisés	Relatif à des Produits à Valeur Ajoutée	Relatif à des Services à Valeur Ajoutée	Management des Produits / Services	Fonctionnement de l'Entreprise	Relatif à l'Entreprise	Relatif à l'Information	Environnement
Problème de baisse des ventes	•	•	•	••	••	•	••
Opportunité d'une nouvelle ligne de production	••	•	•••	••	••	••	•
Problème de relations avec les syndicats			••	•	••	••	•
Problème de conflits managériaux	••	••	•	•••		•••	••

Le lecteur reconnaitra dans ce tableau le traitement de problèmes ou d'opportunités typiques d'une organisation. La colonne Environnement est importante. Elle correspond souvent aux événements de l'environnement (proche ou étendu) dans lequel des instances de systèmes fonctionnent et où surviennent des problèmes ou des opportunités. Traiter des situations à problèmes ou opportunistes, dans le contexte d'opérations internationales établies dans une finalité de paix et de stabilité dans des pays où une situation agitée existe, constitue un système vital. Des éléments de sphères multiples sont référencés, dans ce contexte, par l'acronyme PMESII (Politique, Militaire, Economique, Social, Infrastructure et Information) [Joint Publication 2.0, 2007]. La Figure 1-11 illustre le couplage des éléments entre ces sphères. Le réseau peut soit représenter le système de couplage des éléments contributeurs ou affectés par la situation problématique, soit les éléments d'un système de réponse pour solutionner le problème, soit les deux.

La composition de *situations-systèmes* réelles ou thématiques à partir d'éléments de systèmes multiples et de leurs interrelations, est souvent temporaire et, par conséquent, les systèmes de réponse ne sont généralement pas définis comme des actifs de soutien et ne sont pas gérés en cycle de vie. Cependant, des *systèmes de réponse* traitant de problèmes ou d'opportunités sur un plus long terme, peuvent avoir une longue durée de vie et, dans ce cas, devraient être gérés en cycle de vie.

Les systèmes thématiques sont utilisés comme objets d'étude et d'apprentissage afin de déterminer le besoin de changement dans les systèmes institutionnalisés. Les principes des systèmes décrits précédemment, relatifs aux éléments système et à leur relations sont les mêmes pour les situations-systèmes de soutien, les situations réelles et thématiques, et pour les systèmes de réponse. Toutes ces formes de systèmes concernent également les entreprises publiques, privées et à but non lucratif et devraient être traitées de façon holistique avec des méthodologies de *Penser Système* comme décrites au chapitre 2.

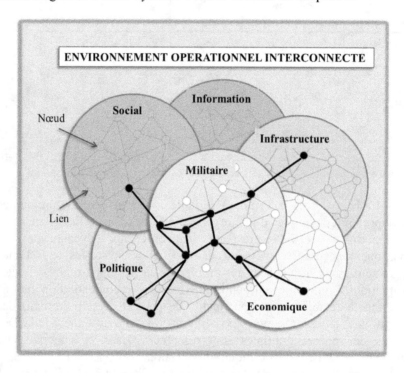

Figure 1-11: Réseau d'éléments Politique, Militaire, Economique, Social, Infrastructure et Information

SYSTEME DE SYSTEMES

Le terme *Système de Systèmes* (*SdS*) est utilisé pour décrire des systèmes composés de multiples types d'éléments de système où chaque élément est un système opérationnel en soi. Bien sûr, tout système complexe, une fois décomposé, apparaît comme un système composé de systèmes comme le montre la Figure 1-9. Cependant, le terme *SdS* est apparu pour décrire l'intégration de systèmes qui ont été conçus et développés de façon indépendante pour une finalité, un besoin ou une mission particuliers et qui peuvent à eux seuls, fournir les services système requis. Toutefois, suite à un nouveau besoin (*situation-système*), les systèmes sont intégrés dans un *système de réponse*, soit pour répondre à une situation réelle soit pour l'étudier par un entrainement associé à la situation thématique. Dans certains cas, un *SdS* peut être créé pour fournir un nouveau service de soutien, par exemple pour fusionner des agences gouvernementales ou pour fusionner des entreprises dans le but de répondre à de nouvelles situations problématiques ou opportunistes.

Pour illustrer le concept de *SdS*, considérez le système de réponse défini pour satisfaire à une situation d'urgence réelle ou thématique qui implique une brigade de pompiers, une force de police, une force militaire, un potentiel médical, une capacité de prise en charge psychologique, etc. Tous ces systèmes ont été définis et développés indépendamment les uns des autres mais sont réunis en un système intégré pour satisfaire les besoins de la situation d'urgence illustrée dans la Figure 1-12.

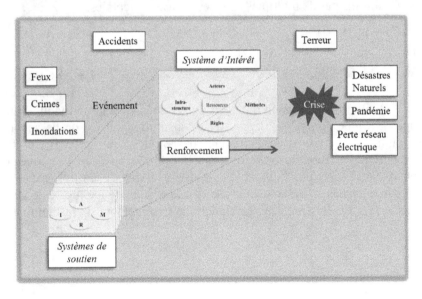

Figure 1-12: Système de Systèmes de gestion de crise

Cette illustration réalisée par des participants à un cours [Jennerholm et Stern, 2006] montre comment les actifs de soutien d'agences individuelles prévus pour être instanciés et satisfaire des types particuliers de situations, sont réunis en un *Système de Systèmes* de réponse dans le but de satisfaire aux besoins de la situation de crise. La vue des *actifs-systèmes* institutionnalisés de chacune des agences, présentée dans cette figure, se focalise sur une vue générale des ressources. A savoir, les actifs des ressources sont classés en acteurs, infrastructure, méthodes et règles. Ce classement est implicite dans l'énumération des actifs institutionnalisés illustrés dans le Tableau1-1, et est utilisé ici pour présenter une vue d'actifs en dénominateur commun pour cette finalité. Comme déjà mentionné, le *SdS* a besoin d'être renforcé par un élément de contrôle qui opère en tant qu'entité intégrée dans la réponse à une situation de crise. Pour assurer ce renforcement, une forme de commandement et de contrôle est essentielle.

Comme noté précédemment, un *SdS* peut aussi être le résultat de l'intégration de systèmes de plusieurs entreprises existantes dans une entreprise étendue, prévue pour fournir des produits ou services de soutien sur le long terme. Cela peut arriver, par exemple, suite à des fusions ou des rachats d'entreprise, etc. Dans le secteur public, cela peut arriver quand différents corps d'état sont intégrés pour satisfaire une nouvelle demande ; par exemple le département de sécurité intérieure des Etats Unis opère comme un *SdS* en fournissant des services basés sur l'intégration d'*actifs-systèmes* fournis par de multiples agences gouvernementales.

GERER LE CHANGEMENT DES SYSTEMES

Quel que soit le point de vue d'une entreprise, d'un individu, d'un groupe ou d'une équipe sur les systèmes institutionnalisés, qu'ils soient vus comme des actifs d'infrastructure, des produits ou services, qu'ils soient définis de façon abstraite ou concrète ou quel que soit leur niveau d'appartenance dans une hiérarchie système récursive, il y a trois aspects essentiels rattachés au système et associés à la gestion de leur cycle de vie. Ces aspects sont illustrés dans le Modèle de Changement de la Figure 1-13.

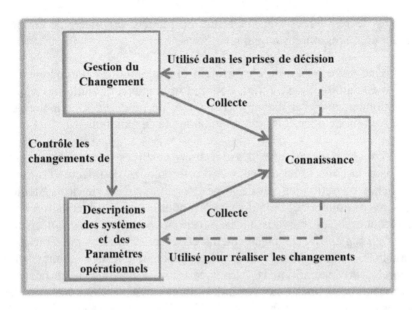

Figure 1-13: Modèle fondamental de changement

L'adage selon lequel la seule chose qui est constante est le changement est assurément pertinent pour les systèmes artificiels dont dépend toute entreprise. Autrement dit, la gestion du changement est une des fonctions opérationnelles le plus centrales de l'entreprise pour gérer le cycle de vie des *actifs-systèmes*. Il y a fondamentalement deux types de changement faits pour les actifs systèmes :

1. Les changements structurels – qui aboutissent à des changements des descriptions des systèmes.

Comme mentionné précédemment, les systèmes ont des descriptions ; par conséquent, décider d'appliquer des changements (i.e. des transformations) sur un système implique de changer la description du *SdI*. Les changements structurels peuvent impliquer la création ou l'élimination d'un système entier, l'ajout ou le retrait d'éléments du système, l'ajout ou le retrait de services d'éléments du système ou la reprise de définition des relations entre les éléments du système.

2. Les changements opérationnels – qui aboutissent à la modification de paramètres opérationnels.

Un changement opérationnel ne change pas la description du système. Il peut affecter le comportement des services du système du fait de la quantité de ressources impliquées. Par exemple, pour opérer et maintenir plusieurs instances d'un *SdI* ou pour fournir / consommer plus ou moins de ressources sous la forme de matière première, de support financier ou de ressources humaines.

Une autre forme de changement opérationnel est un changement de mode opératoire quand le *SdI*, défini et instancié, a de multiples modes de fonctionnements. Par exemple, il passe d'un mode de fonctionnement normal à un mode opératoire réduit ou un mode de maintenance.

La clé pour prendre des décisions éclairées sur le changement réside dans la collecte de données et d'informations pertinentes issues de l'expérience opérationnelle et de la gestion du cycle de vie des systèmes. On utilise ces données et ces informations pour les assimiler sous forme de connaissances. Ces connaissances serviront à prendre des décisions raisonnées, à planifier les changements et seront réutilisées pour procurer le savoir-faire qui permet de réaliser prudemment des changements structurels et opérationnels. Lorsque des situations significatives apparaissent, problèmes ou opportunités, l'entreprise devrait construire des *systèmes de réponse* pour être capable d'étudier et d'apprendre à partir de situations réelles ou thématiques, qu'elle devrait prendre en compte pour effectuer les changements de ses *actifs-systèmes*.

Le standard ISO/IEC 15288 définit un ensemble varié de processus qui peuvent être utilisés pour répondre aux besoins de chaque aspect important de la gestion du changement des systèmes. De plus, le standard fournit une base pour formuler les modèles de cycle de vie composés de phases essentielles pour gérer effectivement les changements du système. Notre parcours décrit chacun des aspects de la Figure 1-13 avec le support du standard comme guide, pour nous focaliser sur ce que signifie Agir en termes de système. Dans les derniers chapitres de ce livre, nous nous appuyons sur ce modèle de changement pour expliquer divers aspects des systèmes ainsi que la gestion de leurs cycles de vie. Un premier ensemble de concepts de Gestion du Changement, conforme à l'application des standards internationaux de cycle de vie du logiciel et des systèmes a été développé par [Bendz et Lawson, 2001].

Le modèle illustré dans la Figure 1-13 se focalise sur la prise de décision de l'organisation ou de l'entreprise. Cependant, il peut aussi servir de modèle conceptuel pour toute forme de contrôle - commande dans des situations militaires ou de gestion de crises. La différence tient à l'échelle de temps. Dans des situations d'urgence, bien que l'on puisse modifier des définitions du système et réaliser de nouvelles instances opératoires, on n'a souvent pas le temps d'effectuer formellement les changements des descriptions. Autrement dit, le focus ne se situe pas sur les changements des *actifs-systèmes* mais sur les changements des paramètres opérationnels des *actifs-systèmes* opérationnels instanciés, qui sont disponibles. Quoi qu'il en soit, l'assimilation de la connaissance et son utilisation la fois acquise et reprise sont vitaux, même en situation de stress. L'expérience provenant des opérations doit être en permanence utilisée pour évaluer le portefeuille des *actifs-systèmes* disponibles. Cette connaissance peut ensuite être utilisée de façon constructive pour gérer véritablement les *actifs-systèmes* et gérer les changements en accord avec le modèle de la Figure 1-13.

COMPLEXITES DES SYSTEMES

Il y a plusieurs façons de considérer les complexités dans les systèmes. Comme noté précédemment, les personnes peuvent avoir divers attentes et points de vue sur les systèmes et donc voir les systèmes comme simples, complexes ou entre les deux. Ashby donne l'exemplification pertinente suivante de tels points de vue.

« ... pour un neurophysiologiste le cerveau, apparent comme un feutrage de fibres et une soupe d'enzymes, est assurément complexe et en retranscrire une description détaillée exigerait beaucoup de temps. Pour un boucher, le cerveau est simple, car il lui suffit de le distinguer parmi trente autres morceaux de « viande. »
W.R. Ashby [Ashby, 1973]

Classer la Complexité

Peter Senge a identifié que la complexité système apparaît sous deux formes fondamentales, [Senge, 1990], à savoir la *complexité détaillée* et la *complexité dynamique*. La *complexité détaillée* tient au volume des systèmes, au nombre d'éléments des systèmes et des relations définies dans l'une ou l'autre des deux topologies fondamentales des systèmes (hiérarchique ou en réseau). Cette complexité est liée aux systèmes tels qu'ils sont, à savoir leur existence statique. D'autre part, la *complexité dynamique* est associée aux interrelations qui apparaissent entre les instances des systèmes en opération, autrement dit, du comportement attendu ou même inattendu qui en émerge. Ces deux formes de complexité peuvent directement être associées aux concepts systèmes présentés dans ce chapitre et sont synonymes de *complexité structurelle* et *complexité comportementale*.

La complexité système, structurelle ou comportementale, est associée aux systèmes eux-mêmes ainsi qu'à la façon dont les systèmes sont perçus par les personnes, comme le souligne la citation d'Asby sur le cerveau.

Par rapport aux systèmes eux-mêmes et outre le nombre d'éléments et de relations, des facteurs tels que la linéarité ou la non linéarité des relations, l'asymétrie des éléments et des relations déterminent le degré de complexité.

Par rapport aux personnes et aux systèmes, des facteurs tels que les valeurs et croyances, les intérêts, les capacités et aussi les notions et les perceptions des systèmes sont déterminants pour la complexité perçue. Comme décrit précédemment, cela affecte la façon dont les individus et même les groupes voient les systèmes.

[Weaver, 1948] a émis très tôt un point de vue sur la complexité en la catégorisant en *simplicité organisée, complexité organisée* et *complexité désorganisée*. Ces catégories et les réflexions ultérieures entre autres de [Flood et Carson, 1993] et de votre auteur ont donné un élan au classement suivant de la complexité.

La simplicité organisée apparaît quand il y a un petit nombre de facteurs essentiels et un grand nombre de facteurs moins ou peu significatifs. Une situation peut sembler complexe de prime abord mais, après investigation, les facteurs moins ou peu significatifs sont retirés du paysage et on y découvre la simplicité cachée.

Découvrir cette simplicité est caractéristique des investigations scientifiques comme nous l'avons déjà mentionné dans notre discussion sur le besoin de prouver ou de réfuter une hypothèse scientifique. Toutefois, il est souhaitable de rechercher la simplicité dans toutes les situations apparemment complexes. L'adage bien connu KISS (*Keep in Simple Stupid, en anglais*) reflète ce point de vue. De même, Albert Einstein a aussi énoncé un jour: « *Faites-le aussi simple que possible mais pas plus simple.* » C'est évidemment un bon conseil à la fois pour la recherche scientifique, pour l'ingénierie et la gestion du cycle de vie des *systèmes physiques définis*, des *systèmes abstraits* et des *systèmes d'activités humaines*.

La complexité organisée est très courante dans les *systèmes physiques définis* et les *systèmes abstraits définis* où la structure du système est organisée de façon à être comprise et facile à utiliser par les scientifiques pour décrire, d'une part les comportements complexes et d'autre part, pour structurer l'ingénierie et la gestion du cycle de vie des systèmes complexes. Il y a là une richesse qui ne doit pas être sur-simplifiée.

La complexité désorganisée apparaît quand beaucoup de variables présentent un comportement erratique. Elle peut aussi caractériser le résultat d'un contrôle inadéquat de la structure de systèmes complexes hétérogènes qui a évolué suite à un contrôle insuffisant de son architecture durant son cycle de vie du système (complexité insidieuse).

Complexité associée aux personnes où la perception d'un système nourrit un sentiment de complexité. Dans ce contexte, les humains deviennent des « systèmes d'observation ». Nous pourrions aussi relier cette catégorie aux systèmes dans lesquels les personnes sont des éléments et peuvent tout à fait contribuer à la *simplicité organisée*, à la *complexité organisée* ou à la *complexité désorganisée*.

L'intervalle de catastrophe

Le taux de croissance de la complexité des systèmes s'est historiquement intensifié dans le temps. On peut le constater avec les systèmes logiciels modernes. Parallèlement, notre capacité à maîtriser, d'une façon ou d'une autre, la complexité croissante, n'a pas cru au même rythme. Christer Jäderlund (un penseur système suédois aujourd'hui décédé), met en exergue l'écart entre la croissance de la complexité d'un système et notre capacité à traiter la complexité sous la forme de l'intervalle de catastrophe, qu'illustre la Figure 1-14.

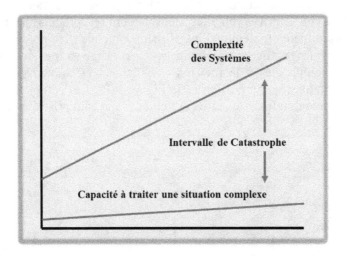

Figure 1-14: Intervalle de catastrophe de Jäderlunds

Nous pouvons prendre comme point de départ un point arbitraire sur une échelle de temps, par exemple l'état de la complexité des systèmes en 1940 (pendant la deuxième guerre mondiale) et le projeter ensuite comme une forme de croissance accélérée jusqu'à aujourd'hui. La capacité à appréhender la complexité a cru très lentement. Si bien qu'il n'est pas surprenant que des catastrophes telles que la crise financière de 2008 soit apparu. A l'évidence, l'introduction et la croissance sans précédent des technologies informatiques et de la communication ont été les facteurs principaux de la combinatoire des complexités système. Mais il y a bien d'autres exemples encore de contributions à la complexité.

Alors que beaucoup de personnes abordent la complexité système avec apathie ou un sentiment de désespoir, nous souhaitons que les lecteurs de ce livre apprennent à améliorer leurs capacités individuelles et collectives pour traiter les systèmes complexes. Notre avenir commun dépendra sans aucun doute des progrès réalisés dans ce domaine.

Complexités dans les entreprises

L'ensemble des *actifs-systèmes* institutionnalisés qu'une entreprise définit, développe ou acquiert et utilise, fait émerger une diversité de complexités. Les complexités doivent être traitées à la fois en architecturant les systèmes pour minimiser leur complexité et en gérant de façon prudente les systèmes durant leur cycle de vie.

Les entreprises doivent apprendre à traiter tout autant la complexité structurelle et comportementale vis-à-vis de la valeur ajoutée des produits ou services qu'elles consomment et produisent que les complexités de leurs systèmes d'infrastructure incluant les processus, les méthodes et les outils correspondants. Ces éléments deviennent des sources de complexités à la fois individuellement et collectivement via leurs interrelations, comme l'illustre la Figure 1-15. Les complexités sont amplifiées lorsqu'on traite les actifs systèmes d'une entreprise étendue.

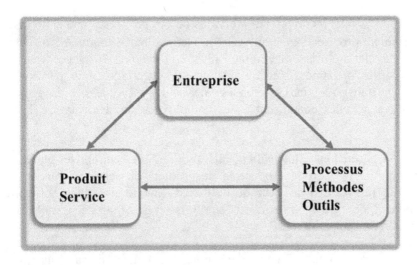

Figure 1-15: Une source de complexité

Bien trop souvent, des individus ou des groupes de personnes d'une entreprise ne considèrent qu'un seul de ces éléments à la fois et tirent des conclusions sur ce qu'ils croient être ou ce dont ils voudraient convaincre les autres, être leurs problèmes de complexité. Ainsi, ils font l'hypothèse que les problèmes de complexité sont dus à :

- Une architecture faible ou inappropriée de produits / services ;
- Une structure inadaptée ou inefficace ;
- Un manque de processus bien définis ou des processus incorrects ;
- Un manque de méthodes appropriées ou d'outils spécifiques.

Il en résulte que dans une entreprise, des individus ou des groupes repoussent les problèmes ou les opportunités, d'un point de vue étroit et borné et limité. Ils peuvent faire un effort concerté pour simplifier leurs produits et services afin de les rendre plus viables à manier. Ou bien, ils se focalisent sur les processus à utiliser dans leurs affaires, l'acquisition de produits / services ou de moyens d'infrastructure, personnel, finance, etc. Ils peuvent rechercher des méthodes et outils qui, croient-ils, soutiendront leurs efforts. Cependant, l'aspect le plus facile à changer est la structure de l'entreprise. Si vous doutez – réorganisez !!! Malheureusement, c'est souvent une fuite face à des problèmes réels qui se cachent dans d'autres domaines, bien souvent due au manque de vision holistique des interrelations complexes entre tous les éléments importants.

Les intérêts divers des individus ou des groupes d'une entreprise, qu'ils soient propriétaires, employés, ou même clients, conduisent à toutes sortes de relations crispées, comme l'illustre la Figure 1-16. Si ces tensions entre parties prenantes, bien qu'absolument essentielles pour parvenir à une vue holistique des entreprises, ne sont pas traitées (i.e. gérées) correctement, elles conduisent à des complexités supplémentaires [Low, 1976].

Les tensions s'intensifient quand de grandes entreprises étendues sont impliquées dans la production de produits ou services complexes. Dans de tels cas, il se peut qu'il n'existe même pas de propriétaire clairement identifié du système de l'entreprise et de ce fait des complexités combinatoires apparaissent.

Comme nous l'avons déjà noté Einstein a déclaré un jour: « *Faites-le aussi simple que possible mais pas plus simple.* » C'est certainement un bon conseil pour les *actifs-systèmes* d'une entreprise confrontée à de possibles complexités structurelles ou comportementales.

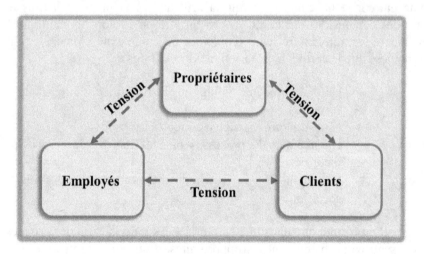

Figure 1-16: Tensions entre parties prenantes

Tension

Alors qu'il est possible et souhaitable d'atteindre la simplicité pour certains types de systèmes, la multitude d'exigences de l'environnement pesant sur les entreprises et les tensions entre parties prenantes deviennent des contraintes qui, le plus souvent, conduisent à des complexités dans les solutions systèmes. Les contraintes et les tensions apparaissent en raison d'une variété de facteurs incluant les points suivants :

- Lois et règlementations (travail, environnement, santé, etc.);
- Contraintes relatives aux brevets ;
- Engagements de type accords ou contrats ;
- Evolution dans le temps de produits / services ;
- Politiques organisationnelles ;
- Rôles, valeurs et normes ;
- Facteurs psychologiques et sociologiques.

De tels facteurs affectent les *actifs-systèmes* d'une organisation et peuvent conduire à des décisions de changement sur les aspects structurels d'un système. Toutefois, dans le processus de changement de la structure de systèmes, des exigences nouvelles de changement naissent de problèmes ou d'opportunités qui apparaissent dans d'autres domaines. Ces changements conduisent à d'autres changements et ainsi à des complexités à la fois structurelles et comportementales.

Quand des problèmes apparaissent en raison de complexités ou de tensions structurelles ou comportementales, l'entreprise devrait établir une étude de situation thématique et de système de réponse pour investiguer la situation et en utiliser les résultats pour gérer le changement. Le Tableau 1-3 illustre de telles situations à traiter par des systèmes thématiques.

Un certain niveau de complexité est non seulement inévitable mais nécessaire. Il y a cependant beaucoup de produits et services, de processus, méthodes et outils ainsi que des entreprises qui ont un niveau significatif de complexité inutile. Un tout premier exemple de complexité inutile est la combinaison des produits et services matériels et logiciels dans l'industrie informatique. De tels produits complexes et instables ont conduit à une combinatoire de complexités qui affectent les individus et leurs entreprises au quotidien sous forme de virus informatiques, erreurs, attaques malveillantes, etc. Des processus, des méthodes et outils complexes sont développés et utilisés pour contrer ces complexités mais ils conduisent souvent à des explosions combinatoires de complexités. Voici un excellent exemple de la façon dont une complexité désorganisée s'insinue dans le temps pour conduire potentiellement à une catastrophe. En résumé, le professeur Daniel Jackson du MIT fait l'observation caustique suivante :

« *La question n'est pas (de savoir) si la complexité peut être éliminée mais (de savoir) si elle peut être domptée de telle sorte que le système résultant est aussi simple que possible, dans ces circonstances. Le*

coût de la simplicité peut être élevé mais le coût d'abaissement du niveau de complexité encore plus élevé. »
Daniel Jackson [Jackson, 2009]

Nous devrions garder à l'esprit ces aspects de complexité des systèmes pendant notre parcours au Pays des Systèmes. Durant ce parcours, différentes aides pour *Penser* et *Agir* en termes de systèmes constituent des approches utiles pour surmonter les complexités des *actifs-systèmes*, des *systèmes-produits* et des *systèmes-services* ainsi que des situations (réelles et thématiques). A la fin du parcours, au chapitre 8, le lecteur découvrira que les organisations (en tant qu'entreprises), une entreprise dans une organisation ou une entreprise étendue, sont elles-mêmes des systèmes et ont ainsi des propriétés structurelles ou comportementales. Les regarder de cette façon unifiera la connaissance acquise pendant ce parcours et conduira à une compréhension de la façon d'améliorer les structures de l'entreprise pour améliorer son comportement.

UN KIT DE SURVIE DES SYSTEMES

Dans cette dernière partie du chapitre d'introduction où nous avons présenté les concepts et les principes de façon informelle, nous formalisons maintenant les concepts et principes des systèmes grâce à une sémantique système concrète. La sémantique concrète part de concepts définis, de principes définis concrètement et du déploiement du diagramme de couplage système (Figure 1-10) en tant que modèle mental applicable de façon universelle. Pris tous ensemble, ces éléments constituent un kit de survie des systèmes. Autrement dit, une fois compris et appréciés, ils vous aideront continuellement, individuellement ou en groupes, à vous focaliser sur les propriétés essentielles de tout type de systèmes. C'est le premier grand pas à franchir pour se déplacer du mystère vers la maîtrise, comme souligné au début de ce chapitre [Flood, 1998].

Définitions des Concepts

Nous avons classé les concepts introduits dans ce chapitre et avons fourni des définitions spécifiques dans le tableau 1-4. Les catégories « *fondamentaux, types, topologies, focus, complexités et rôles* » expriment les propriétés essentielles des systèmes.

Tableau 1-4: Concepts (Classes et Définitions)

Catégories de concepts	Concepts	Définitions
Fondamentaux	Intégrité	Deux éléments ou plus sont reliés induisant un nouveau tout.
	Structure	Les éléments constitutifs et leurs relations statiques.
	Comportement	L'effet produit par les éléments et leurs relations dynamiques en opération.
	Emergence	Le comportement prévisible ou imprévisible apparaissant comme le résultat d'un système en fonctionnement.
Types	Système Physique Défini	Deux éléments physiques ou plus sont intégrés en produisant un nouveau tout.
	Système Abstrait Défini	Deux éléments abstraits ou plus sont reliés conduisant à un nouveau tout.
	Système d'activité humaine	Deux éléments ou plus, dont l'un au moins implique une activité humaine, sont intégrés conduisant à un nouveau tout.
Topologies	Hiérarchie	Une structure judicieuse de systèmes et d'éléments de systèmes à un niveau donné, définie de façon récursive.
	Réseau	Une structure de nœuds et de liens, d'éléments systèmes et de leurs relations.
Focus	Système d'Intérêt Restreint (SdI-R)	Le système sur lequel le focus est placé par rapport à un point de vue.
	Système d'Intérêt Etendu (SdI-E)	Les systèmes qui affectent directement (incluant les contributeurs) le SdI-R par rapport à un point de vue.
	Environnement	Le contexte qui a une influence directe sur le (SdI-R) et le (SdI-E).
	Environnement Etendu	Le contexte qui a une influence indirecte sur le (SdI-R) et le (SdI-E).

Catégories de concepts	Concepts	Définitions
Complexités	Simplicité Organisée	Il y a un petit nombre de facteurs importants et un grand nombre de facteurs moins significatifs ou insignifiants.
	Organisée	La structure est organisée pour être comprise et manipulable afin de décrire des comportements complexes.
	Désorganisée	Il y a beaucoup de variables qui présentent un niveau élevé de comportements aléatoires. Cela peut être dû au fait de ne pas avoir un contrôle adéquat sur la structure de systèmes complexes hétérogènes (complexité insidieuse).
	Associée aux personnes	La perception du système nourrit un sentiment de complexité. Il en est de même du comportement rationnel ou irrationnel d'individus en situations particulières.
Rôles	Actifs Système de Soutien	Un système géré en cycle de vie et qui, lorsqu'il est instancié, fournit des services système.
	Situation-système	Deux éléments ou plus sont reliés ensemble, causant un problème ou une opportunité. Alternativement, on établit un objectif ou un état final qui définit une situation souhaitable.
	Système de Réponse	Un système composé de deux éléments ou plus qui sont assemblés pour répondre à une situation.
	Système Thématique	Un système composé pour l'étude des conséquences possibles soit d'un système de situation supposé soit d'un ou plusieurs systèmes de réponse (« et si »).

Modèle Mental Universel

Nous reproduisons en Figure 1-17 le diagramme de couplage système présenté plus tôt dans ce chapitre. Grâce aux différents rôles des systèmes qui sont illustrés ici, il devient un modèle mental universel pour l'occurrence, la composition et le déploiement de systèmes. Le lecteur devrait toujours garder ce modèle à l'esprit, dans la mesure où nous y reviendrons continuellement pendant notre parcours de ce livre.

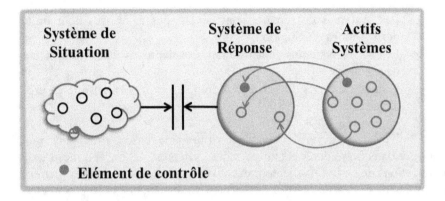

Figure 1-17: Modèle Mental Universel des Systèmes

Principes relatifs aux Systèmes

A partir des définitions des concepts et de l'utilisation du diagramme de couplage système comme un modèle mental universel, nous sommes maintenant en mesure d'exprimer des principes concrets qui établissent les règles systèmes suivantes (des vérités à respecter) :

- Tous les systèmes sont composés de deux éléments ou plus qui constituent son intégrité.
- Les systèmes sont composés d'éléments structurels ou d'éléments comportementaux.
- Les éléments et les relations définies peuvent être abstraits, physiques ou issus d'activités humaines.
- Les systèmes sont organisés en hiérarchie ou en réseau.
- Les frontières des systèmes, selon les points de vue, sont définies par leur Système d'Intérêt Réduit, leur Système d'Intérêt Etendu, leur Environnement et leur Environnement Etendu.
- La complexité peut être réduite par l'identification de facteurs principaux (concepts et principes).
- La complexité est traitée par une organisation appropriée en décrivant les comportements complexes.
- La complexité apparaît quand les systèmes sont désorganisés, conduisant à des comportements erratiques.

- Les personnes ont des perceptions variées de la complexité. Elles peuvent potentiellement ajouter de la complexité à un système.
- Les systèmes de situation résultent soit de problèmes ou d'opportunités soit d'objectifs définis sous forme d'états finaux à atteindre.
- Les systèmes de réponse sont développés et utilisés pour traiter des systèmes de situation.
- Les actifs systèmes sont instanciés et déployés dans les systèmes de réponse.
- Un des éléments du système de réponse doit permettre le contrôle de la situation.

Le kit de survie système constitue une base solide pour nous déplacer dans notre parcours au pays des systèmes. Au fur et à mesure des explications de ce livre, le lecteur découvrira qu'un des avantages premiers d'apprendre à *Penser* et *Agir* en termes de systèmes est le potentiel de nouvelle inventivité qui émerge grâce à la compréhension des interrelations entre les multiples systèmes et des possibilités qui apparaissent en combinant les systèmes dans une nouvelle idée du système.

Il sera bientôt temps de se mettre en route. Mais vérifiez tout d'abord le niveau de vos connaissances des concepts système présentés dans ce chapitre d'introduction.

VERIFICATION DES CONNAISSANCES

Chaque chapitre de ce livre contient une section de vérification des connaissances. Il propose des questions et des exercices dont le but, pour le lecteur, est de vérifier ses connaissances. En répondant aux questions et en faisant les exercices, il peut être utile pour des petits groupes ou des collègues, de plonger dans leurs propres expériences et points de vue afin de faciliter l'acquisition des connaissances via une discussion et un dialogue.

1. Identifiez les propriétés structurelles et comportementales dans les disciplines qui vous sont familières.

2. Identifiez des systèmes naturels ainsi que plusieurs systèmes physiques définis, systèmes abstraits définis et systèmes issus de l'activité humaine.

3. Identifiez plusieurs exemples de systèmes organisés en topologie hiérarchique ou en réseau.

4. En vous appuyant sur des exemples fournis en (2) ou (3), identifiez différents acteurs (individus ou groupes) qui peuvent voir le système selon des points de vue différents.

5. Discutez de l'existence des systèmes en confrontant votre point de vue avec celui d'autres personnes. Autrement dit, les systèmes existent-ils vraiment ou sont-ils des descriptions d'abstractions ? Argumentez votre raisonnement : pourquoi sont-ils réels ou pourquoi n'existent-ils pas ?

6. Identifiez les systèmes qui sont importants pour une entreprise avec laquelle vous êtes familier.

7. Décrivez le besoin d'identifier les services fournis et les effets induits de systèmes sur lesquels vous vous appuyez.

8. Identifiez les éléments système d'un système d'intérêt qui vous est familier.

9. Que signifie le « comportement émergent d'un système » ?

10. Identifiez les relations entre les éléments systèmes identifiés en (8).

11. Que signifie « la décomposition récursive d'un système hiérarchique » ?

12. Décomposez un ou plusieurs des éléments systèmes identifiés en (8) en un système d'intérêt différent, composé de ses propres éléments systèmes.

13. Quand arrête-t-on la décomposition récursive d'un système d'intérêt hiérarchisé ?

14. Composez plusieurs exemples de systèmes qui incorporent de multiples types d'éléments systèmes.

15. Identifiez des exemples de systèmes de soutien, de situation, de réponse et thématiques.

16. Que signifient les termes « entreprise » et « système de systèmes » ?

17. Comment sont traités les changements, les descriptions système et les connaissances dans les entreprises que vous connaissez ?

18. Décrivez et exemplifiez les différences entre un changement de paramètres en opération et un changement dans la description système.

19. Identifiez des cas où la simplicité organisée, la complexité organisée, la complexité désorganisée et la complexité associée aux personnes sont manifestes.

20. Décrivez votre expérience personnelle des complexités de systèmes, structurelles et comportementales, en tant que fournisseur ou utilisateur de *systèmes-produits* ou *systèmes-services*. Appréhendez la façon dont les complexités identifiées se combinent, en affectant ainsi les entreprises ou ses processus, les méthodes et les outils.

21. Identifiez l'impact de diverses formes de tensions sur les systèmes dans une entreprise qui vous est familière.

22. Vérifiez que le kit de survie des systèmes est vraiment universel en essayant de trouver des exemples de systèmes ouverts, artificiels, qui ne rentrent pas dans le cadre de ce kit.

Note 1-1: Il existe de nombreuses définitions des termes organisation et entreprise. Le standard ISO/IEC 15288:2002 donne les définitions suivantes:

Organisation – un groupe de personnes et de moyens avec un aménagement de responsabilités, d'autorités et de relations. Définition venant de l'[ISO 9000:2000]

Entreprise – la partie de l'organisation responsable de l'acquisition et de la fourniture des produits et services conformément à des accords.

Nota: Une organisation peut être impliquée dans plusieurs entreprises et une entreprise peut impliquer une ou plusieurs organisations.

Le nota du standard indique que des entreprises tout en étant uniques peuvent avoir des ramifications d'organisations devenant ainsi des entreprises étendues. Cependant, la définition d'une entreprise que donne le standard, bien que correcte, est quelque peu restrictive dans la mesure où elle s'adresse en général au commerce des *systèmes-produits* ou *systèmes-services* basés sur des accords. A chaque étape du parcours de ce livre, le lecteur observera une vision plus générale des entreprises puisque :

« Une entreprise est une organisation de ressources - humaines, d'informations, financières et physiques - et d'activités dirigées vers un but, généralement avec des niveaux de portée opérationnelle, complexité, risque et durée significatifs. Les entreprises vont des corporations, aux chaines de soutien, aux marchés, aux gouvernements, aux économies. »

Le point de vue pris dans ce livre est qu'une entreprise correspond à tout type d'entreprenariat conduisant à l'atteinte d'une finalité, de buts et de missions incluant l'acquisition ou la fourniture de produits ou services. Evidemment, une entreprise a aussi une organisation. Dans la mesure où une organisation existe aussi pour une finalité, a des buts et travaille en remplissant des missions, elle est aussi une entreprise. Ainsi, nous pouvons pour des raisons pratiques considérer les termes organisation et entreprise comme équivalents.

Chapitre 2 - Penser en Termes de Systèmes

Pensez avant d'agir; puis pensez à nouveau avant d'agir à nouveau

Une entreprise qui fonctionne efficacement apprend grâce au déploiement de ses *actifs-systèmes* institutionnalisés (par l'exploitation de ses systèmes), à l'étude des systèmes de réponse, des systèmes de situation réels ou thématiques associés à des situations problématiques ou opportunistes. Elle apprend également de la gestion des cycles de vie de ses systèmes. Les connaissances acquises, comme l'illustre le Modèle de Changement de la Figure 1-13, représentent une assimilation et une restitution pour l'entreprise et représentent un capital intellectuel humain vital pour la gestion de futurs changements. Pour arriver à la culture d'une telle « organisation apprenante », capable de traiter des complexités systèmes, il est essentiel que les individus et les groupes (projets et équipes) développent la capacité à *Penser* et à *Agir* en termes de systèmes. Ainsi donc, dans ce chapitre et le suivant, nous examinerons de plus près ce que cela signifie vraiment.

PENSER SYSTEMES

« Le Penser Système est un processus de découverte et de diagnostic - une investigation dans le processus de gouvernance sous-jacent aux problèmes auxquels nous faisons face et aux opportunités que nous avons. »
[D'après **Senge et.al.** 1994]

Comme souligné dans le chapitre introductif, le *Penser Système* moderne a évolué au cours du XX° siècle grâce à des contributions multiples, en une discipline un peu mieux comprise. Sur la base des contributions pionnières de Ludwig von Bertalanffy dans les années 1920, Jay Forrester, Russell Ackoff, Ross Ashby, Stafford Beer, Wes Churchman, Peter Checkland, Peter Senge et d'autres ont apporté des contributions importantes au *Penser Système* dans la dernière moitié du XX° siècle.

Le *Penser Système* peut être considéré comme une partie essentielle de la discipline de la Science des Systèmes comme le sous-entend la Figure 1-1, dans laquelle nous présentons l'unification des disciplines. Par conséquent, comme toutes les autres entreprises scientifiques, il a un rapport avec l'observation, la recherche de propriétés importantes et la description. Contrairement à la plupart des disciplines scientifiques spécifiques qui cherchent à établir des principes et des théories, la Science des Systèmes a évolué à partir de contributions dans de multiples disciplines. Nous pouvons considérer les disciplines de Recherche Opérationnelle et d'Analyse de Décision, en général applicables transversalement à de multiples disciplines, comme des sous-disciplines de la Science des Systèmes.

En 1955, le biologiste von Bertanlaffy a fondé avec un économiste (K.E. Bolton), un physiologiste (R.W. Gerard) et un mathématicien (A. Rapoport) une organisation ayant pour but d'avancer dans la Science des Systèmes en mettant en place un forum sur la Théorie Générale des Systèmes fondé sur les buts suivants :

1. Investiguer l'isomorphisme des concepts, lois et modèles dans divers domaines et faciliter les transferts utiles d'un domaine à l'autre ;
2. Encourager le développement de modèles théoriques appropriés dans les spécialités où ils font défaut ;
3. Eliminer la duplication d'efforts théoriques dans différents domaines;
4. Promouvoir l'unité de la science en améliorant les communications entre spécialistes.

Cette équipe multidisciplinaire a réussi à bâtir une communauté qui a apporté à ses contributeurs une audience publique importante ; cependant le développement réel du domaine n'a pas atteint ses buts spécifiques. Il reste toujours un grand nombre de concepts, de modèles, etc. qui n'ont pas évolué en un ensemble unique de concepts, principes et théorie universellement acceptés. Ainsi, la duplication des efforts théoriques et pratiques est toujours d'actualité et est requise dans notre quête d'en savoir plus sur la nature du *Penser Système* et de son application. La référence à une science unique serait certainement trop restrictive du fait que des disciplines scientifiques et non scientifiques ont contribué et bénéficient des concepts du *Penser Système* qui ont évolué à partir de sources multiples. Par conséquent, la caractéristique permettant d'établir à la fois la théorie et la pratique dans le domaine du *Penser Système* repose sur l'unification des disciplines par le biais des structures et des comportements, comme nous l'avons indiqué dans le chapitre précédent.

Le *Penser Système*, communément appelé *pensée systémique*, a été popularisé dans les années 1990 grâce aux contributions de Peter Checkland [Checkland, 1993] et de Peter Senge [Senge, 1990], [Senge et.al. 1994]. Robert Flood [Flood, 1999] a décrit, critiqué et comparé ces deux contributions fondatrices.

Ce livre présente les aspects principaux du *Penser Système* reflétant ainsi les différentes approches sur le sujet. Cependant, une discussion poussée de toutes les contributions au *Penser Système* est au-delà du cadre de ce livre. Nous recommandons au lecteur les livres référencés ainsi qu'une recherche sur le Web sur le thème « systèmes et pensée systémique » comme points de départ d'investigations plus poussées sur cette discipline. *Penser Système* est, après tout, un processus d'enquête.

Une idée majeure du *Penser Système* est d'identifier, observer et comprendre les comportements complexes émergents naissant d'interactions de multiples systèmes en opération. Par conséquent, des décisions pour altérer, éliminer ou introduire un ou plusieurs systèmes peuvent être prises. La capacité à agir en termes de systèmes (qui correspond en réalité à faire des changements de structures de systèmes) n'est pas couverte dans la littérature sur le *Penser Système* mais se trouve être exactement dans le champ que l'ingénierie système complète, comme le décrit le chapitre introductif. En particulier, en utilisant les processus d'ingénierie système pour gérer le cycle de vie des systèmes, on pourra gérer des changements de descriptions de systèmes et de paramètres opérationnels (comme l'illustre le Modèle de Changement de la Figure 1-13) qui seront exécutés, vérifiés et validés avec efficacité pendant le cycle de vie du Système d'Intérêt. Le chapitre 3 décrit ces aspects associés à l'action.

Peter Senge décrit le *Penser Système* comme

- une discipline pour voir le tout ;
- un cadre pour voir les interrelations, pour voir les « *patterns* » de changement plutôt que des instantanés figés ;
- un ensemble de principes généraux distillés tout au cours du vingtième siècle, couvrant des domaines aussi divers que les sciences physiques et sociales, l'ingénierie et le management ;
- et également un ensemble spécifique de techniques et d'outils.

Selon Senge et ses collègues, un bon penseur système, en particulier dans une organisation en place, est quelqu'un qui peut voir quatre niveaux opérant simultanément : les événements, les « *patterns* » de comportement, les systèmes et les modèles mentaux.

En voyant le tout, les interrelations et les « *patterns* » de changement dans les systèmes, il est important d'être conscient des dangers à utiliser des approches simplificatrices contre-productives. Nous avons indiqué précédemment les problèmes associés au *réductionnisme* scientifique. Un autre danger qui se présente quand on voit le tout, les interrelations et les « *patterns* » de changement est de se limiter à faire des généralisations (inférences) sur la base de *relations* simples ; par exemple A *provoque* B. Il est important d'étendre la vue des relations causales à la multiplicité des relations qui existent dans l'interaction dynamique des systèmes non triviaux ; autrement dit, A *provoque* B, qui à son tour *provoque C et D* qui à son tour *provoque...* etc. Par ailleurs, les relations peuvent ne pas être couplées aussi directement dans un sens causal, auquel cas l'utilisation du terme *influence* est plus approprié pour décrire la relation.

Selon un autre point de vue, Checkland affirme que le *Penser Système* se fonde sur deux paires d'idées, à savoir l'*émergence et la hiérarchie* et *la communication et le contrôle*. Au chapitre 1, le comportement émergent et la décomposition hiérarchique des systèmes étaient décrits comme des concepts fondamentaux des systèmes. La communication est généralisée en décrivant les relations entre les éléments d'un système ainsi qu'entre le système et son environnement. Ainsi, elle peut englober les échanges de matériaux, d'énergie ou d'information. Le contrôle interne à un système est basé sur la disponibilité de l'information qui mesure les paramètres pertinents sur les processus en cours. Le contrôle des systèmes naturels ainsi que des systèmes artificiels a été décrit grâce à la *cybernétique*, théorie système dans laquelle des mécanismes de rétroaction assurent une régulation. A cet égard, le Modèle de Changement introduit en Figure 1-13 est un exemple de contrôle exercé par des êtres humains dans la prise de décision. Ces aspects seront explorés dans les chapitres suivants.

En résumé, les principes du *Penser Système* ont évolué suite à l'observation d'aspects holistiques communs à différents domaines de l'entreprenariat. Ils sont fondés sur une **reconnaissance** du fait qu'il y a des relations communes aux systèmes naturels et aux systèmes artificiels qui sont utiles à comprendre et à exploiter. En fait, le *Penser Système*, en tant que partie essentielle de la science des systèmes et l'ingénierie système sont deux contributeurs majeurs à l'unification des disciplines relatives aux systèmes.

SYSTEMES « *SOFT* » ET « *HARD* »

Pour beaucoup de personnes, le mot système porte en lui la connotation de quelque chose qui existe dans le monde et est composé d'un ensemble d'éléments de systèmes qui interagissent. Le chapitre 1 a introduit cette vision et une autre, celle des systèmes artificiels existant sous forme de descriptions. De toute façon, la vision qui prédomine pour les systèmes artificiels est qu'ils sont conçus pour atteindre une finalité, un but ou une mission qui ont un intérêt. Le domaine de l'ingénierie système, parallèle dans une large mesure à celui des développements du *Penser Système* dans la fin de la fondamentaux deuxième moitié du XX° siècle, a évolué pour traiter de tels défis d'ingénierie. Alors que l'ingénierie système s'est focalisée tout d'abord sur les systèmes physiques de grande échelle, le domaine a évolué pour inclure les questions de facteur humain, de gestion et d'organisation, à partir d'un point de vue sur un cycle de vie complet [Arnold and Lawson, 2004]. Historiquement, il y a eu des tentatives pour appliquer la méthodologie d'ingénierie système à des systèmes politiques ou sociaux moins structurés. Elles ont souvent échoué par manque du questionnement nécessaire pour améliorer le système.

Checkland [Checkland, 1993] lui-même, partant d'un point de vue d'ingénierie système, a ensuite observé et appliqué l'ingénierie système à des problèmes plus flous et moins bien définis, trouvés dans les arènes politiques et sociales. C'est ainsi qu'il a introduit une distinction entre les systèmes « *hard* » et « *soft* ».

Les systèmes « *hard* » du monde sont caractérisés par leur capacité à définir des finalités, des buts et des missions qui peuvent être traités par des méthodologies d'ingénierie en tentant, dans une certaine mesure « d'optimiser » une solution.

Les systèmes « *soft* » du monde sont caractérisés par des phénomènes souvent mystérieux, problématiques et extrêmement complexes pour lesquels on ne peut pas établir de buts concrets et qui requièrent une acquisition de connaissances pour pouvoir les améliorer. De tels systèmes ne sont pas limités aux arènes politiques et sociales mais existent aussi au sein des entreprises et entre des entreprises où on observe des formes de comportement souvent mal définies, limitant ainsi la capacité de l'entreprise à s'améliorer.

En reconnaissant cette différence importante, Checkland souligne le fait qu'un processus d'investigation qui peut lui-même être organisé en un système apprenant est l'approche la plus appropriée pour analyser et appréhender des systèmes « soft »dans lesquels des activités humaines existent en tant qu'éléments.

Penser Système est utile pour analyser et comprendre les problèmes et opportunités associés aux systèmes « *hard* » et aux systèmes « *soft* » ainsi qu'aux systèmes contenant les deux types d'éléments.

MODELES ET MODELISATION

Un certain nombre de méthodologies, outils, modèles, langages et techniques ont été développés en relation avec le *Penser Système*. Ils aident à voir le tout, les interrelations et les « *patterns* » de changement dans leurs composantes fondamentales. Le travail du Professeur Jay Forester au MIT pendant les années 1950 et 1960, a conduit au développement du langage de simulation DYNAMO, qui a été l'un des premiers langages de simulation informatique, apportant une méthode et des outils pour étudier les complexités des relations dynamiques des systèmes [Forrester, 1975]. Forrester a aussi été d'avant-garde en soulignant l'universalité du *Penser Système* dans des disciplines multiples et a travaillé à la fois sur les systèmes « *hard* » et « *soft* ». D'autres langages de programmation de simulation de systèmes complexes sont apparus dans les années 1960, tels que SIMSCRIPT [Markowitz, 1979] et SIMULA [Dahl, et. al. 1970].

Mieux comprendre les systèmes complexes implique souvent le développement d'un ou plusieurs modèles qui tentent de capter certains aspects de la structure ou du comportement potentiel du système. Par exemple, dans les systèmes naturels, des modèles de systèmes météorologiques sont construits sur la base de mesures et de formes connues de comportement hydrologiques. Ces modèles sont en permanence analysés dynamiquement pour fournir des pronostics météorologiques. Des modèles mathématiques de structures et de comportements de phénomènes naturels basés sur les lois de la physique, de la biologie ou de la chimie sont élaborés pour capter des relations entre les éléments physiques. On peut exprimer des modèles manuellement avec un papier et un crayon ou dans un langage qui fournit une base pour une simulation informatique.

Les modèles de systèmes artificiels sont utiles pour le *Penser Système* des systèmes « *hard* » ou « *soft* ». Des modèles de systèmes d'une variété physique définie sont basés sur des formules mathématiques définissant les éléments et leurs relations. Les produits Mathematica et MATLAB sont devenus des outils importants pour construire et analyser des modèles de systèmes naturels ainsi que des systèmes physiques définis. [Fritzson, 2004] a écrit un livre exhaustif sur la modélisation et la simulation de systèmes physiques, basées sur un langage orienté objet dénommé Modelica-2. De même, le Volume 2 de la série sur les systèmes de l'éditeur College Publication, dont le titre est *A Discipline of Mathematical Systems Modelling* [Collinson, Monahan and Pym, 2012] fournit une excellente solution pratique et théorique pour modéliser. Le langage de programmation Gnosis, développement plus poussé de SIMULA en fait partie.

Considérez comme exemple de modèle de *système physique défini* un système de production automatisé de certains types de produits physiques. Le modèle peut, par exemple, représenter l'équipement physique de production sous forme d'ateliers et de magasins. Le processus des matières premières ou semi manufacturées pendant le processus de production peut être décrit avec l'utilisation de formules de distributions probabilistes, par exemple, de Gauss ou de Poisson. Ces modèles sont utilisés à la fois pour mieux comprendre et pour vérifier que le modèle illustre la réalité du processus de production.

Des modèles de *systèmes abstraits définis* peuvent comporter des analyses semblables où des hypothèses sur les capacités des processus peuvent être utilisées pour mieux comprendre un ensemble de fonctions ou de capacités ainsi que leurs interrelations. On peut aussi utiliser des formules mathématiques pour décrire des relations, par exemple pour évaluer le processus d'un système abstrait qui sera éventuellement développé ensuite en un système physique.

On peut élaborer des modèles de systèmes d'activité humaine pour mieux comprendre des situations réelles ou thématiques ou des systèmes de réponse en rapport avec une situation problématique ou opportuniste. On peut également utiliser des modèles d'activités humaines composés de fonctions ou de capacités et de leurs interrelations pour capter des ensembles de processus ou de procédures exécutés par des hommes.

Dans la mesure où les modèles sont toujours une abstraction de la réalité et non pas la réalité, on peut conclure que ***tous les modèles sont faux; cependant certains d'entre eux sont utiles*** [Box & Draper, 1987]. Boardman et Sauser [Boardman et Sauser, 2008] concluent, à propos des modèles, qu'aucun modèle ne devrait être construit à moins de savoir :

- Ce que nous cherchons.
- Pourquoi nous le cherchons.
- D'où (de quel point de vue) nous le considérons.
- Ce que nous pensons mieux voir grâce au modèle.

La dernière chose importante dans la construction d'un modèle est notre prise en considération du *comment*. Quelle que soit la forme des modèles construits, qu'ils soient quantitatifs ou qualitatifs, le plus important du point de vue du *Penser Système* est un processus de modélisation solidement fondé. Ainsi, comme nous l'avons déjà noté, cela implique, comme Peter Senge l'indique, d'établir une vue holistique et la possibilité de déterminer des « *patterns* » d'actions plutôt que des instantanés d'une situation. De même, comme le souligne Peter Checkland, ces modèles fournissent une base pour l'apprentissage de situations système.

PARADOXE

Les situations systèmes sont souvent paradoxales et contiennent des contradictions (des phénomènes qui peuvent être vus à la fois comme vrais et faux). Un exemple classique est : cette phrase est un *mensonge*. Si la phrase est vraie, alors c'est un mensonge ; cependant, si elle est fausse, comment peut-elle être vraie. Quand il découvre des situations système, le penseur système doit prendre conscience de situations paradoxales. Sur le sujet du *Penser Système* et des paradoxes Boardman et Sauser racontent ce qui suit.

« *Un paradoxe est une contradiction apparente; cependant, les choses ne sont pas toujours ce qu'elles semblent être. Un paradoxe ne peut être expliqué que si on recherche un sens supérieur ; pour un spécialiste de systèmes, cela signifie regarder vers le haut et vers l'extérieur et pas seulement baisser les yeux vers l'intérieur. Le Penser Paradoxal est le Penser Système le plus abouti.* »

Les paradoxes où des affirmations censées être vraies se contredisent en même temps, génèrent des tensions parfois difficiles à accepter par les partis impliqués. En même temps, ces conflits vus à travers des modèles qui apportent une nouvelle pensée, peuvent fournir un changement d'état d'esprit conduisant à une compréhension plus profonde. Prenons quelques exemples.

Paradoxe de contrôle – La Commande et le Contrôle sont utilisés pour assurer la mise en ordre et la conformité à une certaine forme de direction stratégique (finalité, but et mission). Cependant, pour encourager l'innovation, la créativité et une conscience de soi, vous ne devez pas avoir de Commande ni de Contrôle.

Paradoxe client – Ecouter vos clients est essentiel pour assurer la productivité et le profit. Cependant, pour profiter d'une rupture technologique qui peut apporter de nouvelles sources de produits et de profits, vous ne devez pas écouter vos clients.

Paradoxe de diversité – Pour que les équipes (y compris les projets, les missions et les unités opérationnelles) réussissent, il y a besoin à la fois d'uniformité et de différentiation. L'uniformité doit exister pour fournir un *esprit de corps* et un sentiment de cohésion vers un but commun. Cependant, la différentiation des capacités et des compétences est essentielle pour assurer le succès de l'équipe.

Paradoxe logiciel – Le logiciel informatique conduit par nature à la situation paradoxale dans laquelle les systèmes logiciels devraient être planifiés alors qu'au même moment, la créativité omniprésente du programmeur voudrait qu'ils ne le soient pas. C'est au cœur du débat concernant la programmation planifiée ou agile et « *lean* ».

Quand il considère les multiples points de vue d'un système, le Penseur Système doit regarder vers le haut et vers l'extérieur aussi bien que vers le bas et à l'intérieur et doit considérer le *SdI-R* (Système d'Intérêt Rapproché), le *SdI-E* (Système d'Intérêt Etendu) ainsi que l'Environnement et l'Environnement Etendu comme l'illustre la Figure 1-5. Ainsi, appréhender les situations paradoxales et les tensions qu'elles génèrent de même qu'appréhender la conduite à tenir pour regarder les aspects holistiques d'un problème ou d'une opportunité devraient nous rester à l'esprit quand nous recherchons des approches de modélisation de situations systèmes (en les décrivant). Nous pouvons utiliser certaines approches de modélisation pour des systèmes « *hard* » et « *soft* » alors que d'autres sont plus dédiées à la modélisation de systèmes « *hard* » ou d'autres encore aux systèmes « *soft* ». Toutefois, examinons en premier lieu les systèmes et les relations à décrire.

DECRIRE DES SITUATIONS SYSTEMES

Il existe diverses approches de modélisation qualitative et quantitative de situations systémiques. Chacune apporte un point de vue qui aide à pénétrer dans les aspects plus profonds des systèmes. Les modèles qualitatifs consistent par exemple en un texte en prose, en langage naturel, un texte structuré, des illustrations graphiques ou des représentations graphiques de propriétés importantes d'un problème ou d'une opportunité de nature système. Toutes les formes de modèles qualitatifs visent à relater une « histoire système » qui fournisse une idée-clé utile. Dans les discussions qui vont suivre, nous considérerons différentes formes de narrations mais considérons d'abord une nouvelle fois l'importance du paradigme du diagramme de couplage système.

Focus du système

L'identification des problèmes ou des opportunités est le plus souvent liée aux relations entre les éléments de multiples systèmes. Ainsi, considérons une fois de plus le modèle mental du Diagramme de Couplage Système tel que l'illustre la Figure 2-1.

Le problème ou l'opportunité peut apparaître du fait d'éléments et de relations qui ont évolué en une situation et sont délimités dans le Système d'Intérêt Restreint (SdI-R). Cependant, en regardant vers le haut et vers l'extérieur, la limite du problème ou de l'opportunité change à cause de son appartenance à un Système d'Intérêt-Etendu (SdI-E), à un Environnement Proche et même à un Environnement Etendu. Evidemment, les situations problématiques ou opportunistes apparaissent également dans les systèmes de réponse ainsi que dans les relations avec les *actifs-systèmes*. Dans ces cas aussi, on doit prendre en compte le SdI-E, l'Environnement Proche et l'Environnement Etendu.

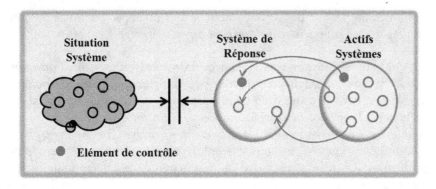

Figure 2-1: Où se cache le Problème ou l'Opportunité?

Dans la mesure où un *système de réponse* est créé pour traiter une *situation-système*, le couplage entre les deux systèmes se prête bien à une description. Les éléments de ces deux systèmes interagissent pour résoudre des problèmes ou saisir des opportunités, sachant qu'ils peuvent conduire à de nouvelles situations. Il faut toujours considérer un contexte plus large quand on se focalise sur un problème, en incluant les propriétés des actifs des systèmes de soutien à partir desquels est construit le *Système de Réponse*. Aussi est-il important d'identifier les relations élémentaires dans le SdI-R, le SdI-E, l'Environnement et l'Environnement Etendu.

Trouver les Causes Racines

Trouver les sources des problèmes est, bien sûr, un préalable à la modélisation. Très souvent les problèmes ne sont pas évidents et peuvent résulter de situations paradoxales.

Senge et.al, [1994] décrit une méthode basée sur une représentation textuelle qui a fait ses preuves à la fois pour des individus et des groupes travaillant ensemble à l'identification des causes racines de problèmes. La méthode, appelée « *les Cinq Pourquoi* », fournit un bon point de départ pour diriger une réflexion sur les causes racines (qu'est-ce qui affecte quoi et pourquoi). En substance, la méthode investigue de façon de plus en plus poussée les contours d'un problème considéré comme épineux.

La méthode est appliquée de préférence en utilisant des « *paper-boards* », du papier, des feutres, des post-it et en identifiant une personne pour tout retranscrire. La sélection du premier *Pourquoi* (qui généralement résulte de trois ou quatre points de départ) consiste à poser la question « *Pourquoi est-ce que ceci ou cela arrive?* »

Afin d'illustrer l'utilisation de la méthode des *Cinq Pourquoi*, nous suivrons les conclusions de Margaretha Ericsson [2006]. Participant à un projet dans le cadre d'un de mes cours, elle a questionné les causes racines de *Pourquoi la Documentation fournie au Client sur le Produit (que nous appellerons DCP) est Inadaptée, arrive Tardivement et est Chère à Développer*. Les deux exemples suivants résultent de l'étude de problèmes de documentation d'une compagnie de télécommunication très connue.

1. **Pourquoi la DCP est-elle en retard ?**

    Les rédacteurs de la DCP attendent du Concepteur la Spécification Fonctionnelle (SF).

2. **Pourquoi les rédacteurs de la DCP attendent-ils une Spécification Fonctionnelle ?**

    Le Concepteur qui doit écrire la SF est en retard.

3. **Pourquoi le Concepteur en train d'écrire la SF est-il en retard ?**

    Le Concepteur est occupé à écrire le code du programme pour les fonctions du système de la SF.

4. **Pourquoi le Concepteur écrit-il le code pour la fonction système ?**

    Le Concepteur est responsable du code du programme.

5. **Alors pourquoi le Concepteur n'écrit-il pas la SF ?**

    Le concepteur décrit les fonctions systèmes dans la SF après avoir code et testé.

Nous observons sans ambiguïté dans cet exemple le paradoxe du logiciel où la planification doit et ne doit pas exister pour promouvoir la créativité. Considérons maintenant un problème associé qui est dans une large mesure une conséquence de la situation précédente.

1. **Pourquoi la DCP est-elle consommatrice de temps (et d'argent)?**

    La DCP représente beaucoup de documents et de pages.

2. **Pourquoi représente-t-elle beaucoup de documents et de pages ?**

La DCP s'est développée de façon organique avec le système, sans structure préétablie.

3. Pourquoi la DCP s'est-elle développée de façon organique ?

Personne dans le projet n'a eu le temps ou le mandat de créer une structure d'information.

4. Pourquoi n'y-a-t-il pas de structure d'information ?

Aucune personne n'a la compréhension d'ensemble des besoins client/utilisateur ni du Système d'Intérêt.

5. Pourquoi n'y-a-t-il pas de compréhension des besoins clients/utilisateurs ?

Il n'y a pas de « retours » de la part des clients/utilisateurs.

Cette méthode fondée sur du texte structuré fournit un point de départ fort utile pour analyser de nombreuses situations complexes. Considérons maintenant diverses formes de représentations graphiques ou visuelles de *situations-systèmes*.

Diagrammes d'influence

Décrire *qui influence quoi* est fondamental pour toutes les approches descriptives. A cet égard, une des méthodes les plus simples de modélisation est le Diagramme d'Influence. Bien que plusieurs personnes y aient contribué, les diagrammes d'influence ont été vulgarisés par le Professeur des Sciences du Management de Stanford University, Ronald Howard, dans une partie de son travail sur l'Analyse Décisionnelle [Howard, 1960 et Howard et Matheson, 1984].

Un diagramme d'influence est une simple représentation visuelle d'un problème de décision. Les diagrammes d'influence offrent une manière intuitive d'identifier et de présenter des éléments importants tels que des décisions, des incertitudes et des objectifs et la façon dont ils s'influencent mutuellement. Ils fournissent une approche complémentaire aux arbres de décision (décrits au chapitre 5). Les diagrammes sont composés de nœuds de différentes formes et de flèches, ayant le sens indiqué dans le Tableau 2-1.

Tableau 2-1: Les Symboles des Diagrammes d'Influence

▭	Une "décision" est une variable que vous avez le pouvoir de contrôler en tant que décideur.
◯	Une "variable stochastique" est incertaine et vous ne pouvez pas la contrôler directement.
▭	Une "variable objectif" est un critère quantitatif que vous essayez de maximiser (ou de minimiser).
▭	Une "variable générale" est une fonction déterministe qui dépend de quantités.
↗	Une flèche dénote une "influence". A influence B signifie que connaissant A affectera directement notre croyance ou notre attente sur la valeur de B. Une influence exprime la connaissance de la pertinence. Elle n'implique pas nécessairement une relation causale ou un flux de matière, de données ou d'argent.

Pour illustrer l'utilisation des diagrammes d'influence, considérons l'exemple de la Figure 2-2. Ce diagramme d'influence tout simple montre comment les décisions concernant le budget de marketing et le prix du produit influencent les prévisions sur la taille et les parts de marché ainsi que les coûts et les recettes. La taille du marché et les parts de marché, à leur tour, influencent les ventes qui influencent les coûts et les recettes, qui influencent le profit dans son ensemble.

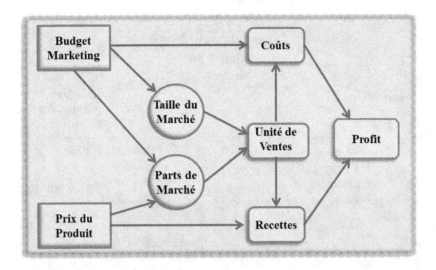

Figure 2-2: Un Diagramme d'Influence

Il existe des outils qui aident à développer et à utiliser des diagrammes d'influence. Voyez par exemple www.lumina.com.

Liens, Boucles et Retards

Peter Senge, alors qu'il était étudiant de Jay Forrester au MIT dans les années 1980, a développé « un langage du *Penser Système* » basé sur des notions primaires de liens, boucles et retards. Ce langage permet de construire des modèles de points de vue représentant des relations causales multiples de systèmes en interaction, donnant lieu à des « *patterns* » comportementaux. A cet égard, il y a une ressemblance avec les diagrammes d'influence mais, comme nous l'observerons, les modèles s'appuient sur deux notions fondamentales de *croissance* et de *limite*. A titre d'exemple, considérez dans la Figure 2-3 la représentation des liens, boucles et retards d'un problème rencontré par un fournisseur de services.

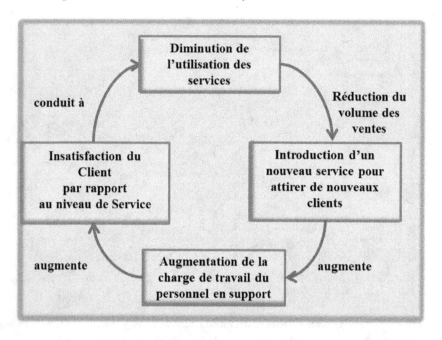

Figure 2-3: Liens, Boucles et Retard(s). Exemple de support à la décision d'un fournisseur de services

Voici quatre situations ou actions que l'on peut observer dans différents systèmes d'une entreprise. Ces actions et ces situations sont rassemblées en un « *pattern* » de comportement qui peut être utilisé pour expliquer le phénomène que l'entreprise est en train de vivre.

Dans cette *situation-système*, pour tenter d'attirer de nouveaux clients, le fournisseur de services décide d'introduire un nouveau système de service. Il en résulte une augmentation de la charge de travail du personnel du support. L'augmentation de charge de travail se traduit par une augmentation du mécontentement du client sur le niveau de service général. Au final, au bout d'un certain temps, les clients ont renoncé et ont quitté ce fournisseur de services, ce qui a conduit à une réduction de l'utilisation des services. Ce qui n'était pas du tout ce à quoi s'attendait le fournisseur de services en introduisant ce nouveau service. A ce stade de déclin de la base des clients, la mauvaise décision peut être d'introduire encore plus de nouveaux services système pour tenter d'accroître la base des clients, ce qui conduirait le plus probablement à une nouvelle dégradation de la situation. Il est important de noter, toutefois, qu'à cause du départ de clients, quittant le fournisseur de services, la charge de travail du personnel support décroit et, en supposant que les ressources de personnel sont toujours en place, la satisfaction du client peut augmenter à nouveau, avec un certain délai.

Raconter une histoire de systèmes

La Figure 2-3 et l'explication associée mettent en exergue un aspect au cœur de la capture de scénarios sous forme de liens, boucles et retards. Les représentations du langage du *Penser Système*, comme les diagrammes d'influence discutés plus haut, sont utilisés pour raconter une histoire importante au sujet de multiples relations. La Figure 2-4 illustre un modèle général pour créer une histoire dans le langage du *Penser Système*.

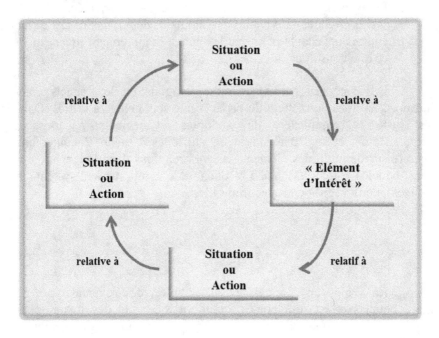

Figure 2-4: Structure Générale d'une Histoire à la façon de Penser Système

Il peut y avoir plus ou moins d'éléments dans l'histoire mais deux éléments au moins doivent être décrits. Senge et ses collègues recommandent de suivre les étapes suivantes pour raconter des histoires système :

1. Commencez n'importe où. Choisissez par exemple l'élément principal qui vous préoccupe. N'expliquez pas d'emblée pourquoi cela arrive.
2. Tout élément peut avancer ou reculer sur une ligne de temps. Que faisait cet élément à ce moment-ci ? Essayez d'utiliser un langage qui décrive le mouvement – *diminue ... améliore ...*

détériore ... augmente ... décroit ... s'élève ... chute ... prend son essor ... s'abaisse.

3. Décrivez l'impact que ce mouvement produit sur l'élément suivant. Par exemple, au moment où un élément est en train de diminuer, les efforts pour améliorer un autre élément croissent.
4. Poursuivez l'histoire pour revenir au point de départ. Utilisez des phrases qui montrent les interrelations causales : « *Ceci, en retour provoque* », ... ou... « *influe* » ... ou « *alors affecte défavorablement* » ...
5. Essayez de ne pas raconter l'histoire de façon mécanique et sèche. Rendez-la vivante en ajoutant des illustrations et de courtes anecdotes pour que les autres comprennent précisément ce que vous dîtes.

Des langages naturels comme l'anglais ou le français étant linéaires, ils nous permettent de parler d'une seule étape à la fois. Dans les systèmes complexes, de multiples évènements apparaissent simultanément et sont par conséquent difficiles à saisir. Raconter une histoire sur de multiples éléments et leurs relations dans le langage des liens, boucles et retard(s) aide à reconnaître le comportement système et à développer un sens de la synchronisation.

Archétypes Systèmes

En s'appuyant sur ces notions simples, des schémas-types de liens, boucles et retards appelés « *patterns* » ont été développés pour expliquer des comportementaux-types qui se produisent fréquemment dans les interactions systèmes. On nomme ces schémas-types *archétypes systèmes*. Ils comprennent des boucles de croissance (renforcement) (effet boule de neige de combinaisons de croissance positive ou négative), et de limitation (équilibrage) (i.e. facteurs de limitation qui peuvent briser des tendances à des comportements de renforcement), comme l'illustre la Figure 2-5.

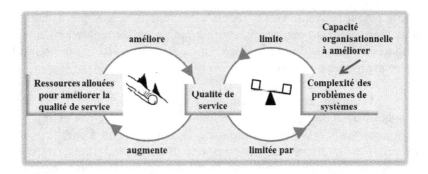

Figure 2-5: Boucles de Renforcement et de Limitation. Exemple (Limites à l'amélioration de la qualité)

L'histoire racontée dans cette figure est que pour améliorer la qualité de service, des ressources supplémentaires sont allouées, ce qui, comme l'indique la *boucle de renforcement (croissance)* à gauche se traduit par des améliorations de la qualité de service. Cette amélioration peut continuer en affectant encore plus de ressources. Un jour apparaît un facteur limitatif souligné dans la *boucle d'équilibrage (limitative)* sur la limitation selon différentes droite, liée à la capacité de l'organisation à s'améliorer, en raison de la complexité inhérente aux questions système. Ainsi, après un certain retard, une limite est atteinte malgré les efforts pour améliorer la qualité de service.

Les exemples des Figures 2-3 et 2-5 illustrent le langage du *Penser Système* de Senge ainsi que l'importance à observer des « *patterns* » comportementaux complexes qui résultent respectivement de changements de structures (un nouveau service) et de changements de paramètres opérationnels (augmentation des ressources). Nombre d'archétypes système sont construits en connectant des boucles de renforcement et de combinaisons pour expliquer des *patterns* complexes de comportement comme le décrit [Senge et. al, 1994]. Les exemples suivants représentent des archétypes utiles :

Effet boomerang – Une réparation est effectuée pour limiter l'effet d'un problème dont un symptôme existe. Cependant, au bout d'un certain temps, la réparation provoque en fait des conséquences néfastes qui aggravent le problème. Il s'agit vraiment d'une situation paradoxale.

Pousser le tas de sable – Un symptôme de problème est connecté à deux boucles d'équilibrage, l'une apportant des corrections rapides aux symptômes du problème et l'autre traitant de la correction du *problème fondamental*. Comme dans le cas de *«l'effet boomerang», il y a des* conséquences néfastes croissantes du problème. Des boucles de renforcement peuvent évoluer lorsqu'elles sont associées, par exemple, à la récompense d'un comportement héroïque pour les réparations rapides conduisant à une addiction à l'héroïsme qui réduit ainsi la possibilité de traiter le problème fondamental.

Tragédie des biens communs- Cet archétype se rapporte à des personnes ou à des groupes de personnes (par exemple des entreprises) partageant une ressource commune. Il peut s'agir d'une ressource naturelle, d'un effort humain (service), d'un capital financier, d'une capacité de production ou d'une part de marché. En fonctionnement, deux indicateurs de performance changent simultanément. L'activité totale consomme la ressource « commune » augmente fortement. Cependant le bénéfice perçu par un individu ou un groupe pour leur effort c'est-à-dire l'effort-gain par action atteint un pic et commence à chuter. Un jour (après un délai), lorsque l'utilisation dynamique se poursuit, l'activité totale atteint aussi un pic et s'écroule. De tels problèmes ne peuvent pas être résolus de façon isolée par un seul parti ; il faut associer les concurrents proches qui utilisent la même ressource.

Pour illustrer l'utilisation du langage du *Penser Systèmes* de Senge et penser à des systèmes « *hard* », considérez l'histoire système de la tragédie des biens communs de la Figure 2-6.

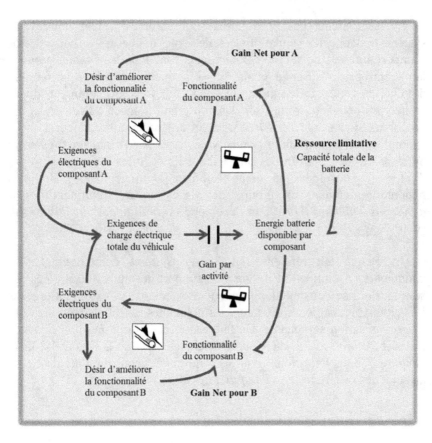

Figure 2-6: Tragédie des Biens Communs. Exemple: Capacité d'une batterie de véhicule

Dans cet exemple, de multiples composants utilisent la batterie unique du véhicule d'une capacité donnée. Elle représente la source unique d'énergie partagée du véhicule (limite de Ressource). Deux équipes de conception A et B, travaillant indépendamment, souhaitent améliorer en permanence la fonctionnalité du composant qu'elles fournissent. Chacune travaille dans sa propre boucle de croissance et quand les deux équipes doivent intégrer leurs composants en utilisant la ressource commune d'énergie, elles prennent en compte les exigences électriques. Si A et B continuent à développer leurs fonctionnalités et leurs exigences en besoin électrique, elles vont atteindre les limites de capacité de la batterie du véhicule. Toutefois, cela arrive après un délai, comme déjà indiqué. Autrement dit, la limite est ressentie seulement quand la capacité de la batterie est dépassée. La seule façon de sortir de cette situation est la négociation entre les équipes.

Ces archétypes et d'autres sont associés à bon nombre de systèmes dans des situations réelles ou thématiques sous forme d'opportunités et de problèmes auxquels font face les organisations et leurs entreprises. [Senge et.al. 1994] a établi un arbre de familles d'archétypes très utile, montrant leurs relations et comment divers archétypes peuvent être utilisés dans un grand nombre de situations. De nombreux sites sur le *Penser Système* et la systémique donnent d'autres exemples de l'utilisation des archétypes basés sur le langage du *Penser Système* de Senge. L'un des plus exhaustifs et utiles est www.systems-thinking.org développé par Gene Bellinger [Bellinger, 2004]. Bellinger héberge maintenant un groupe de discussion très pertinent appelé « *Systems Thinking World* » et développe un outil appelé *Insight Maker* (voir www.systemswiki.org).

Senge fait référence au *Penser Système* comme étant « La Cinquième Discipline ». Elle vient en support des autres disciplines que sont la Maîtrise Personnelle, les Modèles Mentaux, la Vision Partagée et l'Equipe Apprenante, représentant les préalables essentiels pour arriver à une organisation apprenante. De fait, toutes ces disciplines contribuent à l'aspect *Connaissances* du Modèle de changement de la Figure 1-13. Au chapitre 7 nous approfondirons les importantes contributions de Senge au sujet des propriétés des *Connaissances*.

Les images enrichies

Les images enrichies ont été développées dans le cadre de la méthodologie des *systèmes Soft* de Peter Checkland (décrite ci-dessous) pour rassembler des informations sur une situation complexe [Checkland, 1981, Checkland et Scholes, 1990]. L'idée d'utiliser des dessins ou des images pour réfléchir à des questions est courante dans le cas de diverses méthodes de résolution de problèmes ou de pensée créative parce que notre conscience intuitive communique plus facilement en impressions et symboles qu'en mots. De fait, des dessins permettent à la fois d'évoquer et d'enregistrer une investigation sur une situation.

Les modèles d'images enrichies sont dessinés dans une phase de pré analyse, avant de savoir clairement quelles parties de la situation devraient être considérées plutôt comme comportementales (en raison d'un processus en cours) et lesquelles devraient être considérées plutôt comme structurelles. Les modèles d'images enrichies (i.e. des résumés de situation) sont utilisés pour dépeindre des situations compliquées. Ils tentent d'encapsuler la situation réelle sous une forme de « *tous les coups sont permis* », une mise en page de dessins humoristiques, de connections, de relations, d'influences, de causes et effets, etc. Outre ces notions objectives, les images enrichies devraient dépeindre les éléments subjectifs tels qu'un personnage et ses caractéristiques, les points de vue et les préjugés, l'esprit et la nature humaine. Il n'y a pas de conventions spécifiques ou de règles relatives aux images enrichies. Les éléments typiques d'un modèle d'image enrichie peuvent être des symboles visuels, des mots-clés, des dessins humoristiques, des croquis, des symboles et des titres.

Pour illustrer les images enrichies, la Figure 2-7 fait référence à la « situation » d'un fabricant de jouets en matière de sécurité. Les aspects illustrés reflètent divers aspects du Système d'Intérêt Etendu (SdI-E), ainsi que de l'Environnement et de l'Environnement Etendu. Une telle image enrichie aurait pu très bien pu être réalisée pour explorer les complexités que doit traiter un fabricant de jouets. Vous trouverez dans l'image des facteurs (éléments) qui doivent être pris en compte.

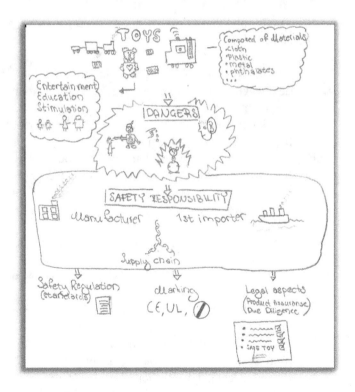

Figure 2-7: Situation liée à la sécurité des jouets pour un fabricant de jouets

Voici quelques recommandations pour créer des modèles d'images enrichies.

1. Une image enrichie tente de rassembler tout ce qui peut concerner une situation complexe. Vous représentez, d'une manière ou d'une autre toute observation faite ou glanée à partir de votre enquête initiale.

2. Utilisez les mots uniquement quand vous n'avez plus aucune idée de croquis qui résume votre pensée.

3. Ne cherchez pas à imposer un style ou une structure à votre image. Placez spontanément les éléments sur votre feuille, à l'instinct. Dans une étape ultérieure, vous vous rendrez compte que le positionnement des éléments porte en lui-même un message qui s'adresse à vous-même.

4. Si « vous ne savez pas par où commencer », alors la séquence suivante peut vous aider:

    a. Recherchez tout d'abord dans la situation les éléments de structure (ce sont les parties de la situation qui changent relativement lentement dans le temps et sont relativement stables : les personnes, l'organisation, la hiérarchie du commandement, peut-être) ;

    b. Ensuite, recherchez les éléments de processus au sein de la situation (ce sont les choses qui sont dans un état de changement : les activités en cours (i.e. comportement)) ;

    c. Ensuite recherchez les façons dont la structure et les processus interagissent. En faisant cela, vous aurez une idée de l'ambiance de la situation. Autrement dit, les manières selon lesquelles la structure et les processus sont reliés entre eux.

    d. Evitez de penser en termes de systèmes. Autrement dit, de vous dire: « Eh bien, la situation est faite d'un système marketing et d'un système de production et d'un système de contrôle de la qualité ». Il y a deux raisons à cela. La première est que le mot « système » suppose des interconnections organisées et il se peut que ce soit précisément l'absence de telles interconnections organisées qui se cache au cœur du sujet : en supposant donc son existence (par l'utilisation du mot système), vous pouvez passer à côté du sujet. Notez cependant que cela ne signifie pas qu'il n'y aura pas des formes de liens ou de connections entre vos graphiques, comme mentionné au-dessus. La seconde raison est que si vous le faites, vous vous canaliserez sur une ligne particulière de pensée, vous rechercherez la façon de rendre ces systèmes plus efficaces.

e. Assurez-vous que votre image inclut non seulement les données factuelles sur la situation mais aussi des informations subjectives.

f. Recherchez les rôles sociaux que les acteurs impliqués dans cette situation reconnaissent comme significatifs et recherchez des formes de comportements attendus par ces personnes dans ces rôles-là. Si vous observez un conflit quelconque, indiquez-le.

g. Enfin, vous pouvez vous inclure dans l'image. Assurez-vous que vos rôles et relations dans cette situation sont clairs. Souvenez-vous que vous n'êtes pas un observateur objectif, mais quelqu'un avec un ensemble de valeurs, croyances et normes qui colorent vos perceptions.

Systemigrams

Inspiré par le travail de Checkland, John Boardman a développé une version de *Méthodologie de Système Soft* (décrite ci-dessous) dans laquelle il a créé une forme de modélisation appelée *Systemigrams* [Boardman et Sauser, 2008]. Selon Boardman, les *Systemigrams* sont basés sur un respect total de la prose, pensant que sa richesse mérite de trouver une expression graphique. A partir de là, l'expression graphique inspire des énonciations grammaticales plus détaillées conduisant à leur tour à des descriptions graphiques plus détaillées.

Les *Systemigrams* ont été développés sur une période de 20 ans dans les milieux académiques, industriels et étatiques. L'accent a été mis sur la possibilité de traduire de la prose (texte) en graphique selon le processus de construction suivant :

1. Interpréter fidèlement le texte structuré d'origine en un diagramme de telle sorte qu'avec peu ou pas de formation, l'auteur initial soit au moins capable de reconnaître ses écrits et leur signification.

2. Créer un diagramme qui soit un système, ou du moins, pourrait être considéré comme un système. Ainsi, si le texte structuré d'origine peut être considéré comme un système, alors, son interprétation fidèle en tant qu'objet nouveau devrait être systémique, avec des caractéristiques non inscriptibles en prose mais exprimables graphiquement.

3. Assurer non seulement la compatibilité entre l'objet graphique et le texte structuré mais aussi une synergie, de telle sorte que les deux objets puissent évoluer en instances plus puissantes, capables de mieux diffuser et de faire naitre, nourrir et mobiliser une communauté. Il ne s'agit pas de l'un ou de l'autre mais des deux ensembles.

Boardman et Sauser donnent de nombreux exemples de la façon de construire les *Systemigrams* pour refléter des situations qui sont ou pourraient être exprimées en texte. Pour illustrer ce mode de représentation facile à utiliser et puissant, considérons un *Systemigram* fourni par la participante à un de mes cours précédent Ivonne Donate [2009]. Dans son projet, elle a utilisé les *Systemigrams* pour représenter la relation entre les niveaux de maturité technologique issus du concept de TRL (Technology Readiness Levels).

Le concept de TRL a été développé au début des années 1970 par la NASA pour minimiser les risques pris par l'utilisation de nouvelles technologies dans son programme spatial. Au milieu des années 1990, le concept de mesurer la maturité d'une technologie a retenu l'intérêt d'autres développeurs parmi lesquels le Département de la Défense (DoD) qui adopta les TRLs tels que définis par la NASA. Le Tableau 2-2 montre les neuf niveaux et les définitions utilisées par le DoD. Les TRL n'aident pas seulement à acquérir des systèmes complexes mais donnent clairement aussi des recommandations sur la transition de la recherche au développement. Bien qu'à ce jour ce ne soit pas une science exacte, c'est l'un des meilleurs outils disponibles pour les décideurs pour déterminer le niveau d'investissement d'un programme utilisant de nouvelles technologies. [DoD, 2005]

Tableau 2-2: Niveaux de maturité technologique (Technology Readiness Levels) pour évaluer des technologies critiques

Niveau de maturité technologique	Description
1. Principes de base observés et rapportés.	Plus bas niveau de maturité technologique. La recherche scientifique commence à se traduire en recherche appliquée et développement. Des exemples peuvent inclure des études papier des propriétés fondamentales d'une technologie.
2. Concepts et/ou applications de la technologie formulés.	L'invention débute. Une fois les principes fondamentaux observés, les applications pratiques peuvent être inventées. Les applications sont spéculatives et il n'y a aucune preuve ou analyse détaillée pour étayer les hypothèses. Les exemples sont toujours limités à des études analytiques.
3. Fonction critique analysée et expérimentée et/ou preuve caractéristique du concept.	Une recherche et développement active est initiée. Ceci inclut des études analytiques et des études en laboratoire afin de valider physiquement les prévisions analytiques des différents éléments de la technologie. Les exemples incluent des composants qui ne sont pas encore intégrés ou représentatifs.
4. Validation en laboratoire du composant et/ou de l'artefact produit.	Les composants technologiques de base sont intégrés afin d'établir que toutes les parties fonctionneront ensemble. Ceci apporte une relativement "*basse fidélité* " comparée au système final. Des exemples incluent l'intégration de matériel "ad hoc" en laboratoire.
5. Validation en environnement significatif du composant et/ou de l'artefact produit.	La fidélité de la technologie s'accroît significativement. Les composants technologiques de base sont intégrés avec des éléments raisonnablement réalistes afin que la technologie soit testée dans un environnement simulé. Des exemples incluent l'intégration en laboratoire de composants "*haute fidélité* ".
6. Démonstration du modèle système / sous-système ou du prototype dans un environnement significatif	Le modèle ou le prototype du système, bien plus représentatifs que l'artefact testé en TRL 5, est testé dans un environnement pertinent. Il constitue une avancée majeure dans la démonstration de maturité d'une technologie. Des exemples incluent le test d'un prototype dans un environnement de laboratoire "*haute fidélité* " ou dans un environnement opérationnel simulé.
7. Démonstration du système prototype en environnement opérationnel.	Prototype proche du système planifié . Représente une avancée majeure par rapport au TRL 6, nécessitant la démonstration d'un système prototype réel dans un environnement opérationnel tel qu'un avion, un véhicule ou l'espace. Des exemples incluent le test du prototype sur un banc d'essai volant.
8. Système réel complet et qualifié à travers des tests et des démonstrations.	La preuve a été apportée que la technologie fonctionne sous sa forme finale et dans les conditions attendues. Dans la plupart des cas, ce TRL représente le véritable achèvement du développement d'un système. Des exemples incluent des tests de développement et d'évaluation d'un système dans son système d'armes afin de déterminer s'il respecte les spécifications du design.
9. Système réel prouvé à travers des opérations de missions réussies.	Application réelle de la technologie sous sa forme finale et en conditions de mission, semblables à celles rencontrées lors de tests et d'évaluations opérationnels. Des exemples incluent l'utilisation du système dans des conditions de mission opérationnelle.

Le *Systemigram* de la Figure 2-8 a été créé pour donner une illustration globale et utile de la situation des relations entre les descriptions de niveaux fournis dans le tableau des TRL.

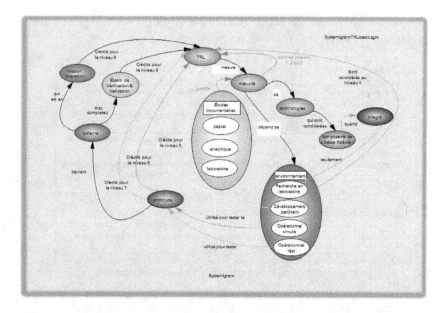

Figure 2-8: Représentation Graphique de l'échelle des TRL

Comme le lecteur l'observera à l'examen de cet exemple, un *Systemigram* est un réseau de nœuds et de liens, flux, entrées et sorties, avec un début et une fin, le tout tenant une seule page. Les concepts-clés, les locutions nominales spécifiant les personnes, les organisations, les groupes, les artefacts et les conditions sont indiqués en tant que nœuds. Les liens entre les nœuds sont des locutions verbales (parfois des locutions prépositives) indiquant une transformation, une appartenance ou un état. Comme l'illustre la situation représentée, certains nœuds peuvent être des collecteurs de nœuds multiples. On peut colorier des nœuds pour fournir une vision supplémentaire des relations entre certains nœuds. Dans la figure en noir et blanc seules sont visibles les nuances entre les couleurs. Dans l'exemple de TRL, le lecteur observera que le *Systemigram* exprime des relations qui ne sont pas faciles à distinguer avec seulement le texte du tableau de TRL.

SystemiTool est un outil extrêmement utile pour créer et animer des Systemigrams et est disponible à partir de www.boardmansauser.com. Boardman et Sauser ont écrit un nouveau livre intitulé *Systemic Thinking: Building Maps for Worlds of Systems* [Boardman et Sauser, 2013] où ils exposent leurs points de vue sur les concepts système fondamentaux et où ils donnent plusieurs exemples d'applications pratiques de *Systemigrams*.

SIMULER LA DYNAMIQUE SYSTEME

Les modèles décrits dans le chapitre précédent sont qualitatifs. Ils ne permettent pas d'investiguer la dynamique réelle de la situation. Bien que certaines approches de modèles décrits précédemment aient été étendues pour servir de base à une simulation système quantitative, il y a plusieurs méthodes et outils développés explicitement dans cet objectif. Considérons une de ces approches de modélisation.

Comme indiqué précédemment, le premier langage de modélisation dynamique, DYNAMO, était basé sur l'utilisation du langage de programmation Fortran et a été développé par le Professeur Jay Forrester au MIT dans les années 1960. Inspiré par les travaux de Forrester et Peter Senge, le Professeur Barry Richmond au Dartmouth College a conduit le développement d'une méthode graphique pour construire et simuler les modèles de *Penser Système*. Le premier outil de simulation a été *STELLA* qui fournissait une base pour l'enseignement et la recherche dans le domaine des complexités des situations systèmes. *STELLA* est un acronyme pour « *Structural Thinking Experimental Laboratory Learning with Animation* ». En 1985 *STELLA* est devenu un produit commercial de *High Performance Systems* (devenue ensuite *isee systems, inc.*). En 1990, la société a introduit *iThink*, version qui cible les systèmes d'entreprise. Le but principal est de décrire et simuler des modèles dans lesquels des Stocks (lieux de processus) reçoivent des Flux (entrées à traiter). Au cours de l'évaluation, des variables reflétant diverses propriétés sont calculées et peuvent être présentées sous forme de tableaux ou de graphes. Des décisions peuvent être prises pendant l'exécution, par exemple surveiller des seuils où des chemins alternatifs d'exécution peuvent être pris. Pour en savoir plus sur ces produits, le lecteur peut se référer à www.iseesystems.com. La société présente ainsi les caractéristiques-clés de *STELLA* et *iThink*:

- Une interface graphique à base d'icônes simplifie la construction du modèle.
- Les diagrammes de Stocks et Flux supportent le langage courant du *Penser Système* et donnent une idée de la façon dont le système fonctionne.
- La mise en place des types de stocks permet de modéliser des processus continus et discrets avec de files d'attente, de processus et de transmetteurs.
- Des diagrammes de boucles causales représentent des relations causales globales.
- Des équations de modèles sont automatiquement générées et disponibles derrière le modèle graphique.

- Des fonctions intégrées facilitent les opérations mathématiques, statistiques et logiques.
- Des tableaux représentent des structures de modèles répétitives.
- Des modules offrent des structures de modèles multi niveaux hiérarchisées qui peuvent servir de « blocs de base » pour la construction du modèle.

STELLA et *iThink* ont beaucoup de succès et sont largement utilisés dans l'enseignement et la recherche, dans les secteurs privés et publiques. La Figure 2.9 donne un exemple d'un modèle *iThink*.

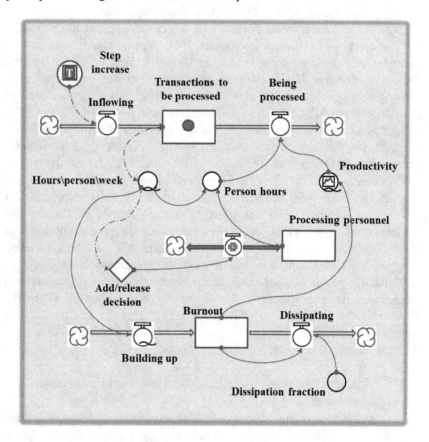

Figure 2-9:Exemple de Stock et de Flux d'iThink (imprimé avec l'autorisation d'isee systems, inc.)

Le modèle affiche des *Stocks* sous forme de rectangles et des *Flux* venant d'une *Source* et passant par une vanne. La vanne peut être contrôlée par une variable externe (comme l'augmentation d'un pas). Les variables collectées incluent les heures/personne/semaine, les heures des personnes et les calculs de productivité. Le losange schématise un processus de décision qui a un effet sur le Flux d'ajout / suppression de personnel. Cet exemple est détaillé dans l'essai gratuit d'*iThink* que vous pouvez télécharger. Nous encourageons le lecteur à bénéficier de cette offre d'*iseesystems*.

Il y a de nombreux exemples d'application de *STELLA* et d'*iThink* sur le site web d'isee. Chris Soderquist a apporté un exemple intéressant de système soft, relatif à une gestion de crise. [http://blog.iseesystems.com/systems-thinking / we-have-met-an-ally-and-he-is-storytelling] Il illustre dans cet exemple l'usage de *STELLA* et d'*iThink* en explorant les relations complexes de divers acteurs dans leur révolte à l'égard des gouvernements US et afghans.

Donella Meadows [Meadows, 2008] a écrit un livre très utile qui illustre l'approche du langage des Liens, Boucles et Retards de Senge et utilise les modèles de Stocks et Flux dans un grand nombre de situations.

METHODOLOGIE DES SYSTEMES « *SOFT* » (MSS)

Gwilym Jenkins, premier Professeur britannique de Systèmes, a monté un centre de recherche à Lancaster University au milieu des années 1960. Peter Checkland, après quinze ans d'expérience à ICI Fibers Ltd., dans des postes scientifiques, d'ingénierie et de gestion, a rejoint ce centre) et en a été la figure phare en établissant les bases de ce qui s'appelle « *la recherche-action* » ou « *action research, en anglais* » ainsi que le développement d'une Méthodologie des Systèmes Soft (MSS) (en anglais *SSM pour Soft Systems Methodology*). La recherche est partie d'un point de vue d'ingénierie système où l'idée principale était d'acquérir des connaissances sur des situations réelles qui pourraient ensuite être utilisées pour améliorer la conception et le fonctionnement des systèmes d'intérêt d'une entreprise. Comme déjà mentionné, cette approche n'a pas réussi à appréhender les situations dans lesquelles les finalités et les buts n'étaient pas clairement établis, ne permettant pas l'utilisation de méthodologies d'ingénierie système. C'est pourquoi l'essentiel de l'effort de « *la recherche-action* » et la Méthodologie des Systèmes Soft a été réorientée vers le traitement des systèmes d'activité humaine.

Le but de « *la recherche-action* » est de trouver comment comprendre et faire face à des difficultés déconcertantes de prises d'actions, à la fois individuellement et en groupe pour améliorer les situations que la vie quotidienne génère et change continuellement. En accord avec le modèle de Gestion du Changement présenté en Figure 1-13, *la recherche-action* implique :

- D'entreprendre une action.
- De réfléchir à ce qui permettrait d'approfondir l'appréciation de ce qui se passe.
- D'investiguer pour alimenter et améliorer les actions courantes.
- De pouvoir transférer les investigations à d'autres domaines.

Ces notions de réflexion et d'actions sont basées sur l'établissement d'un cadre intellectuel qui définit et exprime ce qui constitue la connaissance d'une situation. Checkland indique qu'il y a des idées associées au sein d'un cadre, une manière d'appliquer ces idées, et un domaine d'application. Le cadre étant donné, *la recherche-action* a été caractérisée comme suit :

- Un processus collaboratif entre les chercheurs et les personnes impliquées dans la situation.
- Un processus d'enquête critique.
- Un focus mis sur les pratiques sociales.
- Un processus délibéré d'apprentissage par la réflexion.

Checkland pointe aussi du doigt le besoin de compréhension basé sur une interprétation systémique où il est nécessaire d'inclure l'étude des aspects culturels de la situation ainsi que les interprétations et les perceptions des individus à l'intérieur du contexte culturel. Il pointe ainsi la nécessité d'impliquer toutes les parties prenantes dans le processus de *la recherche-action*.

Pour atteindre les buts de *la recherche-action*, Checkland a travaillé par la suite sur l'évolution d'une méthodologie pour traiter les *systèmes soft* composés d'activités humaines complexes. La Méthodologie des Systèmes Soft (MSS) se base sur le besoin d'apprendre afin d'améliorer une forme de *système d'activité à but déterminé* qui se représente sous forme de T (Transformer) d'une E (Entrée) en S (Sortie). Ce système est ensuite saisi sous forme de système apprenant composé des éléments et de leurs relations comme l'illustre la Figure 2-10. Le modèle a été légèrement modifié pour prendre en compte le traitement des opportunités autant que des problèmes.

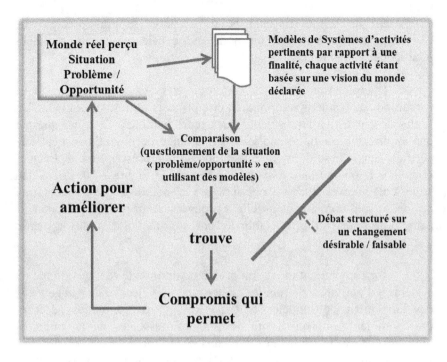

Figure 2-10: Cycle d'investigation et d'apprentissage de la Méthodologie des Systèmes Soft

Des principes caractérisant le côté « *soft* » de l'approche sont associés au système d'apprentissage :

- Le monde réel: une complexité de relations.
- Des relations explorées via des modèles d'activités ayant une finalité et basées sur une vision du monde explicitée.
- Une investigation structurée par le questionnement de situations perçues, en utilisant les modèles comme source de questions.
- Des « actions d'amélioration » basées sur la recherche de compromis (versions de la situation avec laquelle des intérêts conflictuels peuvent s'accommoder).
- En principe, l'investigation ne finit jamais; elle est d'autant mieux menée que l'éventail des parties intéressées est large ; confiez le processus aux personnes impliquées dans la situation.

Note: La méthodologie n'est pas prescriptive. Autrement dit, elle ne fixe pas une séquence obligatoire des activités conduisant à un résultat. Dans une version antérieure, Checkland a présenté un modèle en sept étapes qui a souvent été vu comme une séquence prescriptive, même s'il attirait l'attention sur le fait que la méthodologie pouvait être utilisée en partant de n'importe quel point. L'apport le plus précieux de Checkland est qu'il apporte un modèle global des processus impliqués pour mener à bien les études sur le *Penser Système*.

L'application de la *Méthodologie des Systèmes Soft (MSS)* ne fournit pas de résultats qui puissent être prouvés ou réfutés comme dans le cas des investigations scientifiques reproductibles. Ce n'est que par une application continue que la valeur ajoutée de la méthode peut être vérifiée. Sur la base du modèle méthodologique prescriptif à sept étapes et de la version courante telle qu'illustrée par la Figure 2-10, Checkland et ses collègues et étudiants ont appliqué la méthodologie des centaines de fois et sont convaincus qu'elle a prouvé sa capacité à représenter un cadre utile pour étudier et établir les bases d'amélioration des systèmes « soft. »

En comprenant mieux un problème du monde réel vu comme un système d'activité à finalité déterminée, Checkland suggère le développement de modèles tels que les images enrichies (décrites précédemment) qui représente des bandes dessinées de la situation, montrant les parties prenantes majeures et les problèmes impliqués. En formulant une expression de la situation, Checkland a proposé l'usage des trois analyses suivantes de la situation :

Analyse Une – liste des porteurs du problème potentiel, possible, choisie par le solutionneur du problème.

Analyse Deux– basée sur un cadre de rôles/normes/valeurs.

Analyse Trois – se construit sur ce que tout groupe social acquiert rapidement; un sens de ce que vous devez faire pour influencer les personnes, pour provoquer des choses, pour arrêter des actions en cours, pour influencer significativement les actions que le groupe ou ses membres prennent. Des visions de ce qui est requis pour être puissant peuvent comprendre des connaissances, un rôle particulier, des compétences, du charisme, de l'expérience, un engagement, etc.

En modélisant une activité à finalité déterminée pour explorer une action du monde réel basée sur les analyses Une, Deux et Trois, il devient évident que de nombreuses interprétations d'une finalité déclarée sont possibles. Ainsi, avant de modéliser, on doit établir et déclarer ses choix d'une vision du monde adaptée à la situation. Checkland a formulé ces choix sous forme de mnémonique « CATWOE en anglais » et « CATMPE » en français, ce qui signifie :

C – **C**lient qui commande l'étude.

A – **A**cteurs impliqués.

T – **T**ransformation à effectuer par le système d'activité à finalité déterminée.

M – vision du **M**onde de la situation à étudier.

P – **P**ropriétaires des systèmes impliqués.

E –**E**nvironnement contraignant.

En développant une poignée de modèles, comme l'indique la Figure 2-10, basés strictement sur l'activité à finalité déterminée et non pas sur des descriptions du monde réel, la base pour déterminer des questions appropriées à poser sur la situation réelle évolue. Checkland donne des suggestions comme celle de construire un modèle basé sur les activités. Toutefois, c'est bien ici que peuvent aussi être appliqués, pour gagner en compréhension, les modèles basés sur du texte structuré tels que les *Cinq Pourquoi*, le *langage des Boucles, Liens et Retard*, les *Diagrammes d'Influence*, les *Images Enrichies* et les *Systemigrams* ou les solutions de *simulation dynamique*.

En s'appuyant sur les modèles, un débat structuré peut avoir lieu, comme par exemple autour d'un changement souhaitable. La suite du modèle consiste à trouver des compromis pour l'améliorer. Enfin, le modèle indique que l'action est prise pour améliorer le système. Après quoi, par réaction typique classique, de nouvelles situations à problème ou opportunistes peuvent apparaître, nécessitant l'ajustement du système ou la prise en considération d'un nouveau système. Alors que Checkland fournit un lien avec l'action à engager, sa méthodologie ne fournit aucun moyen structuré d'organiser le changement. Les changements structurels des systèmes institutionnalisés sont le plus souvent liés à la gestion du cycle de vie des systèmes selon les modèles de cycle de vie système, comme le décrit le chapitre suivant sur *l'Agir Systèmes*. Nous recommandons à ceux qui sont intéressés à poursuivre ce travail de démarrer avec le livre récent de Checkland et Poulter qui donne un résumé bref et décisif de la *Méthodologie des Systèmes Soft* [Checkland et Poulter, 2006].

PRINCIPES A MEMORISER

Indépendamment des modèles, méthodes et outils utilisés en support au *Penser Système*, il y a quelques principes généraux qui fournissent « de la matière à réflexion », recommandés par [Senge 1990]:

- Les problèmes d'aujourd'hui proviennent des « solutions » d'hier.
- Le système poussera d'autant plus fort que vous pousserez fort.
- Le comportement s'améliore avant de se détériorer.
- La solution facile nous ramène en général au point de départ.
- Le traitement peut être pire que le mal.
- Aller plus vite, c'est ralentir.
- La cause et l'effet ne sont pas étroitement reliés dans le temps et dans l'espace.
- De petits changements peuvent produire de grands résultats mais les endroits où les leviers sont les plus efficaces sont souvent les moins évidents.
- On peut avoir le beurre et l'argent du beurre mais pas les deux en même temps.
- Séparer un éléphant en deux ne produit pas deux éléphants plus petits.
- Pas de reproche.

Plus vous apprenez et comprenez, plus vous comprenez tout ce qu'il y a encore de plus à apprendre.

VERIFICATION DES CONNAISSANCES

1. Identifiez des systèmes « hard », des systèmes soft ainsi que des exemples de systèmes mixtes.

2. Quels sont les dangers à se reposer seulement sur le réductionnisme et les relations causales simples ?

3. Identifiez quelques exemples de situations paradoxales.

4. En commençant par un problème qui vous est familier, élargissez et approfondissez votre compréhension du problème grâce à l'approche des *Cinq Pourquoi*.

5. Expliquez une situation qui vous êtes familière par un *Diagramme d'Influence*.

6. Expliquez une situation qui vous êtes familière per des *Liens, Boucles et Retards*.

7. En utilisant les boucles de renforcement et de limitation, décrivez une situation dans votre organisation, liée à des systèmes et impliquant des facteurs de croissance et de limitation.

8. Quel est l'objectif d'un archétype système?

9. Créez une image enrichie d'une situation complexe qui vous est familière ; elle peut être en rapport avec vos activités professionnelles ou vos loisirs.

10. A partir d'une description en prose d'une *situation-système* problématique ou opportuniste, créez un *Systemigram*.

11. Enrichissez la prose et le *Systemigram* de l'exercice 10 avec un *système de réponse* visant à traiter la situation.

12. Que signifie *la recherche-action* et comment la méthodologie des systèmes soft permet-elle d'atteindre les buts de la recherche ?

13. En utilisant un outil tel que *STELLA* ou *iThink*, développez un modèle de traitement d'une situation où les flux de matière ou de service sont traités.

14. Comment les concepts du *Penser Système* tels que fournis dans ce chapitre peuvent-ils être utilisés dans votre organisation (entreprise)

Interlude 1 : Etude de Cas

Gestion de Crises

Cette étude de cas est tirée d'un projet dont le titre est « Un regard Système sur les Unités Spéciales de Réponse des forces de l'ordre ». Le projet a été mené par Richard Wright, dans le cadre d'un cours de licence donné par votre auteur au *Stevens Institute of Technology de Baltimore*, au printemps 2009.

Résumé

Ce projet utilisera une méthodologie orientée systèmes pour étudier l'histoire et l'évolution des *Unités Spéciales de Réponse* (*Special Response Unit* (*SRU*)) (parfois mieux connues sous le nom de *Special Weapons and Tactics (SWAT) Teams*) par les forces de l'ordre depuis les années 1960. Les SRU peuvent être vues comme des systèmes de réponse utilisés pour contrer des situations (par exemple des prises d'otages) que les forces de l'ordre traditionnelles étaient mal préparées à traiter. On analysera les forces des systèmes SRU ainsi que les problèmes liés à leur utilisation et des solutions possibles.

INTRODUCTION

Nous sommes face à une Situation...

En août 1965, le quartier de Watts à Los Angeles, en Californie connut soudain des émeutes raciales. Les Jeux Olympiques de Munich, en 1972, devinrent le théâtre d'une prise d'otages et de meurtres commis par des terroristes. En 1992 et 1993, des extrémistes et des agents fédéraux furent tués pendant les sièges et les fusillades de Ruby Ridge, dans l'Idaho et de Waco au Texas. Dans un lycée de Columbine au Colorado, deux élèves tirèrent sur des étudiants et un professeur, en 1999. Bien que séparées par des années et des milliers de kilomètres, ces événements ont plus en commun qu'une histoire faite de violences. Elles fonctionnèrent toutes comme des *situations-systèmes* qui ont provoqué des changements drastiques dans les systèmes d'intervention des forces de l'ordre, à la fois aux Etats-Unis et dans d'autres parties du monde.

[Cullen, 2009],[Gates et Shah, 1992],[Halberstatd, 1993],[Lloyd, 2009],[Walmer, 1986] et [Whitcomb, 2001]

Qu'est-ce qu'une Unité Spéciale de Réponse?

Une Unité Spéciale de Réponse est un terme générique de toute unité des forces de l'ordre (Law Enforcement Organization, LEO) chargée de répondre à des situations où les unités de police ordinaires manquent d'entrainement, équipements et autres moyens pour les traiter. Les situations traditionnelles, pour lesquelles les premières équipes *SWAT (Special Weapons And Tactics)* ont été créées, comprennent des tireurs d'élite, des suspects barricadés, des libérations d'otages, des arrestations à haut risque (qui concernent des suspects connus pour être bien armés ou ayant un comportement violent). Au cours du temps, quelques SRU ont vu leurs missions et leurs potentiels étendus, pouvant ainsi perquisitionner des laboratoires de drogues, protéger des VIP (Very Important Persons), mener des opérations de contre-terrorisme et d'autres encore. [Federal Bureau of Investigation, 2009]

Les SRU sont souvent constituées au sein des forces de l'ordre de la ville, du département, de la région (par exemple, de plusieurs villes ou départements). Elles peuvent être aussi des unités fédérales. Certaines SRU ont un domaine limité de responsabilité tel que les Equipes Spéciales de Réaction de la police militaire (Special Reaction Teams (SRTs), qui protègent les installations militaires américaines [Department of the Army, 1987]. D'autres comme le FBI's Hostage Rescue Team (HRT) [Federal Bureau of Investigation, 2009] ou en Allemagne le Grenzschutzgruppe 9 (GSG 9) [Walmer, 1986] ont des juridictions nationales et internationales pour protéger les citoyens de la nation et leurs intérêts.

CONTEXTE

Los Angeles et la naissance des SWAT

Les émeutes de Watts en 1965 établissent le record des pires émeutes des années 1960, avec 34 morts, 1032 blessés, plus de 600 bâtiments brûlés ou pillés et 3438 arrestations. [Gates et Shah, 1992] Moins bien connues que ces statistiques, des centaines d'attaques de tireurs embusqués (snipers) sont engagées contre la police durant les émeutes. L'inspecteur Daryl Gates, qui sera Chef du Département de Police de Los Angeles (LAPD) se souvient, « Nous n'avions aucune réponse organisée contre les snipers, alors la police tirait en retour sans discrimination. Le temps que j'arrive, tout le monde tirait partout. Ce n'était pas facile de les arrêter. » [Gates et Shah, 1992] Gates a vu à nouveau le même problème moins d'un mois plus tard, quand un homme s'est barricadé chez lui et a commencé à tirer. Le suspect a tenu tête à un grand nombre d'agents, en blessant trois d'entre-eux et un civil avant d'être lui-même blessé et arrêté. [Halberstatd, 1993]

Pour traiter avec les snipers et les suspects barricadés, Gates et plusieurs de ses collègues ont commencé à étudier les tactiques de guérilla et celles de contre-insurrection utilisées alors par l'armée U.S. au Vietnam. Ils ont travaillé avec les Marines au Camp Pendleton et à l'Arsenal Naval Chavez Ravine pour aider à former progressivement les meilleurs tireurs d'élite du département en contre-snipers. Vers 1967, Gates a été en charge de la Division Métro du LAPD. Il réorganisa la Métro en pelotons de style militaire et a finalement pu affecter ses 60 tireurs d'élite dans le Peloton D de cette division. Gates proposa un nom pour cette nouvelle unité, *Special Weapons Attack Teams (SWAT)*, au Chef Adjoint Ed Davis. Davis ne fut pas d'accord avec la connotation militaire du nom, aussi Gates l'ajusta pour le nom désormais célèbre *"Special Weapons And Tactics"*. Le Chef Adjoint approuva immédiatement. [Gates et Shah, 1992]

Malgré le mandat de police de la SWAT pour sortir vivants les victimes, suspects et agents d'une crise, les tactiques et armements militaires qu'ils ont adaptés en ont fait des parias au sein du LAPD. Les membres de la SWAT avaient dû eux-mêmes acheter leurs armes et leurs équipements, récupérés ou achetés dans des magasins de surplus. [Halberstatd, 1993]. Les équipes SWAT se sont entrainées à Camp Pendleton avec les Marines, dans des décors de réserve des Universal Studios et d'autres lieux inhabituels. L'autobiographie de Gates précise que bien qu'il ne fût pas responsable de la tactique des SWAT, il leur a fourni toutes les ressources et encouragements qu'il pouvait, y compris en jouant le rôle « d'otage » lorsque les équipes SWAT ont progressivement ajouté le sauvetage d'otages dans la liste de leurs compétences. [Gates and Shah, 1992]

La première mission officielle de la SWAT a été d'exécuter des mandats de recherche et d'arrestation de deux membres de l'organisation des Black Panthers le 8 décembre 1969. Les Panthers étaient un groupe de dimension nationale ayant comme ambition politique de conduire la « révolution du peuple ». Ils avaient attaqué de nombreux agents du

LAPD avec violence. Les services de renseignement du LAPD ont indiqué que les bâtiments des Panthers étaient lourdement fortifiés avec des sacs de sable, des meurtrières, des tunnels d'évasion et des stocks d'armes. SWAT était l'équipe la mieux équipée pour exécuter les mandats d'arrêt. Toutefois, malgré les renseignements et une semaine de planification, l'assaut initial s'est soldé par trois membres de la SWAT blessés et aucun Panther interpelé. Ayant perdu l'effet de surprise, les fortifications rendaient un nouvel assaut impossible. Une impasse s'établit entre la SWAT et les Panthers, s'échangeant des tirs d'armes à feu automatiques pendant des heures, forçant à une évacuation du quartier alentour. La SWAT a demandé aux Marines de Camp Pendleton un lance grenades. La demande fut émise par Gates (qui était Chef par Intérim pendant que le Chef du LAPD était au Mexique), via le bureau du Maire jusqu'à Pentagone, qui approuva. Après que le lance grenade fut discrètement arrivé, Gates ordonna à la SWAT de faire une nouvelle offre de reddition aux Panthers avant que des « mesures drastiques », non-précisées, ne soient prises. Heureusement, les six Panthers se sont rendus sous un drapeau blanc de fortune et ont été interpelés. La SWAT a évité l'assaut et cette fusillade est devenue un cas d'école du fait de son succès sans perte de vies humaines. La présence du lance grenade, qui aurait pu transformer Los Angeles en zone de guerre urbaine seulement trois ans après Watts, n'a été connue ni des medias ni du public pendant des années. [Gates et Shah, 1992]

Les arrestations des Black Panthers ont assuré le futur de la SWAT au LAPD et ont conduit d'autres forces de l'ordre au niveau local, état et fédéral à créer leurs propres équipes SWAT. Les U.S. Marshals ont monté une des premières équipes SWAT fédérales, connue sous le nom de *Special Operations Group (SOG)* en 1971. [U.S. Marshals Service, 2009] Le FBI en a fait autant [Halberstatd, 1993], pour finalement établir des équipes SWAT dans chacun de ses 56 bureaux délocalisés pour assister les agents locaux et la police locale.

Les équipes SWAT du FBI et du LAPD se sont retrouvées en 1974 sur le chemin des membres de la *Simbionese Liberation Army (SLA)*, recherchés pour meurtres, vols, braquage de banques et enlèvement et lavage de cerveau de Patty Hearst, héritière d'un journal. Comme les Black Panthers, la SLA était lourdement armée. Lors d'une opération diffusée sur la télévision nationale, la SWAT a encerclé la maison et a envoyé des demandes de reddition qui ont été ignorées. A leurs tirs de grenades de gaz lacrymogène ont répondu des tirs de *Browning Automatic Rifle (BAR)* et autres fusils. Comme pour les Black Panthers, la SWAT a demandé un arsenal de classe militaire. Cette fois-ci, ce furent des grenades à fragmentation. Ne voulant pas que l'action dégénère en guerre militaire, Gates refusa. [Gates et Shah, 1992] Le siège et les tirs ont duré 50 minutes jusqu'à ce que la maison de la SLA prenne feu. Toutefois, la SLA a continué à tirer et les pompiers ont refusé d'approcher. La maison a brûlé jusqu'au sol, tuant tout le monde à l'intérieur alors que les officiers de police regardaient sans possibilité d'agir. Bien que l'issue n'ait pas été aussi favorable que l'incident des Black Panthers, les unités SWAT avaient accompli leur devoir et ont acquis une reconnaissance au sein de la communauté de la police et partout dans le monde. [Halberstatd, 1993]

Munich et les Ombres de Terreur

Entre les opérations du LAPD contre les Black Panthers en 1968 et contre la SLA en 1974, le monde a changé à tout jamais en 1972. Des terroristes palestiniens connus sous le nom de Septembre Noir se sont introduits dans le village olympique de Munich, en Allemagne. Ils ont tué deux athlètes israéliens et pris neuf otages. Les tentatives des autorités de sécurité allemandes pour résoudre la crise se sont soldées par une fusillade qui tua tous les otages et les terroristes. Dans la crainte de paraître militaristes, les Allemands avaient opté pour une sécurité « discrète » aux jeux olympiques et n'avaient pas développé d'unité spécifique pour combattre la menace terroriste qui commençait à éclore dans les années 1960. Munich a mis en évidence ces erreurs et les Allemands y ont répondu en créant une force dédiée anti-terroriste. Toutefois, contrairement aux unités créées par les armées dans d'autres nations, l'unité allemande a fait partie de la Police Fédérale des Frontières. Ceci lui a donné autorité pour opérer à l'intérieur de l'Allemagne par temps de paix et a minimisé les analogies avec les unités d'élite militaires Nazi comme les trop-connus SS. [Walmer, 1986].

La nouvelle unité s'est appelée le Groupe de Protection des Frontières (Grenzschutzgruppe 9 or GSG 9), car le Groupe des Frontières avait déjà huit autres unités. GSG 9 a été entrainé avec l'aide d'Israël et son chef a accompagné les commandos militaires israéliens pendant le raid bien connu sur l'aéroport d'Entebbe en Ouganda, en 1976, qui libéra les otages d'un vol d'Air France détourné. Le GSG 9 s'est fait sa propre réputation en libérant des otages d'un avion de Lufthansa qui avait été détourné vers Mogadiscio en Somalie, en 1977 par la Fraction Armée Rouge. [Walmer, 1986].

Les événements de Munich et les succès des Israéliens et du GSG9 ont fait impression aux USA. En 1977, l'armée U.S. a autorisé la création de son unité anti-terroriste connue sous le nom de la Delta Force. Les prises de l'ambassade US en Iran, en 1979 ont paru rapprocher encore plus la menace sur le pays. En 1980, la Delta Force a échoué dans la libération des otages iraniens alors que le *Special Air Service (SAS)* de Grande Bretagne a réussi à libérer des terroristes l'ambassade d'Iran à Londres. [Walmer, 1986]

Quand les US ont été choisis pour héberger les Jeux Olympiques de 1984 à Los Angeles, le FBI et d'autres ont envisagé la possibilité d'un nouveau Munich sur le sol américain. Ils ont utilisé cet événement pour créer une unité dédiée antiterroriste nationale, appelée le *Hostage Rescue Team (HRT)*, similaire au GSG 9 [Gates and Shah, 1992]. La HRT a été conçue comme un cran au-dessus des équipes SWAT dont disposait déjà le FBI dans ses bureaux locaux. C'est une unité autonome de 50 hommes, conçue pour se déployer depuis Quantico n'importe où aux USA en l'espace de quelques heures. La HRT transporte ses propres hommes, armes, camions et même hélicoptères dans un avion-cargo de la Réserve de l'USAF. Elle peut faire appel aux ressources des services de renseignements et d'autres ressources, mais ses membres n'ont pas d'obligations parallèles de police telles que des investigations. Ils servent en tant qu'actif national pour mettre à exécution l'antiterrorisme à grande échelle, le secours d'otages et les opérations spéciales dont ne sont pas capables la plupart des unités SWAT. [Whitcomb, 2001]

CAS D'INTERET DE L'UNITE SPECIALE DE REPONSE (SRU)

Les deux cas suivants sont décrits en détail parce que plus tard dans le rapport du projet, des facteurs relatifs à ces SRU seront soulignés.

Ruby Ridge et Waco

Le 21 août 1992, un membre de *l'U.S. Marshals Special Operations Group* fut tué lors d'une fusillade avec la famille de Randy Weaver à Ruby Ridge dans l'Idaho. Le SOG exécutait un mandat d'arrêt. Le fils de Weaver a aussi été tué. Weaver était un ancien *Béret Vert* et survivaliste, connu pour être lourdement armé. Les Marshals ont battu en retraite et demandé une assistance qui est arrivée sous la forme du HRT du FBI le 22 août. Le FBI prit la direction des opérations et les snipers du HRT définirent un périmètre de sécurité autour de la cabane des Weaver. En agissant sous des règles d'engagement modifiées, un des snipers du HRT blessa Randy Weaver et tua sa femme. Les polices locale et de l'état ainsi que la Garde Nationale furent mobilisées. Les négociations trainèrent dix jours avant que les survivants ne se rendent. Ruby Ridge devint un sujet explosif pour les relations publiques du FBI et le déroulement de la fusillade a fait l'objet d'enquêtes du FBI, du Ministère de la Justice et du Congrès Américain pendant plusieurs années. [Whitcomb, 2001]

Seulement quelques mois après Ruby Ridge, le HRT hérita d'une autre opération ratée, venant d'une autre agence. Le 28 février 1993, quatre agents du *Bureau of Alcohol, Tobacco and Firearms (ATF)*) furent tués et seize autres blessés lors d'une fusillade. Ils exécutaient un ordre de perquisition dans le camp du groupe religieux des Branch Davidians, à Waco au Texas. Avant le raid, l'ATF passa l'information à un reporter qui, par inadvertance, passa l'information aux Branch Davidians. L'ATF poursuivit le raid, même après qu'un informateur du camp ait averti qu'il était attendu. [Halberstatd, 1993] Comme à Ruby Ridge, la HRT encercla le camp avec l'aide de la police locale et de la Garde Nationale. Les Davidians étaient lourdement armés et avaient des réserves de nourriture, en prévision d'une confrontation apocalyptique. Leurs armes incluaient des pistolets, des fusils semi automatiques et des mitrailleuses de calibre 50. [Whitcomb, 2001] Après un siège de 51 jours, un assaut fut lancé sur le camp. Des véhicules blindés firent des trous dans les murs et injectèrent des gaz lacrymogènes. Les véhicules blindés de transport des équipes d'assaut du HRT se tenaient prêts. Les règles d'engagement du HRT spécifiaient qu'ils ne pouvaient que répondre aux tirs et seulement s'ils identifiaient visuellement des cibles humaines spécifiques qui représentaient une menace spécifique. Plus tard, des incendies se déclarèrent et le camp brûla jusqu'au sol. Neuf Davidians échappèrent aux flammes alors que 75 autres périrent. Le HRT ne tira pourtant pas un coup de feu dans l'assaut. [Whitcomb, 2001] Même si tous les détails et les aspects légaux de Ruby Ridge et Waco ont été scrupuleusement examinés et débattus dans d'autres forums, ces tragédies apportent plusieurs leçons de Commandement et Contrôle (C2) qui méritent d'être creusées pour les SRU de niveau national.

Columbine

Alors que les événements de Ruby Ridge et Waco ont rendu certains de la police plus hésitants à « appuyer sur la gachette », d'autres, de l'autre côté de la loi, ne l'ont pas été. Le 20 avril 1999, deux étudiants du lycée de Columbine près de Denver au Colorado se livrèrent à un déchainement de fusillade. Ils tuèrent 13 étudiants et en blessèrent 21 autres en seulement 16 minutes et ensuite se suicidèrent. [Lloyd, 2009] Les équipes SWAT n'arrivèrent pas à temps pour intervenir et furent gênées par des alarmes qu'elles ne pouvaient pas éteindre et des plans d'étage imprécis. [Cullen, 2009]

Il y a eu de nombreuses leçons à tirer de Columbine. Des enfants peuvent impitoyablement tirer sur d'autres enfants. Certains tireurs ne négocient pas et n'ont pas peur de mourir. Les équipes SWAT ont besoin de plans à jour pour donner l'assaut à des écoles. Et le temps passé à attendre la SWAT peut quelquefois se mesurer en vies humaines. Beaucoup de ces leçons n'étaient pas nouvelles pour la police mais Columbine les a rafraichies et les a amenées à la connaissance du grand public par le biais de la télévision nationale. Les mesures de sécurité se sont accrues à l'école et les départements de police ont repensé leurs approches de ce scénario qui pourrait arriver partout où il y a une école. Une de ces approches, appelée « Protocole Actif du Tireur » ("*Active Shooter Protocol*")[Cullen, 2009] mérite d'être examinée car elle s'écarte de la dépendance aux Unités Spéciales de Réponse et des conséquences possibles à long terme.

ANALYSE DES UNITES SPECIALES DE REPONSE EN TANT QUE SYSTEMES

Classification et Topologies des Systèmes SRU

Pour commencer à analyser les SRU comme des systèmes, on doit déterminer leur type de système. Selon les définitions des types de systèmes fournies au chapitre 1 de ce livre, il y a plusieurs classifications possibles qui incluent les *systèmes naturels*, les *systèmes physiques définis*, les *systèmes abstraits définis* et les *systèmes d'activités humaines*. Une SRU correspond aux *systèmes d'activité humaine* dans la mesure où elle est constituée d'humains et, suivant le critère de classification, « est délibérément organisée comme un tout pour atteindre un objectif ou une mission. »

La mission d'une SRU est de répondre à des situations de crise comme nous en avons déjà discuté. Le prérequis « d'organisation délibérée » peut être établi en observant la topologie des SRU. Un système peut avoir une topologie hiérarchique, une topologie en réseau ou les deux selon les moments. Une topologie hiérarchique résulte d'un système défini qui est développé pour satisfaire un besoin. Dans le cas présent, le besoin est synonyme d'une mission de la SRU et sa topologie hiérarchique peut être vue comme le schéma organisationnel d'une SRU, comme représenté en Figure 1.

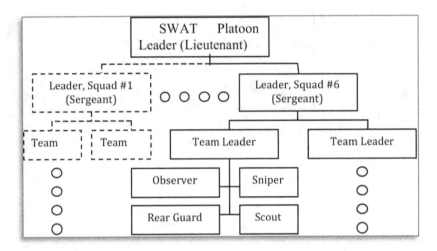

Figure 1: Organisation de l'Unité SWAT du LAPD en 1967

Alors qu'une chaine de commande d'une SRU est toujours une hiérarchie clairement définie, une topologie en réseau émerge lorsqu'elle se déploie en opération. Ce réseau est constitué d'équipes de taille et nombre divers, qui sont déterminées en fonction de la taille de la SRU et de la situation à traiter. Une telle topologie opérationnelle est décrite au mieux par un texte structuré et ensuite visualisée avec un *Systemigram*, comme montré en Figure 2. [Boardman et Sauser, 2008].

Le texte structuré est : « Pour les déploiements, une SRU est typiquement organisée en une ou plusieurs équipes d'Assaut, une ou plusieurs équipes de Snipers et quelquefois un ou plusieurs Médecins. Le Commandant de la SRU au Poste de Commandement Tactique (TCP) commande l'Equipe d'Assaut, l'Equipe de Snipers et les Médecins. Une Equipe de Snipers surveille la cible, rend compte des informations sur la cible au TCP, protège une Equipe d'Assaut et peut tirer sur la cible. Les Equipes de Snipers sont constituées d'un Sniper et d'un Observateur qui protège le Sniper. Une Equipe d'Assaut attaque la cible et rend compte de la situation au TCP. Au sein d'une Equipe d'Assaut, une arrière-garde protège les Equipes d'Arrestation, qui suivent les « Pick-up Men », qui protègent les « Cover Men », qui couvrent les « Point Men », les Médecins aident les équipes d'Assaut et les équipes de Snipers. [Halberstatd, 1993]

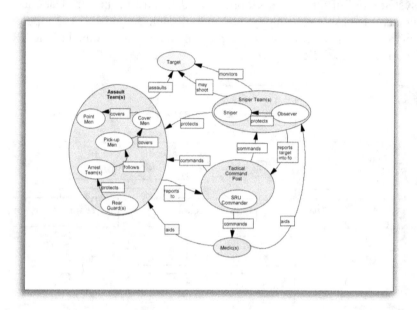

Figure 2: Topologie en Réseau d'une SRU déployée en opération

Unités Spéciales de Réponse considérées comme des Systèmes de Réponse

Connaître la classification système d'une SRU et les topologies n'en fournit qu'une compréhension partielle. Comment un « système » SRU est-il instancié pour le déploiement? Qu'est-ce qui permet à une SRU de transformer sa topologie en configuration optimale ? Les réponses à ces questions demandent de considérer un contexte plus large que l'on peut obtenir à partir du *Diagramme de Couplage Système* comme celui qui est présenté en Figure 3.

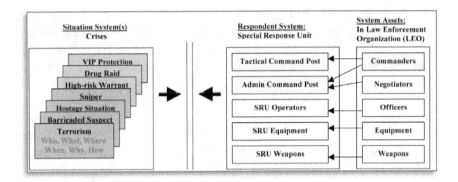

Figure 3: Diagramme de Couplage Système d'une SRU

Une SRU se présente telle qu'au centre de la Figure 3 et constitue notre *Système d'Intérêt Rapproché* (SdI-R). C'est un système de réponse, ce qui signifie qu'il est construit en réponse à une situation. Les divers types de situations auxquelles répond une SRU sont présentés dans la partie gauche de la Figure 3 et se rapprochent de la liste des « missions » d'une SRU discutée précédemment. Chaque situation peut être vue comme un système situationnel qui émerge d'un jeu de circonstances décrit par les 5 W (*en anglais, the 5 W's (who, what, where, when, why)*) et un « comment », comme montré dans la figure. Sur la partie droite du diagramme nous voyons qu'une SRU est instanciée à partir d'un jeu d'actifs qui appartiennent à l'Organisation des forces de l'ordre (*en anglais, Law Enforcement Organization (LEO)*. La LEO est aussi un *système d'activité humaine* avec lamission élargie de faire appliquer la loi. La situation-système et le système de LEO, considérés en association avec la SRU, constituent un *Système d'Intérêt-Etendu* (SdI-E)

Facteurs Critiques dans l'Adaptabilité d'un système de SRU

Dans la mesure où une LEO est de dimension finie et donc que les actifs d'une SRU le sont encore plus, la clé de succès d'une SRU est son adaptabilité. Les trois facteurs critiques de l'adaptabilité d'une SRU sont des éléments de renseignement, d'expérience et de commandement.

Une SRU acquiert des renseignements sur une situation de différentes façons, selon que la situation soit préparée ou en urgence. Une situation préparée est celle qu'une SRU connaît à l'avance, soit parce que la SRU a établi un agenda (par exemple pour un mandat d'arrêt à haut risque ou une rafle de drogue) ou parce qu'elle a reçu un préavis (par exemple, l'arrivée d'un VIP). Des situations d'urgence classiques, qui arrivent sans avertissement, sont des attaques de snipers, des prises d'otages et des actions terroristes ou de suspects barricadés. Dans une situation préparée, les renseignements sont collectés à l'avance et fournis à la SRU dans un plan opérationnel ou un mandat d'arrêt. Dans une situation d'urgence, un service de secours (par exemple le 15 en France) ou de police collecte les renseignements initiaux en posant des questions listées dans la Procédure Opérationnelle Standard correspondant à ce type d'urgence et la SRU en recueille davantage sur le théâtre des opérations. .[Halberstatd, 1993]

Les SRU acquièrent de l'expérience en répondant à la fois à des situations réelles et à des situations thématiques. Les situations thématiques prennent la forme de scénarios d'entraînement développés pour et par la SRU. Elles peuvent se baser sur des situations réelles antérieures ou des situations hypothétiques. L'entraînement est bénéfique car il permet d'expérimenter des situations qui sont normalement rencontrées seulement en urgence, dans un environnement préparé, qui peut être répété et manipulé autant que nécessaire pour apprendre sans prendre de risque inutile.

Le troisième facteur critique dans l'adaptation de la SRU est la présence d'éléments de contrôle. Ceci inclut des Commandants Tactiques (leaders de SRU) et des Commandants Administratifs de la LEO (par exemple un Chef Observateur dans une grande LEO ou un chef de police dans une petite LEO). Les Commandants Tactiques connaissent bien les actifs de la SRU et utilisent à la fois les renseignements disponibles et leur expérience pour configurer l'unité qui réponde à la situation. Ceci implique de déterminer les besoins en équipes d'assaut, snipers et équipes médicales, la composition et la taille des équipes, le matériel et même la constitution individuelle des équipes. Les Commandants Tactiques opèrent au sein d'un Poste de Commandement Tactique proche du théâtre de la situation, contrôlent la SRU et tiennent informés les Commandants Administratifs. Les Commandants Administratifs opèrent généralement depuis un Poste de Commandement Administratif plus éloigné pour coordonner le support d'actifs provenant d'autres LEO (par exemple, des négociateurs pour les otages, des agents de renseignements ou des agents de patrouille) ou des services externes (par exemple, d'incendie, médicaux) tout en communiquant avec les autorités supérieures (souvent politiques). [Halberstatd, 1993].

Problèmes et Solutions du Système des SRU dans les Cas d'intérêt

Commandement et Contrôle

Bien que les éléments de commandement soient un des facteurs qui détermine le succès des SRU, les problèmes de Commandement et de Contrôle (C2) peuvent aussi être une source de faiblesse des SRU. C'est spécialement le cas pour les équipes nationales qui ont des chaines de contrôle plus complexes, comme les HRT et les GSG 9. Parmi les problèmes, on rencontre les passages de commandement, les contrôles administratifs, la lourdeur du contrôle et le contrôle de la réponse.

Dans la majorité des situations d'urgence, les unités standards de forces de l'ordre qui arrivent les premières assurent le commandement. Quand il apparait qu'elles ne peuvent faire face à la crise, la décision est prise de contacter la SRU la plus appropriée. Quand la SRU arrive, le commandant de la LEO initiale transmet tout le contrôle opérationnel au commandant de la SRU Dans de nombreuses opérations de SRU, de telles transmissions ont lieu entre le Chef de la Patrouille et celui de la SWAT, au sein d'un même département (par exemple du LAPD vers la SWAT du LAPD) qui travaillent souvent ensemble. [Cullen, 2009] Cependant, dans le cas d'équipes nationales comme les HRT, la probabilité de transmission à partir d'une agence complètement séparée est plus élevée, et ceci peut arriver après la transmission entre la LEO et les unités de SRU de la première agence en charge (par exemple, *de l'U.S. Marshals à l'U.S. Marshals SOG*). Des connaissances sont toujours perdues dans un tel transfert et plus l'écart opérationnel de méconnaissance est grand entre les parties, plus l'opération est risquée. A l'époque de Ruby Ridge et de Waco, les SRU au niveau national comme la *HRT* du *FBI* et la *US Marshal's SOG* étaient conçues pour opérer indépendamment afin de réduire les contraintes de déploiement et minimiser l'impact sur les LEO locales. Cependant, cette approche a aussi réduit leurs occasions de s'entrainer ensemble, ce qui signifie qu'elles étaient moins bien habituées à des opérations communes. Des transmissions de commandement entre agences nationales indépendantes se sont produites à la fois à Ruby Ridge et à Waco. [Halberstatd, 1994] et [Whitcomb, 2001]

Un autre problème des C2 concerne le contrôle administratif. Alors que le commandement tactique de crises appartient à un chef d'équipe SRU expérimenté, le commandement administratif diffère entre les équipes nationales et non-nationales. Pour les équipes de la ville, du comté, de l'état et même des SWAT du FBI, le commandement administratif est typiquement un chef de police ou un agent ayant une solide expérience de la police. Cependant, pour les équipes du niveau national comme les HRT et les GSG9, le management administratif inclut souvent des leaders politiques (comme le Procureur général dans le cas des HRT). Ces leaders sont classiquement très éloignés du site de la crise, ce qui peut induire des retards de décision. Dans certains pays comme les Etats-Unis, de nombreux leaders politiques n'ont ni expérience militaire ni policière pour les aider à prendre les décisions. Les HRT ont fait l'expérience tant de retards que d'indécisions venant du niveau de commandement national lors de Ruby Ridge et Waco. [Whitcomb, 2001].

Le troisième problème C2 concerne la lourdeur du contrôle. Bien que les équipes nationales soient indépendantes en termes d'équipement, elles ne peuvent pas assurer leur propre soutien pendant des opérations qui durent des semaines ou des mois. Continuer de telles opérations sur la durée nécessite davantage d'actifs (généralement locaux) de différents types. Cette augmentation des actifs et de leur variété, sous l'œil scrutateur croissant des media, budgétaire et politique accroissent dramatiquement la lourdeur du contrôle pesant sur ceux qui commandent les SRU nationales. Ceci peut ainsi aggraver la pression pour parvenir rapidement à une décision. Ce poids augmenté du contrôle était présent à la fois à Ruby Ridge et à Waco. [Whitcomb, 2001].

Le dernier problème de C2 implique de contrôler une réponse. Bien qu'il y ait des avantages à disposer d'une SRU hautement compétente pour assister d'autres agences, ses compétences doivent être considérées dans le contexte de la situation. A Ruby Ridge comme à Waco, une équipe de libération d'otages, optimisée pour traiter des actions terroristes a été utilisée contre des groupes qui n'étaient pas forcément terroristes, dans des situations où il n'était pas clair que qui que ce soit ait été pris en otage. [Whitcomb, 2001] En outre, arrêter une famille de six personnes dans les montagnes de l'Idaho, requiert-il un actif national ou simplement une unité plus expérimentée aux opérations en pleine nature, que ceux initialement utilisés ? Est-ce que le fait qu'un groupe ait beaucoup d'armes requiert une unité de réponse nationale ou simplement des équipes locales nombreuses et bien soutenues ? Pour faire suite à un assaut initial désastreux, vaut 'il mieux une équipe plus importante et meilleure ou simplement un meilleur plan ? Etant donnée la célérité avec laquelle la HRT a été assignée à Ruby Ridge et à Waco, il n'est pas clair que les leaders des *Marshals, ATF* ou du *FBI*, aient beaucoup considéré les réponses à de telles questions.

A la suite de Ruby Ridge et de Waco, le nouveau directeur du FBI, Louis Freeh, s'est attelé à la tâche difficile de traiter ces problèmes de C2. Une des réponses majeures qu'il apporta fut de créer le groupe de réponse aux incidents critiques, le *Critical Incident Response Group (CIRG)*, pour intégrer la HRT avec beaucoup d'autres unités du FBI qui contribuent à répondre à des crises de niveau national, telles que des négociateurs d'otages, des spécialistes comportementaux, des logisticiens. [Federal Bureau of Investigation, 2009] et [Whitcomb, 2001] L'intégration des CIRG aida lentement à briser ce qui était un état d'esprit d'indépendance quasiment isolationniste d'unités comme les HRT. Premièrement, cette intégration aida à réduire « l'écart » au moment des transmissions de commandement au sein du FBI et potentiellement entre le FBI et d'autres agences. Deuxièmement, les leaders du CIRG eurent une autorité d'échelle nationale, ce qui, on peut le supposer, donnèrent au CIRG une plus grande autorité dans la prise de décision en situation de crise et réduisit les problèmes de contrôle administratif avec les leaders de Washington. Troisièmement, l'intégration de logisticiens et les relations au sein du CIRG réduisirent la lourdeur du contrôle pendant des opérations prolongées. Ceci a été démontré par l'aptitude du FBI à gérer avec succès un état de siège de 81 jours avec le *Montana Freemen group*, en 1996, qui s'est soldé par une reddition sans perte de vies. [Whitcomb, 2001] Finalement, avec le CIRG, le FBI a repensé ses réponses à de telles confrontations. La négociation devint le mot d'ordre et, comme démontré avec les *Freemen*, le temps ne fut plus un problème. Les membres de la HRT furent même entrainés à la négociation entre eux. [Whitcomb, 2001].

Temps de Réponse

Une des faiblesses potentielles d'un *système de réponse* est le temps pris pour cette réponse. La plupart des LEO manquent de personnel et de fonds pour maintenir une SRU dédiée avec une disponibilité constante comme les HRT, si bien que les membres ont souvent un "travail journalier » sans rapport avec la SRU, tels que des patrouilles ou des enquêtes, et leur rôle dans la SRU est une obligation secondaire, accomplie à la demande. Cette dispersion d'actifs au sein de la LEO a un effet négatif sur le temps de déploiement, ce qui a été reconnu depuis que le LAPD a constitué les premières unités SWAT. Tant le personnel de la SRU que leur matériel doivent rejoindre le lieu de crise pour être efficaces. Si tout le matériel est centralisé au « Quartier Général », le temps de déploiement peut devenir considérable. Pour y remédier, quelques SRU autorisent leurs membres à porter avec eux leur fusil et leurs armes durant leurs activités courantes. [Gates et Shah, 1992] et [Halberstatd, 1994] D'autres LEO entreposent le matériel dans un lieu central et le transportent sur le théâtre des opérations dans un camion pendant que l'équipe est en route et que l'équipe s'équipe elle-même au TCP. [Halberstatd, 1994]

Même en prenant ces approches, le retard pris pour le trajet et pour s'équiper complètement avec des gilets pare-balles et un armement lourd est cependant inévitable. On en a pris conscience avec la tragédie de Columbine. Depuis Columbine, quelques LEO fournissent à leurs officiers des entrainements, du matériel et l'autorité pour intervenir dans des situations de « tireur actif », sans attendre les SRU ou même des unités standard en secours. Ceci est connu sous le nom de Protocole du Tireur Actif (*Active Shooter Protocol*). L'équipement varie mais il inclut au moins un bouclier balistique qui fournit un minimum de protection et peut être utilisé avec la propre arme de poing de l'officier. D'autres départements vont plus loin et fournissent du matériel allant des fusils semi automatiques à des puissances de tir plus importantes. Des unités de patrouille sont entrainées à utiliser cet équipement et à intercepter un tireur actif dès que possible (au plus tôt), en ignorant même les victimes blessées. Elles sont aussi entrainées aux limites de cette autorité et de l'utilisation de leur matériel. Les risques pris avec de telles actions indépendantes sont élevés pour tous ceux qui sont impliqués mais la perspective de sauver plus de vies encourage cette alternative et le débat associé. [Cullen, 2009] et [Lloyd, 2009]

L'escalade

Une des menaces constante de l'efficacité des SRU, et des LEO en général, concerne l'escalade. Elle est décrite dans l'une des scènes finales du film du super héros *"Batman* Begins" [Nolan, 2005], lors d'une discussion entre Batman et le lieutenant de Police Gordon, sur la façon de restaurer l'ordre dans la cité devenue chaotique de Gotham.

Batman: « *...Nous pouvons rétablir (l'ordre) à Gotham.* »
Lieutenant Gordon: « *Et l'escalade?* »
Batman: « *Escalade?* »
Lieutenant Gordon: « *Nous commençons à avoir des semi-automatiques, ils achètent des automatiques. Nous commençons à porter du Kevlar, ils achètent des balles perforantes* ».

Alors que Batman pouvait être vu comme une SRU unipersonnelle pour les forces de police de Gotham, les déclarations de Gordon reflètent son inquiétude à étendre trop largement le matériel et les tactiques de Batman. Bien que potentiellement efficace à court terme, cette approche peut déclencher sur le long terme une course à l'armement avec des criminels. Quand ce phénomène a été analysé en utilisant les données sur des situations criminelles et sur les systèmes LEO/SRU, rassemblées pour ce papier et décrit en utilisant le langage graphique des liens et des boucles de Senge [Senge, 1990], la Figure 4 a émergé.

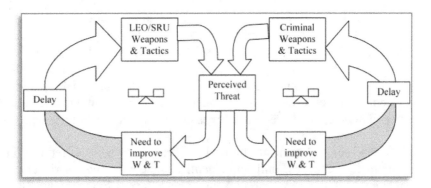

Figure 4: Boucles d'équilibrage montrant l'escalade entre les armes et les tactiques des LEO/SRU et des Criminels

Les points importants à noter sur la figure sont que la menace perçue est ce qui anime les boucles, et la menace peut ou peut ne pas être réelle en permanence. Les retards sont également critiques, car ils sont ce qui rend la tendance à l'escalade plus difficile à détecter et peut donner de chaque côté un sentiment faux et temporaire que la menace a été évacuée. Des retards peuvent être causés par un manque de financement, de technologie ou de connaissances nécessaires pour améliorer les armes et les tactiques.

En ce qui concerne les applications au monde réel, la naissance des SRU avec le LAPD dans les années 1960, peut être reliée à la perception correcte du LAPD que les criminels utilisaient de nouvelles armes (par exemple les fusils semi-automatiques) et tactiques (par exemple des tireurs embusqués et des barricades). [Gates et Shah, 1992], [Halberstatd, 1994] Bien qu'il n'y eut pas de réponse immédiate ou universelle des criminels au développement des SRU (indiquant un délai), des améliorations progressives ont été observées chez les criminels ayant suffisamment de fonds et d'organisation, tels que les trafiquants de drogue. Par exemple, les méthodes traditionnelles de perquisition du LAPD SWAT sont devenues moins efficaces pour prendre d'assaut des laboratoires de stupéfiants quand les trafiquants ont commencé à utiliser des portes blindées pare-balles, des systèmes de sécurité et des armes lourdes pour défendre leurs laboratoires. Pour reprendre le dessus, la SWAT a acquis des «Véhicules Blindés de Sauvetage » (Armored Rescue Vehicles) pour résister au feu des criminels et a intégré des béliers aux véhicules pour faire tomber les portes en acier. [Gates et Shah, 1992] De même, les groupes souhaitant résister aux LEO et aux SRU se sont parfois armés plus lourdement. On peut le voir dans les rapports sur les mitrailleuses du calibre.50 possédés par les Davidians à Waco, ce qui a conduit à la demande de la HRT de véhicules blindés de transport de troupes de la garde nationale. [Whitcomb, 2001] À l'avenir, si les LEO choisissent de propager les armes et les tactiques de « Protocole de tireur actif » à des scénarios supplémentaires « pour protéger le public », les criminels peuvent commencer à percevoir tous les agents des LEO comme une SRU unipersonnelle et améliorer leurs armes et leurs tactiques en réponse.

La seule façon de minimiser l'escalade est de réduire au minimum les réponses, unilatéralement, chaque fois que les risques le permettent. Cette responsabilité incombera aux LEO et aux SRU, puisqu'il est peu probable que les criminels le fassent. Cette minimisation de réponse réduira la menace perçue par des criminels et diminuera le risque pour chacun. Les récompenses de cette approche ont été démontrées par la préférence actuelle du FBI de négocier avant d'utiliser l'armement, qui a jusqu'à présent évité de reproduire Ruby Ridge et Waco.

CONCLUSIONS

Ce projet a revu l'historique qui a conduit à l'élaboration et l'évolution des SRU et les a analysées comme des *Systèmes d'Intérêts-Rapprochés*, et dans le contexte de *Systèmes d'Intérêt-Etendus*. Les SRU sont des *systèmes d'activité humaine*, et comme leur nom l'indique, ils sont des *Systèmes de Réponse*. Leur force réside dans leur capacité d'adaptation, qui est obtenue grâce à des éléments de commandement, configurant les actifs des LEO pour répondre aux situations, en utilisant les renseignements et l'expérience. On a analysé, en utilisant des cas d'intérêt, les problèmes de commandement et de contrôle, de temps de réponse et d'escalade des systèmes SRU. On a aussi analysé des Solutions sous forme de systèmes bien qu'aucune d'entre elles ne soit permanente en raison des environnements changeants auxquels les SRU et les LEO font face. Les domaines de recherche possibles pour le futur incluent l'utilisation de la technique des liens et des boucles pour examiner les interactions des SRU avec les LEO, ce qui peut révéler des scénarios archétypes comme « les adversaires accidentels », « passer la charge aux intervenants » et « la tragédie du bien commun ».

REFERENCES DE L'ETUDE DE CAS

Boardman, J. and Sauser, B. (2008) Systems Thinking: Coping with 21st Century Problems, CRC Press, Boca Raton, FL.

Cullen, D. (2009) The Four Most Important Lessons of Columbine, Slate Magazine, 29 April 2009. Retrieved from http://www.slate.com/id/2216122/ May.

Department of the Army (1987) Field Manual 19-10: Military Police Law and Order Operations

Federal Bureau of Investigation (2009) FBI Tactical Hostage Rescue Team. Re- trieved from http://www.fbijobs.gov/116.asp

Gates, Daryl F and Shah, Diane K. (1992) Chief: My Life in the LAPD, Bantam Books.

Halberstatd, Hans (1994) SWAT Team: Police Special Weapons and Tactics.

Lloyd, Jillian (2009) Change in tactics: Police trade talk for rapid response, Christian Science Monitor, 31 May 2009. Retrieved from http://www.csmonitor. com/2000/0531/p2s2.html

Nolan, Christopher (2005) Batman Begins. New York: Time Warner.

Senge, Peter M. (1990) The Fifth Discipline: The Art & Practice of The Learning Organization, Currency Doubleday, New York.

U.S. Marshals Service (2009) Historical Perspective. Retrieved from http://www. usmarshals.gov/history.index.htm

Walmer, Max (1986) An Illustrated Guide to Modern Elite Forces, Salamander Books Ltd.

Whitcomb, Christopher (2001) Cold Zero: Inside the FBI Hostage Rescue Team.

Interlude 2 : Etude de cas

Développement Organisationnel

Ce projet intitulé « La Culture d'Entreprise d'Handelsbanken vue comme un système » a été apporté par Susanna Göransson, dans le cadre d'un cours donné par votre auteur à l'Université de Mälardalen à Västerås, en Suède au cours de l'automne 2008.

RESUME

Handelsbanken est une organisation bancaire décentralisée, très compétitive depuis de nombreuses années. Au lieu de contrôler l'organisation en détail, la politique d'Handelsbanken spécifie que les décisions sont prises au plus bas niveau possible de l'organisation. Cela signifie que chaque succursale a une grande liberté pour faire ce qu'elle pense être le mieux, tout en respectant l'esprit et les principes d'Handelsbanken. Le « Mål och medel » est un ensemble de principes et de croyances que chacun à la banque doit suivre en tant que guide pour prendre des décisions dans son travail quotidien.

Le but de ce projet consiste à appliquer le *Penser Système* dans la compréhension de la culture d'entreprise d'Handelsbanken. De quelles manières la banque décrit-elle sa culture d'entreprise ? Les valeurs et les croyances de la banque qui sont censées conduire à des performances financières plus élevées, comme indiqué dans « Mål och Medel », peuvent-elles être décrites comme une partie d'un système qui comprend également des éléments financiers ? Différents outils du *Penser Système* ont été utilisés afin de comprendre la culture d'entreprise comme un système.

Une « *Image Enrichie* » a été dessinée et utilisée comme premier outil afin d'obtenir une vue d'ensemble des enjeux, un « *Systemigram* » a ensuite été établi, décrivant de façon systémique ce que "Mål och Medel" déclare par écrit, et enfin la culture de l'entreprise a été analysée comme un *Système d'Intérêt*.

INTRODUCTION

Handelsbanken est une vieille banque suédoise, très compétitive sur le marché national et international depuis plusieurs décennies et qui compte aujourd'hui 10 500 employés. Elle a 660 agences dans 21 pays, ce qui en fait la banque la plus internationale des pays nordiques[1]. L'action d'Handelsbanken était déjà cotée à la bourse de Stockholm en 1873, et est, de ce fait, la plus ancienne des actions actuellement inscrites en bourse. Il y a donc un vieil héritage d'opérations bancaires dans l'entreprise.

UNE ORGANISATION DECENTRALISEE

Une réorganisation importante a été menée au début des années 1970 par le Président de l'époque, Jan Wallander, lorsque le siège de la société a été considérablement réduit en taille et que de nombreuses fonctions ont été décentralisées auprès des régions ou même au niveau de l'agence. Le raisonnement qui sous-tendait cette démarche était fondé sur une vision humaniste de l'homme comme un être capable d'actions et de réflexion. Les employés étaient considérés comme compétents et motivés pour utiliser l'élargissement de leur domaine d'action prévue par la décentralisation, ce qui améliorerait leurs possibilités de prises de décisions au niveau local de l'agence. Les caractéristiques centrales introduites par Wallander [Wallander, 2002] étaient :

Une vision « humaniste » de l'homme comme (potentiellement) actif, responsable et axé sur le développement. Le point de départ était fondé sur la théorie hiérarchique de Maslow. Par conséquent, le niveau opérationnel de l'organisation se compose d'unités relativement petites (agences locales) avec une grande autonomie de prises de décision.

– Pas de budget centralisé depuis les années 1970, ce qui différenciait considérablement la banque des autres banques et entreprises en Suède à cette époque. Les décisions concernant le crédit, l'emploi, les tâches de travail, les promotions et les salaires avaient lieu au niveau local.

---

[1] www.handelsbanken.se

- Des fonds de pension généreux pour tous les employés, incluant un intéressement, qui a été tout à fait substantiel en raison de la forte compétitivité de l'entreprise durant les dernières décennies.

- Un système de régulation pour améliorer la compétitivité. Toutes les unités locales ont accès aux informations de résultat et bilan et sont donc au courant de la façon dont elles-mêmes et les autres unités et banques ont contribué à la rentabilité. Le but est d'atteindre des rapports coûts-revenus supérieurs à la moyenne par rapport aux autres agences ce qui vise à générer une pression continue et à s'assurer que chaque agence demeure compétitive

- Gestion par objectifs. Du fait de la vision humaniste, les employés sont considérés comme suffisamment compétents pour réguler leur travail au niveau local. L'intention est la formulation d'objectifs clairs et parlants, ce qui permet d'évaluer la contribution de la performance individuelle à la réalisation des objectifs.

HANDELSBANKEN AUJOURD'HUI

L'organisation est aujourd'hui encore très décentralisée et centrée sur le client comme l'illustre la Figure 1. La flèche montre comment la structure organisationnelle est conçue pour le support aux clients.

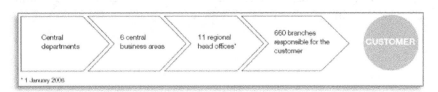

Figure 1: Organisation d'Handelsbanken et orientation client

Handelsbanken décrit sa philosophie d'entreprise dans son rapport annuel 2007 :

- Une organisation fortement décentralisée - « l'agence est la Banque ».
- L'accent est mis sur le client, non sur les produits individuels.
- La rentabilité a toujours priorité sur les volumes.
- Une perspective à long terme.

UNE IMAGE ENRICHIE DE LA CULTURE D'ENTREPRISE

Avoir toutes ces informations et descriptions sur la façon dont la banque pense être censée gagner de l'argent, devient compliqué à se représenter même si les descriptions sont tout à fait simples et pas difficiles à comprendre à la lecture. Afin d'essayer de comprendre de quoi il s'agit, il pourrait être utile de faire un dessin. Peter Checkland [Checkland, 1993] a développé une méthodologie pour rassembler des informations sur des situations complexes, où dessiner une image de la situation peut être une bonne chose à faire au début d'un processus de compréhension de systèmes complexes. On peut dessiner une image enrichie sans avoir à suivre de règles particulières, et cela peut aider à voir les choses plus librement que si on commence à décrire une situation par écrit. Elle peut aider à détecter des choses qui vous viennent à l'esprit mais sont tout à fait intuitives. En faisant un dessin des choses qui viennent spontanément à l'esprit, on peut commencer à visualiser aussi bien les aspects objectifs que subjectifs des choses, des connexions, des influences, et ainsi de suite.

Ainsi j'ai commencé à réfléchir où peut vraiment se trouver la culture d'entreprise et j'ai pensé qu'elle était chez les employés, et c'est là que mon image enrichie commence, à savoir par l'employé qui se tient là, debout, avec toutes ces influences externes et internes de la banque. L'image enrichie est illustrée en Figure 2.

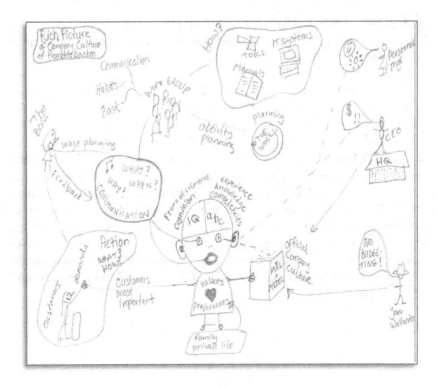

Figure 2: Image enrichie de la Culture d'entreprise d'Handlesbanken

Quelques Implications de « l'image enrichie »

Puisque les descriptions sur la façon dont la banque devrait réussir concernent principalement les gens, leurs motivations et leurs compétences plutôt que les choses financières ou autres choses «tangibles», on commence à réfléchir sur la façon dont dix mille individus avec leurs propres points de vue peuvent être gérés pour travailler selon ces principes. Puisque mon (Susanna Göransson) domaine de recherche comprend les théories du développement individuel et de l'éducation, la variété des individus est quelque chose que je ne peux pas extraire de mon esprit quand je dessine l'image. Les motivations individuelles, expériences, situations de vie etc. ne sont pas les mêmes pour deux employés de la banque. Dans la mesure où les principes de la culture d'entreprise sont décrits en mentionnant l'individu, la culture générale de l'entreprise doit être une sorte de somme de tous ces individus travaillant ensemble dans un système très complexe. Ainsi, je devrais en réalité dessiner dix mille de ces images en considérant tous les facteurs individuels afin de comprendre les contributions individuelles de chaque employé à la culture globale de l'entreprise ! Ou alors, pouvons-nous regarder la culture d'un autre point de vue?

Svenska Handelsbanken a été très compétitive depuis de nombreuses années, ce qui peut être relié à une organisation du travail décentralisée dans le cadre de la culture d'entreprise. Le but d'Handelsbanken est d'avoir une rentabilité supérieure à la moyenne de ses concurrents, ce qu'elle a réussi à faire pendant les 36 dernières années. Une étude exploratoire par interviews de cette banque [Wilhelmson et al. 2006] et une vaste enquête menée en 2008 en Suède auprès de tout le personnel a montré une très forte identification du personnel avec la culture d'entreprise. Il doit donc y avoir certaines choses en commun entre ces dix mille employés, une sorte de système de valeurs qui les relie et qui pourrait être considéré comme une culture d'entreprise, perçue de façon assez similaire par la plupart du personnel de la banque !

LA CULTURE D'ENTREPRISE VUE COMME UN SYSTEME

La culture d'entreprise a été un sujet d'analyse lorsque la question de la façon de construire des « organisations apprenantes » est devenue un champ d'intérêt au cours des deux dernières décennies. Peter Senge a travaillé sur le cycle d'apprentissage et comment une organisation apprenante peut devenir une réalité, et il croit que les croyances et les hypothèses qui se développent dans une organisation apprenante sont différentes de celles d'une organisation hiérarchique ordinaire [Senge, 1990, Senge et al. 1994]. Senge souligne l'importance des idées directrices de l'organisation et du fait qu'elles existent, qu'elles soient développées délibérément ou pas. Les idées et les vérités existant au sein de l'organisation guident la façon dont les gens pensent, agissent et apprennent dans leur travail quotidien. J'emprunte cette description à Nonaka [Nonaka, 1991].

« Une entreprise n'est pas une machine mais un organisme vivant, et, tout comme un individu, elle peut avoir un sens collectif de son identité et de son but fondamental. C'est l'équivalent organisationnel de la connaissance de soi - une compréhension commune de la raison d'être de l'entreprise, où elle va, dans quel sorte de monde elle veut vivre et, surtout, comment elle entend faire de ce monde une réalité. »

Ainsi, ces structures et croyances enfouies assez profondément ont pu, dans le cas d'Handelsbanken, soit être conçues délibérément et mises en œuvre ou se sont naturellement développées au fil du temps, voire plus probablement ont été un mélange des deux. Il y avait clairement des idées directrices fortes derrière la décentralisation de Wallander dans les années 1970 mais comment ces idées sont-elles véhiculées jusqu'à ce jour dans la banque ? Il s'agit d'un sujet très intéressant à regarder, car la banque s'est effectivement efforcée de conserver ces idées vivantes et de constamment y sensibiliser ses employés, principalement par le biais de deux outils, le "Hjulet" (= « La roue ») et le "Mål och Medel" (= les buts et les moyens).

"Hjulet" (la Roue)

La « Roue » est le processus annuel de planification du business de l'entreprise qui comprend le plan d'actions, le suivi individuel, la planification de salaire et l'entretien de développement (de carrière) tel qu'illustré sur la Figure 3. Parce que c'est un processus annuel qui se répète encore et encore, il peut être vu comme une « roue » et voici la description que la banque fait de la Roue :

Verksamhetsplanering	Processus de plan d'activités
Verksamhetsplan	Planification stratégique
Handlingsplan	Plan d'action
Individuell upp-följning	Suivi individuel
Lönesamtal :	Revue dialogue du salaire
PLUS	Dialogue planifié et structuré de développement personnel

Figure 3: La Roue

« Mål och Medel » (« Buts et Moyens »)

Le Mål och medel est un livre qui est mis à jour par chaque nouveau Directeur Général de la banque. C'est une description de la façon dont la Banque est censée travailler et atteindre ses buts. Il décrit les valeurs et les croyances qui devraient guider les employés de la banque et tente de clarifier pour l'employé en quoi son travail influe sur le succès de la banque au global. Dans la version récente du « Mål och medel », le but global est décrit comme devant être plus rentable que la moyenne des banques suédoises, les moyens globaux pour atteindre ce but sont de réduire les coûts, d'avoir des clients plus satisfaits que ceux des concurrents.

UN SYSTEMIGRAM POUR « MÅL OCH MEDEL »

Un *Systemigram* est une forme de modélisation créée par John Boardman [Boardman et Sauser, 2008]. Cet outil de modélisation est spécialement conçu pour traduire des mots et de la prose sous forme graphique, et c'est quelque chose qui, je pense, peut être fructueux pour essayer de comprendre comment le « Mål och medel » est lié aux valeurs et croyances existantes de la banque. Comment ces croyances sont-elles censées conduire à des performances financières plus élevées et peuvent-elles être décrites comme une partie d'un système qui comprend également des éléments financiers ? Le processus de construction d'un *Systemigram* n'est pas décrit dans cet article, puisqu'il a été décrit dans le chapitre 2 de ce livre, mais une indication importante peut être exprimée comme suit : « *Interpréter fidèlement le texte structuré d'origine sous forme de diagramme de telle façon qu'avec peu ou sans cours, l'auteur originel, au moins, puisse y reconnaître ses écrits et, en outre, leur signification* ». La figure 4 est un *Systemigram* qui capte la signification profonde que le Directeur Général actuel cherche à établir dans le « Mål och medel », par une traduction de la façon dont les valeurs, les croyances et la réussite financière de la Banque sont connectées en un système :

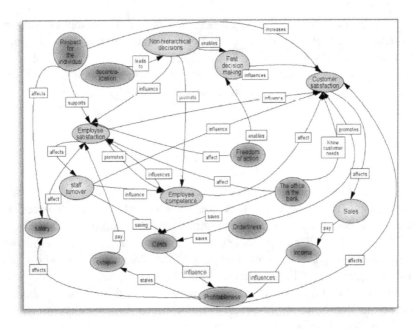

Figure 4: Systemigram des éléments et des relations dans la stratégie d'Handelsbanken (Note : Octogone est le nom du fonds de pension des employés)

Implications du Systemigram

En travaillant avec le *Systemigram* certains éléments ont été clairement décrits comme aspects importants du « Mål och medel », d'autres sont restés plus vagues, mais tous sont, d'une manière ou d'une autre, présents dans le texte. Les éléments qui sont plus faciles à détecter dans le texte sont dans les bulles plus sombres et comprennent les valeurs et les croyances d'Handelsbanken, ainsi que les questions financières. Les éléments qui me sont apparus spontanément, que je n'avais pas vraiment à l'esprit au début et qui ne sont pas clairement définis comme tels dans le « Mål och medel » sont représentés surtout dans les bulles plus claires. Les bulles « satisfaction du personnel », « compétence de l'employé » et « satisfaction client » sont les éléments les plus intéressants qui ont progressivement repoussé les éléments plus physiques, par exemple l'employé lui-même ! En fait, l'employé est très présent dans le « Mål och medel » mais quand le *Systemigram* s'est développé, l'employé physique s'est avéré être moins important par exemple que la compétence que représente cet employé. Il en est de même pour les bulles des décisions non hiérarchiques, des prises de décision rapides, des ventes et du taux de rotation du personnel, qui sont en réalité des choses dont on a besoin pour comprendre comment certains éléments sont reliés. Mais celles-ci se sont avérées être d'une telle importance qu'elles devaient être plus que des relations et sont décrites comme des éléments en soi dans le *Systemigram*.

SYSTEMES D'INTERET

Comme les deux méthodes utilisées ici se sont focalisées principalement sur l'organisation sans tenir compte du monde extérieur, il pourrait être fructueux de jeter simplement un coup d'œil sur la façon dont la culture d'entreprise est liée aux autres systèmes et à son environnement. Étant donné que la culture d'entreprise est une chose plutôt vague et que l'on pourrait avoir plusieurs types de définitions de ce que c'est exactement, je simplifie un peu et essaie de me concentrer sur ce qui l'entoure, plutôt que de rester coincée dans des définitions à ce stade-ci. Voici ce pourrait être une description des *Systèmes d'Intérêt* pour la culture d'entreprise d'Handelsbanken :

- *Systèmes d'Intérêt-Rapproché* : la culture d'entreprise, officielle et officieuse, guidant le travail quotidien à Handelsbanken.
- *Systèmes d'Intérêt-Etendu* : comment le travail est fait et organisé, les procédures bancaires, les contacts quotidiens entre employés et avec les clients, le « Mål och Medel ».
- *Environnement proche :* les attentes des clients, les règles et instructions internes de la banque, l'environnement physique de la banque, les systèmes informatiques, les attentes internes de rentabilité.
- *Environnement plus large* : situation du marché, actionnaires, autorité Suédoise de contrôle financier, concurrents en Suède et à l'étranger.

CONCLUSIONS

Même si la culture d'entreprise, les valeurs, les idées, etc. sont des choses très abstraites à identifier et à définir, une entreprise lucrative comme Handelsbanken considère clairement ces choses comme suffisamment importantes pour être décrites et travailler avec. Aujourd'hui, l'essentiel de la compréhension de la culture d'entreprise de la Banque est décrite dans un livre nommé « Mål och medel » qui tente d'expliquer comment les valeurs peuvent conduire à une rentabilité plus élevée. Mon but a été de comprendre, d'une manière encore plus explicite, la culture d'entreprise comme un système qui lie des questions « soft » et « hard », des choses matérielles et immatérielles. Trois méthodes ont été utilisées dans cette analyse, et cela a amené à une nouvelle réflexion sur comment cette culture d'entreprise spécifique fonctionne. Espérons que ces outils soient utiles pour comprendre pourquoi certaines valeurs parfaitement abstraites peuvent, si elles sont traitées de manière stratégique, comme le fait Handelsbanken, conduire à une organisation, efficace, rentable et apprenante.

REFERENCES DE L'ETUDE DE CAS

Boardman J and Sauser B (2008) Systems Thinking; Coping with 21th Century Problems, CRC Press, Boca Raton, FL.

Senge P (1990) The Fifth Discipline-The Art and Practice of The Learning Organization, Chatham, Kent: Doubleday, New York.

Senge et al (1994) The Fifth Discipline Fieldbook: Strategies and tools for building a Learning Organization, Currency Doubleday, New York.

Nonaka I (1991) The Knowledge-Creating Company, Harvard Business Review, Nov-Dec 1991.

Wallander J (2002) Med den mänskliga naturen-inte mot! Att organisera och leda företag, SNS Förlag, Kristianstad.

Wilhelmson L, Backström T, Döös M, Göransson S, Hagström T (2006) När jobbet är kul då går affärerna bra! : om individuellt välbefinnande och organisatorisk konkurrenskraft på banken, Arbetslivsrapport 2006:45, Arbetslivsinstitutet.

Chapitre 3 - Agir en termes de Systèmes

Le chapitre introductif l'a déjà mentionné, *Penser Système* sans Agir pour tenter d'améliorer des *situations-systèmes* n'est pas vraiment utile. Checkland, en identifiant « l'action pour améliorer » dans son modèle de la *Méthodologie des Systèmes Soft*, met en exergue le besoin d'agir et de réévaluer à nouveau. Bien que les systèmes « soft » et les systèmes « hard » soient différents par nature, l'idée de structures communes « d'ingénierie », « hard » ou « soft », pour obtenir (ou tenter d'obtenir) de nouveaux comportements est un dénominateur commun. Rappelez-vous, nous en avons déjà discuté au chapitre 1 au sujet de l'unification des disciplines. La différence est que pour les systèmes « hard », on établit des buts précis puis le système est conçu pour atteindre les buts vérifiables. Tous les *actifs-systèmes*, physiques, abstraits ou comprenant une activité humaine, qu'une organisation et ses entreprises définit et déploie sont « conçus » pour atteindre une certaine finalité, une mission ou un but. Ces *actifs-systèmes*, une fois instanciés et déployés pour répondre à une situation doivent fonctionner correctement pour fournir les services attendus. Dans ce chapitre, nous envisageons comment gérer le cycle de vie de ces *actifs-systèmes*.

Les problèmes et les opportunités identifiés et décrits par l'analyse du *Penser Système* des modèles de systèmes « hard » ou « soft » ou des deux types confondus, constituent des *situations-systèmes* qui sont utilisées pour la prise de décision et peuvent conduire à des actions de changement. Ceci deviendra une évidence en explorant maintenant un paradigme pour Penser et Agir.

UN PARADIGME POUR PENSER ET AGIR

La Figure 3-1 illustre un paradigme qui permettra au lecteur d'élargir sa vision des systèmes et de disposer d'un moyen utile pour se focaliser continuellement sur les aspects importants du *Penser* et de l'*Agir* en termes de systèmes. Le paradigme est en fait le résultat de la combinaison de deux autres paradigmes connus, à savoir les boucles OODA et PCDA.

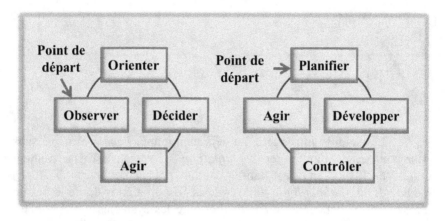

Figure 3-1: Les Boucles OODA et PDCA

La boucle OODA

Col. John Boyd de l'U.S. Air Force, un vétéran de l'armée de l'air pendant le conflit coréen des années 1950, a cherché à expliquer pourquoi certains pilotes réussissaient les combats aériens alors que d'autres, tout aussi entraînés, échouaient. L'idée que Boyd a acquise au fil du temps, en étudiant des combats aériens, a évolué en une description plus générale de prise de décision tactique dans des situations dynamiques. Longtemps enseignées dans les milieux militaires, en particulier de commandement et de contrôle, les idées de Boyd ont gagné une influence croissante dans les milieux gouvernementaux et ceux des entreprises.

Le cœur de la théorie de Boyd se base sur le postulat qu'une décision tactique résulte d'activités que l'on peut représenter sur une boucle en quatre phases. Boyd a appelé ces activités *Observer, Orienter, Décider* et *Agir*. Comme noté dans la figure, la boucle commence par une observation.

Observer: Que l'observation consiste en signaux visuels qui guident un pilote de chasse, en rapports ou en exposés présentés à un supérieur, celui ou celle qui prend la décision doit en premier lieu percevoir et assimiler l'information de l'environnement pour fonder sa décision.

Orienter: Une fois que le décideur a obtenu de l'information par ses propres observations ou celles de tiers, il doit agencer ces informations parcellaires pour appréhender utilement la situation.

Décider: le décideur choisit une ligne de conduite.

Agir: La ligne de conduite désirée est exécutée.

Le rapprochement entre les activités *OODA* et les activités scientifiques de la Figure 1-1 est tout à fait intéressant. Elles s'alignent sur les principes du *Penser Système* et, dans les entreprises sont très souvent exécutées par les fonctions de leadership et de gestion. Cette « fertilisation croisée » fait partie intégrante du *Modèle de Changement* de la Figure 1-13, dans la résolution de problèmes ou la poursuite d'opportunités.

La boucle PDCA

La boucle *PDCA* (*Planifier, Développer, Contrôler* et *Agir*) a été introduite pour la première fois par Walter Shewhart dans les années 1920 comme une nécessaire pour réussir le contrôle statistique de la qualité. Le concept *PDCA* a été popularisé plus tard par le professeur W. Edwards Deming du MIT comme un des principes directeurs du TQM (*Total Quality Management (gestion de la qualité totale, en français)*). Deming a travaillé sur les conseils de Shewhart au Bell Telephone Laboratories.

Bien qu'il y ait des similitudes entre les boucles *OODA* et *PCDA* sur les buts généraux relatifs à l'identification des problèmes et des opportunités, la boucle *PCDA* va plus loin dans la réalisation effective des changements. Elle mesure l'effet des changements et prend les actions correctives permettant d'atteindre les buts planifiés. La signification détaillée de chaque activité de *PDCA* a varié selon de nombreux auteurs jusqu'à sa popularisation par Deming. Certains utilisent *PDSA* (où S signifie *Study* (*étudier, en français*)). Pour les systèmes « soft », l'utilisation d'*étudier* au lieu de *contrôler* est tout à fait appropriée. Dans la suite, le sens sera principalement associé à la gestion de projet, avec l'utilisation de *PDCA* dans le périmètre des processus projet, tels que le standard ISO/IEC 15288 (décrit ci-dessous) les présente. La boucle commence avec la création d'un Plan.

Planifier: créer un plan projet pour atteindre un but ou un ensemble de buts relatifs à la résolution d'un problème ou la saisie d'une opportunité. Le plan inclut la définition des processus requis pour accomplir les changements nécessaires à l'atteinte des buts.

Développer: réaliser le changement.

Contrôler: les résultats du changement sont contrôlés (vérifiés) par rapport aux buts qui avaient été établis.

Agir: si nécessaire, des actions correctives sont prises pour ajuster le plan projet, renégocier éventuellement les buts et ensuite itérer la boucle jusqu'à ce que les buts soient atteints ou qu'une décision soit prise pour terminer le projet.

Il y a une relation forte entre les activités *PDCA* présentées ici et le traitement en ingénierie des structures et des comportements illustré en Figure 1-1, en particulier quand le projet a comme but de concevoir et de développer de nouvelles structures ou de transformer des structures existantes. En général, le mode de pensée *PDCA* s'applique à tout projet, notamment des projets relatifs à des phases de concept, de développement, de production, de maintenance ou de retrait de systèmes.

L'application de la boucle *OODA* est toujours continue par nature. L'application de la boucle *PDCA* en conduite de projets est ponctuelle par nature. Elle s'applique le plus souvent lorsqu'on veut atteindre des buts précis, dans un laps de temps défini, avec des ressources données, jusqu'à ce que le projet soit terminé.

Intégration d'OODA et de PDCA

L'intégration des deux boucles est réalisée en couplant l'activité *Agir* de la boucle *OODA* à l'activité *Planifier* de la boucle *PDCA*. Autrement dit, l'action à réaliser implique la formation d'un projet dont la première activité est le Plan. Suite à l'exécution du projet, les données et les informations concernant les résultats, les problèmes et les opportunités alimentent l'*Observation* dans la boucle *OODA*, comme l'illustre la Figure 3-2.

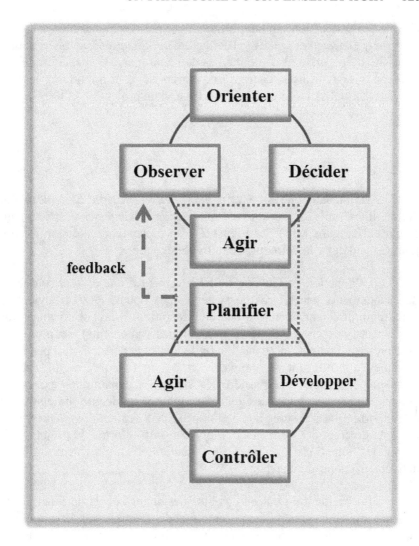

Figure 3-2: Intégration des Boucles OODA et PDCA

Le lecteur est invité à garder ce paradigme à l'esprit car il a un lien avec notre modèle mental de *Diagramme de Couplage Système*. Le paradigme peut être utilisé pour expliquer la plupart des situations liées au *Penser Système* et l'*Agir Système* et a un lien direct avec les *Situations-Systèmes* et les *Systèmes de Réponse*. C'est un bon modèle pour comprendre les relations importantes entre les entreprises et les projets qu'elles lancent et surveillent afin de gérer le changement. De plus, il est implicite dans les processus - projet décrits dans le standard ISO/IEC 15288. La connexion de la partie *OODA* avec les méthodologies du *Penser Système* décrites dans le chapitre précédent apparaissent évidentes. Nous pouvons observer que les méthodologies du

Penser Système offrent un support aux trois premières activités, à savoir *Observer, Orienter* et *Décider*. Bien que Checkland indique que l'action nécessite d'être prise, il ne donne pas de recommandation spécifique sur la façon d'*Agir*. Dans le cadre d'une entreprise, ceci impliquera le plus souvent l'initialisation, l'exécution et le suivi de projets.

REVISITER LE MODELE DE CHANGEMENT

Maintenant que le terrain pour *Penser* et *Agir Système* a été défini, il est utile de revenir au *Modèle de Changement* introduit au chapitre 1 (Figure 1-13). La Figure 3-3 en présente une version mise à jour. Considérez l'histoire que cette figure évoque.

La fonction de Gestion du Changement d'une entreprise décide de changements nécessaires de systèmes. La boucle *OODA* devient le paradigme directeur et central de cette opération. Il faut se focaliser sur les aspects des comportements dynamiques (émergents) de multiples systèmes en interaction (dans l'activité *Orienter*). Ainsi, les penseurs systèmes qui utilisent les langages et les méthodologies du *Penser Système* pour mieux comprendre les situations dynamiques existantes peuvent énoncer les bases des décisions. D'un point de vue stratégique, il est important de s'assurer que l'entreprise, via ses *actifs-systèmes*, a la capacité de créer des *Systèmes de Réponse* sous la forme de Projets pour traiter les situations présentes et potentielles, qui arrivent ou (pro activement) pourraient arriver.

En décidant du but ou des buts des changements, la fonction de Gestion du Changement (représentative de l'entreprise) se comporte comme une entité fonctionnelle. L'exécution des modifications de paramètres opérationnels n'exige pas d'ordinaire une organisation projet et, de fait, elle est directement prescrite en accord avec l'autorité déléguée et sous la responsabilité des entités opérationnelles et de support. Dans de tels cas, l'aspect Gestion de Projet de la Figure 3-3 peut ne pas transparaître explicitement. Cependant, suivant la portée du changement, il peut être sage de suivre le paradigme *PDCA* pour accomplir un changement opérationnel effectif dans une entité organisationnelle. Quel que soit le cas, la réponse à cette situation aboutit à la formation d'un *Système de Réponse* pour satisfaire aux situations (réelles ou thématiques) comme décrit au chapitre 1.

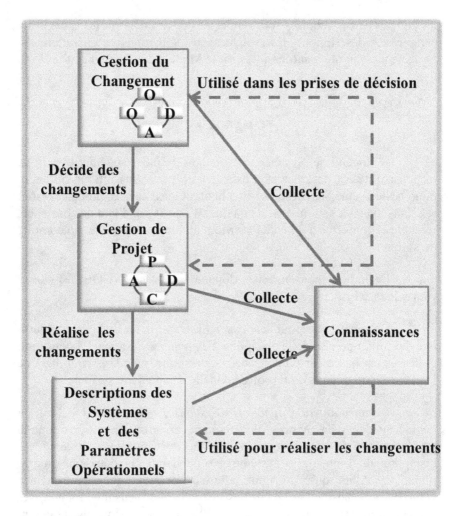

Figure 3-3: Modèle de Changement (Paradigme et Gestion de Project)

Pour des changements structurels, la fonction de Gestion du Changement définit, crée et contrôle des projets qui mettent à exécution les changements et vérifie que les projets satisfont aux buts. Le paradigme *PDCA* est appliqué, fonctionnant comme un élément de contrôle du *Système de Réponse*. Déroulant la boucle *PDCA*, la Gestion de Projet déploie les processus techniques appropriés pour réaliser les changements requis pour les descriptions des systèmes.

Pendant le déroulement des activités de Gestion du Changement, de Gestion de Projet et d'exécution des processus pour accomplir le changement, les connaissances sont collectés et deviennent une partie du capital humain de l'organisation (entreprise). Comme noté en Figure 3-3, les connaissances acquises sont réinjectées pour améliorer les capacités à changer les descriptions des systèmes ou les paramètres opérationnels. Le lecteur est invité à garder à l'esprit le Modèle de Changement révisé.

INGENIERIE SYSTEMES

"L'Ingénierie Système est une discipline d'ingénierie dont la responsabilité est de créer et d'exécuter un processus interdisciplinaire pour assurer que les besoins du client et des parties prenantes sont satisfaits avec un haut niveau de qualité, d'une façon digne de confiance, rentable et conforme à un calendrier tout au long du cycle de vie complet du système"

Définition consensuelle donnée par les **INCOSE Fellows** [www.incose.org].

De même que pour le *Penser Système*, il est difficile d'obtenir une définition précise de la discipline d'*Ingénierie Système*. La définition ci-dessus est basée sur un consensus entre pairs, membres (*Fellows*) de la plus célèbre organisation professionnelle d'ingénierie système.

L'*International Council On Systems Engineering* (INCOSE) a débuté au début des années 1990 comme organisation professionnelle pour promouvoir la théorie et la pratique de l'ingénierie système. La discipline de l'ingénierie système évolue depuis la deuxième guerre mondiale. Alors qu'à l'origine elle se focalisait sur les systèmes complexes « hard », le focus a changé pour ensuite s'intéresser également aux systèmes « soft ». En outre, des professionnels suggèrent que le *Penser Système*, tel que décrit dans le chapitre précédent, est en fait une partie du processus d'*Ingénierie Système*.

Ce livre ne traite pas le sujet de l'Ingénierie Système de manière approfondie. De nombreux livres d'Ingénierie Système couvrent à la fois l'architecture des systèmes et les processus de réalisation des activités d'ingénierie du cycle de vie des systèmes. [Voir par exemple, Rechtin et Maier, 2003, Martin, 2000, Stevens, et.al, 1998, et Wasson, 2006]. En outre, l'INCOSE a produit un guide sur l'*Ingénierie Système* où sont décrits les principes et les pratiques de la discipline [INCOSE, 2010]. Ce corpus de connaissance s'appuie sur la structure du standard ISO/IEC 15288 et sert de base pour la certification professionnelle des ingénieurs systèmes. Le standard a constitué un cadre attractif pour exprimer les processus et les activités relatifs à l'Ingénierie des Système. La remarque suivante indique la raison de l'importance d'un tel standard.

"On a généralement besoin de standards quand la diversité excessive crée des inefficacités ou compromet l'efficacité"

Hammond et Cimino [Hammond et Cimino, 2001]

Le plus important à retenir est l'existence d'un corpus convergent de connaissances et d'expériences sur l'*Agir Systèmes*, constituant d'excellents guides.

Un corpus de connaissances sur l'*Ingénierie Système* est maintenant disponible, sous forme de wikis (*Systems Engineering Body of Knowledge (SEBOK)*). Il représente l'effort collectif de nombreux professionnels, y compris votre auteur, sponsorisé par le département de Défense des Etats-Unis (*US Department of Defense*) et géré par le *Stevens Institute of Technology* et *the Naval Postgraduate School.* Voir www.sebokwiki.org. [Pyster et Olwell, 2013]

MODELES ET PROCESSUS DE CYCLE DE VIE DES SYSTEMES

« *Fournir une base pour les échanges mondiaux des produits et services.*»
Exigences du standard ISO/IEC 15288, 1995.

Arriver à développer au niveau mondial le premier standard majeur sur les systèmes, indépendant de tout domaine, n'a pas été un projet facile.

Le groupe d'experts qui a développé ce standard a travaillé pendant six années à la préparation de l'ISO/IEC 15288:2002. Le développement de ce standard a conduit à plusieurs avancées importantes dans la compréhension de la nature des systèmes artificiels, dans la formulation des modèles de cycle de vie et dans la mise à disposition d'un ensemble exhaustif de processus pertinents. Nous passons en revue dans ce chapitre les propriétés principales de la version révisée ISO/IEC 15288:2008 du standard. Voir le Nota 3-1.

Modèles de Cycle de Vie

Un aspect crucial pour être capable de développer, produire, exploiter efficacement et apporter des changements aux systèmes est associé à la définition et l'utilisation des modèles de cycle de vie des systèmes du portefeuille d'*actifs-systèmes* institutionnalisés des entreprises, comme l'illustrent la Figure 1-6 et le Tableau 1-1.

La conception et le développement d'un Système d'Intérêt (i.e. la partie ingénierie) n'apparaît que dans une ou seulement quelques phases du cycle de vie d'un système. En fait, pour la plupart des systèmes complexes, la conception et le développement représentent souvent une petite partie de l'effort total et des coûts totaux du système. Ainsi, une part vitale du *Penser Système* et de l'*Agir Système* implique de comprendre la structure des modèles de cycle de vie et de considérer leurs déploiements comme un guide durant le cycle de vie complet du système.

La Figure 3-4 présente un exemple de modèle de cycle de vie utile. Le Système d'Intérêt fournit ses services et apporte ses effets opérationnels durant la phase d'*Utilisation*. En parallèle, une phase *Support* fonctionne pour assurer que les *actifs-systèmes* continuent à fournir leurs services et à apporter les effets souhaités.

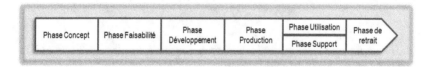

Figure 3-4: Un Modèle de Cycle de Vie Système

Le Système d'Intérêt commence son parcours du cycle de vie par la phase *Concept* dans laquelle les capacités requises et les besoins de diverses parties prenantes ont été identifiés et sont le plus souvent transformés en spécifications d'exigences. Dans ce modèle de cycle de vie, nous avons incorporé une phase de *Faisabilité*. Une telle phase peut être nécessaire si le Système d'Intérêt est très complexe ou d'un nouveau type et si les structures qui peuvent fournir les capacités requises sous forme de service au système sont susceptibles d'être conçues et développées de diverses manières. Sur la base des exigences, un ou plusieurs projets parallèles sont engagés et leurs résultats évalués par rapport à des critères d'arbitrage. En conséquence, une décision est prise pour passer à la mise en œuvre et transmettre les spécifications pertinentes à la phase de *Développement*.

La phase de *Développement* transforme les spécifications du *produit-système* ou *service-système* en une description de conception d'architecture viable qui sera utilisée pour la production, l'exploitation, la maintenance et éventuellement le retrait de service. La conception d'architecture peut être fondée sur le flux de matières, données, informations ou sur les fonctions qui transforment ce flux en services. Ou bien, la conception d'architecture peut impliquer l'utilisation d'objets en interaction, dans lesquels les matières, les informations et les données sont transformées et communiquées aux objets environnants. La conception de systèmes complexes doit aussi inclure des mécanismes nécessaires à l'évolution de versions futures du système. Autrement dit, ils doivent être conçus pour permettre de futurs changements structurels et opérationnels.

La phase de *Production* utilise la description du système développé comme un « gabarit » pour produire les instances de produits (ou services). Le *produit-système* devient un actif pour des tiers lorsqu'il est mis en exploitation pendant la phase d'*Utilisation* et maintenu parallèlement dans la phase de *Support*. Des systèmes logistiques de réparations, rechanges, stockage et livraison, et des systèmes d'assistance à la clientèle sont des exemples typiques de support. Quand le système n'est plus requis ou doit être remplacé par une nouvelle version ou un autre type de système, on le retire de l'exploitation.

Les modèles de cycle de vie, comme celui de la Figure 3-4, deviennent des instruments de gestion de la progression du changement tout au long du cycle de vie. Les phases du modèle définissent des unités de travail qui doivent être réalisées et évaluées. Ainsi, la progression d'un système dans son cycle de vie est basée sur des décisions associées au cycle de vie qui sont prises par la fonction de gestion du changement de l'organisation ou de l'entreprise. Le modèle de cycle de vie définit des points de décision auxquels des revues d'avancement peuvent avoir lieu conduisant à des décisions de transition entre phases, comme l'illustre la Figure 3-5. L'expérience acquise dans la définition et l'utilisation des modèles de cycle de vie constitue une partie importante du capital intellectuel des connaissances de l'entreprise.

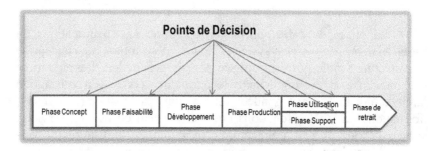

Figure 3-5: Modèle de Cycle de Vie instrumenté avec les Points de Décision par phase

Systèmes Contributeurs

La définition et la prise en compte systématique des systèmes contributeurs constituent un apport majeur du standard ISO/IEC 15288 pour avoir une vision globale de la gestion du cycle de vie des systèmes. Les systèmes contributeurs participent à l'atteinte des buts des diverses phases lorsque le Système d'Intérêt avance dans son cycle de vie. Ainsi, en revenant à l'exemple du modèle de cycle de vie. La Figure 3-6 illustre l'utilisation (déploiement) de systèmes contributeurs dans différentes phases du cycle de vie.

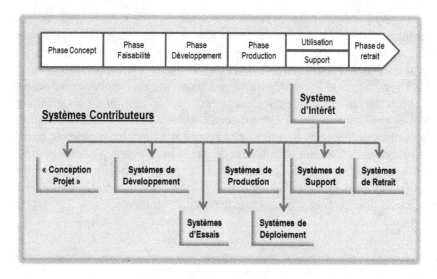

Figure 3-6: Le Déploiement de Systèmes Contributeurs

Dans cet exemple, quand le Système d'Intérêt, en tant qu'instance produit, est dans les phases d'*Utilisation* et de *Support*, les systèmes de support assurant, par exemple, les fonctions logistiques et de services d'assistance clientème, aident à l'exploitation et à la maintenance du système. En phase de *Production*, divers systèmes de Production sont déployés. Durant les phases de *Faisabilité* et de *Développement*, des systèmes de développement et de tests sont utilisés. Un système contributeur utile à déployer pendant la phase *Concept* est un Système de Conception Projet qui aide à identifier les projets requis pour déplacer le Système d'Intérêt à travers son cycle de vie en termes de structures de décomposition système (*System Breakdown Structure (SBS)*) ou de décomposition de Tâches (Organigramme des Tâches) (*Work Breakdown Structure (WBS)*). Des systèmes de déploiement peuvent aussi être utilisés pour faciliter la transition des instances systèmes, produit ou service, en actifs opérationnels. Enfin, dans la phase de *Retrait*, des systèmes d'élimination sont déployés pour mettre fin convenablement aux instances ou à la totalité du Système d'Intérêt.

Le standard ISO/IEC 15288 est appliqué à nouveau pour chaque Système d'Intérêt et à chaque niveau récursif d'un système. En outre, le standard peut être appliqué à chaque système contributeur à son tour traité comme Système d'Intérêt. Cette approche garantit que les responsables de la gestion du changement et les ceux qui réalisent les transformations des descriptions du système doivent penser et planifier la disponibilité et l'utilisation des systèmes contributeurs en tous points du cycle de vie. Ainsi, l'ISO/IEC 15288 apporte une contribution significative pour voir les tout(s) et promouvoir le *Penser* et l'*Agir Système*.

Note: Le complexe constitué d'un *Système d'Intérêt - Rapproché* (SdI-R) et de tous ses systèmes contributeurs, en tant que parties du *Système d'Intérêt - Etendu* (SdI-E), forme un système plus large avec des relations potentiellement complexes. Quand des situations problématiques ou opportunistes apparaissent au cours de la gestion des systèmes, il peut être nécessaire d'examiner les propriétés holistiques en utilisant les méthodologies du *Penser Système* déjà décrites. De nombreux problèmes peuvent venir de facteurs non techniques qu'il vaut mieux étudier comme des systèmes thématiques qui couvrent toute une gamme *d'actifs-systèmes* institutionnalisés, comme l'illustre le Tableau 1-3.

Définir les Phases

Le standard ISO/IEC 15288 spécifie individuellement la structure de chaque phase mais n'impose aucun modèle spécifique d'articulation entre plusieurs phases. Les modèles de cycle de vie multi phases comme ceux présentés en Figures 3-4, 3-5 et 3-6, se basent sur les besoins des entreprises de gérer les différents types de systèmes de leurs portefeuilles.

L'exigence portant sur la construction d'une phase est qu'elle doit inclure la finalité de la phase ainsi que ses résultats. Le modèle générique de cycle de vie de l'ISO/IEC 24748-1 [ISO/IEC 24748-1, 2009] composé des phases *Concept*, *Développement*, *Production*, *Utilisation*, *Support* et *Retrait* est mis en avant à titre illustratif. Chaque phase est décrite par une vue générale suivie de sa finalité et de ses résultats typiques.

Considérez à titre d'exemple illustratif la définition ci-après d'une phase de *Faisabilité* qui répond à l'exigence de description de cette phase dans le standard.

Phase de Faisabilité

Vue d'ensemble

Nous pouvons voir cette phase comme une extension de la phase *Concept*. On utilise une phase de *Faisabilité* dans des situations où il demeure des incertitudes significatives sur la capacité à établir une solution viable, à risques et coûts maîtrisés, en vue de développer un Système d'Intérêt qui satisfasse le besoins et puisse fournir les services requis.

En s'efforçant d'établir une base de référence pour le développement, nous devons explorer, via des projets, plusieurs approches de solutions viables. Dans de tels cas, il est important que le résultat de chaque projet soit communiqué et évalué par rapport aux risques, au coût-efficacité, au planning estimé et par rapport à d'autres facteurs considérés comme importants pour le type de Système d'Intérêt considéré.

Finalité de la phase de *Faisabilité*

Nous exécutons la phase de *Faisabilité* pour déterminer si une approche viable, à risques et coûts maîtrisés, peut être établie pour mettre en œuvre le Système d'Intérêt requis à partir d'une ou plusieurs solutions potentielles.

Résultats de la phase de *Faisabilité*

Les résultats de la phase de *Faisabilité* sont listés ci-dessous :

- Une ou plusieurs solutions potentielles sont identifiées et décrites.
- Pour chacune des solutions potentielles, des plans d'identification des risques, de leur évaluation et de leur réduction dans cette phase et les suivantes sont décrits.
- Pour chacune des solutions potentielles, une identification et une spécification des services attendus des systèmes contributeurs tout au long du cycle de vie sont établis.
- Pour chacune des solutions potentielles, un concept du déroulement des phases suivantes est décrit.
- Pour chacune des solutions potentielles, des plans et des critères de fin de phase de Développement sont décrits.

Une approche efficace pour se lancer dans le développement d'un modèle de cycle de vie consiste à utiliser les descriptions illustrées de l' [ISO/ IEC 24748-1, 2009]. Ensuite, en modifiant les descriptions propres aux phases, en ajoutant ou supprimant des phases, on peut développer des modèles de cycle de vie aptes à satisfaire les besoins de chaque type de Système d'Intérêt dont le cycle de vie doit être géré par une entreprise.

En pratique, on s'attend à ce qu'une entreprise développe des modèles de cycle de vie pour un nombre limité de types de systèmes, ce qui constitue une partie de son portefeuille de systèmes. Dans l'environnement d'une entreprise étendue où sont impliquées beaucoup d'organisations, des accords entre partenaires sur les modèles de phases inciteront à une coopération nécessaire pour atteindre les finalités, buts et missions qu'ils ont en commun.

L'ordre dans lequel se présentent les phases dans les Figures 3-4, 3-5 et 3-6 ne signifie pas qu'elles sont exécutées séquentiellement. En fait, pour quasiment tous les systèmes, sauf les plus simples, l'exécution séquentielle est une exception. Il est très courant que des itérations de phases aient lieu, en particulier pour raffiner des concepts et développer des solutions, parfois en développant des prototypes. De telles itérations peuvent conduire à la création d'un modèle de développement incrémental. En outre, la progression à travers les phases peut être fragmentée en raison du désir d'acquérir, petit à petit dans le temps, un produit ou un service (d'où la dénomination acquisition incrémentale ou progressive). Ainsi, c'est bien l'entreprise qui détermine l'ordre d'exécution des phases du modèle de cycle de vie, en initialisant les phases, en décidant de leur suite après évaluation des résultats obtenus. Dans le chapitre 6, nous explorerons plus en détail la gestion du cycle de vie de divers types de systèmes, en y incluant l'utilisation de divers modèles de développement.

Processus des Acteurs Système

Un grand nombre d'acteurs sont impliqués dans divers aspects des systèmes tout au long de leurs cycles de vie. Pour satisfaire les besoins des différents acteurs, les vingt-cinq descriptions des processus du standard ISO/IEC 15288:2008 sont réparties en quatre catégories, comme l'illustre la Figure 3-7.

Dans le standard, chaque processus est décrit en termes de *finalité* du processus, *résultats* du processus, *activités* du processus et *tâches* du processus à utiliser pour atteindre les résultats. Quand une entreprise décide d'appliquer un processus, elle peut utiliser le processus tel que décrit et elle sera ainsi conforme aux exigences du standard. Cependant, la plupart du temps, une description de processus fournit un schéma de départ à partir duquel des modifications, extensions et suppressions sont faites pour construire un processus qui réponde aux besoins de l'entreprise. De telles altérations sont appelées *ajustements*. Elles seront décrites plus loin dans ce chapitre et le sont dans l'Annexe A du standard.

Dans ce qui suit, nous décrivons les catégories de processus visant à satisfaire les besoins d'acteurs particuliers du système et résumons les finalités des processus de chaque catégorie.

Processus de soutien aux projets	Processus projets	Processus Techniques
Processus de Gestion du Modèle de Cycle de Vie	Processus de Planification du projet	Définition des exigences des parties prenantes
Processus de Gestion de l'infrastructure	Processus d'Evaluation et pilotage du projet	Processus d'Analyse des exigences
Processus de Gestion du Portefeuille de Projets	Processus de prise de décision	Processus de Conception de l'architecture
Processus de Gestion des Ressources Humaines	Processus de Gestion des risques	Processus de Mise en œuvre
Processus de Gestion de la Qualité	Processus de Gestion de la configuration	Processus d'Intégration
	Processus de Gestion de l'information	Processus de Vérification
Processus Contractuels	Processus de Mesure	Processus de Transition
Acquisition		Processus de Validation
Fourniture		Processus d'Opération
		Processus de Maintenance
		Processus de retrait

Figure 3-7: Les Processus ISO/IEC 15288:2008

Processus de soutien aux projets

Ces processus sont établis en vue de gérer la capacité d'une entreprise à acquérir et fournir des *produits-systèmes* ou *services-systèmes* par l'initialisation, le support et le contrôle des projets. Ils fournissent les ressources et l'infrastructure nécessaires pour soutenir les projets et s'assurer de la satisfaction des objectifs liés à l'organisation et aux contrats établis.

En pratique, les processus de cette catégorie sont le plus souvent affectés à une entité de l'entreprise qui a la responsabilité, dans la ligne managériale, du portefeuille des systèmes de l'entreprise. L'application de ces processus fournit un environnement dans lequel la boucle OODA

(*Observer, Orienter, Décider, Agir*) de la Gestion du Changement peut être appliquée de façon rationnelle. La finalité de chaque processus est la suivante:

Gestion du Modèle de Cycle de Vie	**Définir, maintenir et assurer la disponibilité des politiques, des processus de cycle de vie, des modèles de cycle de vie et des procédures pour que l'organisation les utilise en application du Standard International.**
Gestion de l'infrastructure	**Fournir aux projets l'infrastructure et les services afin de soutenir l'organisation et les objectifs des projets tout au long du cycle de vie.**
Gestion du Portefeuille de Projets	**Initialiser et soutenir les projets nécessaires et suffisants pour satisfaire les objectifs stratégiques de l'organisation.**
Gestion des Ressources Humaines	**Assurer que l'organisation est dotée des ressources humaines nécessaires et maintenir les compétences en cohérence avec les besoins de l'entreprise.**
Gestion de la Qualité	**Assurer que les produits, les services et les mises en œuvre des processus du cycle de vie satisfont les critères qualité de l'entreprise et répondent à la satisfaction des clients.**

Processus contractuels

Ces processus définissent comment établir un contrat entre deux entreprises. Le processus d'acquisition indique comment conduire les relations d'affaires avec un fournisseur de *produits-systèmes*, utilisés comme systèmes d'exploitation, un fournisseur de *services-systèmes* en soutien au système d'exploitation ou un fournisseur *d'éléments de systèmes* développés au sein d'un projet. Le processus de fourniture procure les moyens de conduire un projet dont le résultat est un *produit-système* ou *service-système*, livré à l'acquéreur.

En pratique, ces processus hormis leur usage dans les contrats inter-entreprises, peuvent être utilisés à n'importe quel niveau d'une entreprise, par exemple, en établissant des contrats entre les projets ou entre entités au sein de la même entreprise. Les finalités de ces deux processus extrêmement importants sont les suivantes :

Acquisition	Obtenir un produit ou un service conforme aux exigences de l'acquéreur.
Fourniture	Fournir à un acquéreur un produit ou un service qui satisfasse aux exigences contractuelles.

Processus Projet

Ces processus sont utilisés pour établir et faire évoluer les plans du projet, pour évaluer la progression et les résultats obtenus par rapport aux plans et piloter l'exécution du projet jusqu'à sa fin. On peut faire appel aux processus collectivement ou individuellement à tout moment du cycle de vie et à tout niveau dans la hiérarchie des projets, comme l'exigent les plans projet ou des évènements imprévus. Les processus doivent être appliqués avec un niveau de rigueur et de formalisme qui dépend des risques et de la complexité du projet.

Les deux premiers processus sont dédiés à la planification, l'évaluation et le pilotage et sont des processus-clés pour de saines pratiques de gestion. Ils sont directement liés à la boucle PDCA (*Planifier, Développer, Contrôler, Agir*) décrite précédemment dans ce chapitre. Planifier, évaluer et piloter sont évidents pour la gestion de toute entreprise, qu'elle soit une grande organisation ou un simple processus de cycle de vie et ses activités. La finalité de chaque processus est la suivante:

Planification du projet	Produire et publier des plans projets réalisables et efficaces.
Evaluation et pilotage du projet	Déterminer l'état du projet, diriger l'exécution du plan projet et s'assurer que le projet s'exécute conformément aux plans et aux plannings, dans les budgets prévus et qu'il satisfait les objectifs techniques.
Prise de décision	Sélectionner le plan d'action le plus avantageux quand des alternatives existent.
Gestion des risques	Identifier, analyser, traiter et surveiller en permanence les risques.
Gestion de la configuration	Établir et maintenir l'intégrité de tous les résultats identifiés d'un projet ou d'un processus et les rendre disponibles aux tiers concernées.
Gestion de l'information	Fournir à des tiers désignés les informations pertinentes, exactes, exhaustives, valides et si nécessaire, confidentielles, durant et éventuellement au-delà du cycle de vie du système.
Mesure	Collecter, analyser et communiquer les données relatives aux produits développés et aux processus mis en œuvre au sein de l'organisation, pour appuyer une gestion efficace des processus et démontrer de façon objective la qualité des produits.

Outre les deux processus de gestion de projet essentiels que sont la *Planification*, l'*Evaluation et le pilotage*, on utilise cinq autres processus pour soutenir l'exécution des projets. D'autres acteurs du système peuvent aussi bénéficier de l'utilisation de ces processus. Le processus de *Prise de Décision*, au-delà de son usage dans les projets, est la base des processus d'*Ajustement* et d'*Utilisation*, en évaluant les *points de décision*, comme le décrit ce chapitre et l'illustre la Figure 3-5. Dans certaines organisations, les processus de *Gestion des Risques, Gestion de la Configuration, Gestion de l'Information* et de *Mesure* peuvent être centralisés et appliqués ainsi à un même niveau de l'entreprise.

Alors que le standard donne les rudiments essentiels de la Gestion de Projet, d'autres sources fournissent des conseils plus spécifiques. Par exemple, le PMI (Project Management Institute) publie des lignes directrives complètes dans ce domaine. [PMI, 2008]

Processus Techniques

Ces processus sont utilisés pour:

– Définir les exigences d'un système.
– Transformer les exigences en un produit réel de systèmes.
– Permettre la reproduction conforme du produit, si nécessaire.
– Utiliser le produit pour fournir les services exigés.
– Maintenir la continuité des services.
– Eliminer le produit quand il est retiré du service.

Les processus définissent les activités qui permettent aux fonctions de l'entreprise et des projets d'optimiser les bénéfices et de réduire les risques résultant de décisions techniques et d'actions. Ces activités permettent aux produits et services d'avoir la ponctualité et la disponibilité, l'efficacité économique ainsi que les fonctionnalités, la fiabilité, la facilité d'installation, la maintenabilité, l'utilisabilité, la résilience et les autres qualités exigées par les organisations qui les acquièrent et celles qui les produisent. Elles rendent également possible la conformité des produits et services aux attentes ou aux exigences légales de la société, incluant les facteurs sanitaires, de sûreté, de sécurité et environnementaux.

Les projets sélectionnent en pratique l'ensemble ou un sous-ensemble de ces processus pour réaliser le travail requis et faire avancer les systèmes dans leur cycle de vie. Ainsi, l'application des processus au sein d'un projet correspond au *Développer* de la boucle PDCA décrite plus tôt dans ce chapitre. La finalité de chaque processus est la suivante :

Définition des exigences des parties prenantes	Définir les exigences d'un système qui soit capable de fournir les services dont ont besoin les utilisateurs et autres parties prenantes dans un environnement défini.
Analyse des exigences	Transformer la vision exigences des parties prenantes sur les services souhaités en une vision technique sur le produit requis, capable de mettre à disposition ces services.
Conception de l'architecture	Synthétiser une solution qui satisfasse aux exigences du système.
Mise en œuvre	Produire un élément spécifié du système.
Intégration	Assembler un système conforme à la conception de l'architecture.
Vérification	Confirmer que les exigences de conception spécifiées sont satisfaites par le système.
Transition	Établir une capacité à fournir les services spécifiés par les exigences des parties prenantes dans l'environnement opérationnel.
Validation	Fournir les preuves objectives que les services fournis par l'utilisation d'un système satisfont les exigences des parties prenantes dans les conditions d'utilisation et l'environnement opérationnel prévus.
Opération	Utiliser le système pour qu'il remplisse ses services.
Maintenance	Entretenir la capacité du système à fournir un service.
Elimination	Mettre fin à l'existence d'une entité système.

Lorsqu'on fait appel au Processus de Mise en Œuvre pour produire l'élément d'un système, cela implique l'application de connaissances et de standards spécifiques au domaine et dont on a besoin pour fournir le type d'élément du système requis. Notez que, lorsque le composant à fournir doit être traité lui-même comme un Système d'Intérêt, cela peut constituer une application récursive de l'ISO/IEC 15288.

L'exploitation ou la maintenance d'un système, en tant qu'actif d'une entreprise, peuvent être assurées par un projet ou par une entité opérationnelle dotée de la responsabilité et de l'autorité pour exploiter le système en permanence.

DISTRIBUTION DE l'EFFORT DANS LE CYCLE DE VIE

Il est important d'observer que l'exécution des activités des processus n'est pas cloisonnée à des phases particulières du cycle de vie. Le succès de la gestion du cycle de vie des systèmes complexes dépend de l'interaction des divers acteurs des activités de processus qui contribuent à une vision holistique du système. Le diagramme de charges, en bosses, [Kruchten, 2003] de la Figure 3-8 illustre bien ce propos. Ce diagramme, exposé par Rick Adcock, reflète les processus de l'ISO/IEC 15288 ainsi que le modèle générique de cycle de vie présenté dans ce chapitre.

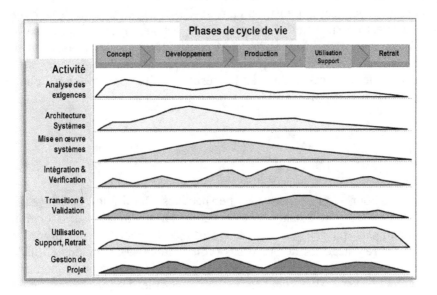

Figure 3-8: Diagramme de charges, en bosses, de l'activité dans le Cycle de Vie (Rick Adcock, communication personnelle)

Sur ce diagramme, les lignes représentent l'intensité de l'activité de chaque processus pendant le cycle de vie. Le pic de l'activité représente le point où le processus devient le point focal de la phase en cours, dans le cycle de vie. Les phases du cycle de vie, tout en haut du diagramme, sont purement illustratives et ne sont pas dessinées à l'échelle du temps. Une activité en amont du pic peut représenter soit :

(a) des problèmes posés par un processus durant la vie, par exemple, l'impact de la maintenabilité ou du démantèlement sur les exigences et la conception du système ou

(b) une anticipation de planification pour identifier le besoin en ressources en vue d'activités futures des processus, par ex. identifier et planifier les essais et tests du système.

Pour la plupart des systèmes, les phases d'*Utilisation/Support* sont, de loin, les plus longues du cycle de vie. L'analyse des exigences constitue une charge importante pendant la phase de *Concept* mais les exigences sont raffinées, revues et réévaluées pendant toute la suite du cycle de vie. De la même façon, l'*Intégration* et la *Vérification* sont conduites pendant la transition entre le *Développement* et la *Production*. Ceci n'est possible que si les problèmes, les stratégies et les risques de l'*Intégration* et la *Vérification* sont considérés dans des phases amont. Comme nous le voyons, les processus de *Gestion de Projet* sont présents pendant tout le cycle de vie. Ils résultent d'un projet unique ou de multiples projets, associés les uns aux autres tout au long du cycle de vie.

UN EXEMPLE D'UTILISATION DU STANDARD

Pour avoir de nouvelles perspectives d'utilisation de l'ISO/IEC 15288, il est intéressant de se pencher sur un modèle des relations dynamiques qui peuvent évoluer à partir de l'interaction des processus des quatre catégories de processus (voir Figure 3-9). Ce modèle illustre une situation de fourniture de produits ou services entre un acquéreur et un fournisseur. Bien que le modèle exprime les nombreux points essentiels dans ce type de relations, il ne doit pas être interprété comme le seul modèle possible d'utilisation du standard ni comme une séquence spécifique d'événements possibles pendant la relation contractuelle.

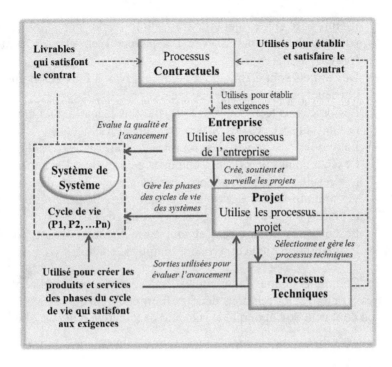

Figure 3-9: Modèle pour acquérir des Produits et Services Systèmes

Comme décrit précédemment, le standard s'applique à un seul système à la fois, à savoir le Système d'Intérêt qui, dans notre modèle, a un cycle de vie composé de phases (P_1, P_2,..., Pn). Dans cet exemple un acquéreur, ayant besoin d'un Système d'Intérêt produit ou service (ou de produits ou services résultant de l'exécution d'une ou plusieurs phases de cycle de vie), cherche à établir un contrat avec un fournisseur.

En prenant comme point de départ le besoin de l'acquéreur, observez les aspects dynamiques potentiels de la relation acquéreur-fournisseur :

- L'acquéreur (entreprise), impliqué dans le processus d'acquisition, établit les exigences à agréer avec le fournisseur (entreprise).
- Le fournisseur crée et surveille un projet de planification qui a en charge la responsabilité de fournir le produit ou service conformément aux exigences.
- Le projet sélectionne les processus techniques appropriés pour répondre aux exigences.

- L'entreprise et le projet utilisent les informations de planification pour établir un contrat avec l'acquéreur (peut-être un contrat formel).
- Des projets sont établis pour gérer le travail à faire selon une ou plusieurs phases de cycles de vie.
- Les processus techniques des projets sont exécutés pour créer les produits et services des phases du cycle de vie.
- La gestion de projet des fournisseurs utilise les résultats de l'exécution des processus techniques pour évaluer l'avancement.
- Les résultats des projets correspondant à une phase de cycle de vie sont utilisés par l'entreprise comme des *points de décision* de la phase pour évaluer la qualité et l'avancement.
- Les produits et services (et tout autre livrable) sont fournis à l'organisation qui acquiert pour remplir le contrat.

Comme pour tous les modèles, beaucoup d'aspects ne sont pas illustrés. Toutefois, les relations décrites fournissent un contexte utile sur la façon dont peut être appliqué le standard en situation réelle.

S'AJUSTER AUX BESOINS SPECIFIQUES

Un aspect important du standard est la possibilité d'ajuster les processus pour satisfaire des besoins spécifiques, comme l'indique ce qui suit :

Ajustement	**Adapter les processus du standard international pour satisfaire à des circonstances particulières qui :** **Encadrent une organisation qui emploie le standard dans un contrat ;** **Influencent un projet qui doit satisfaire un contrat dans lequel le standard est référencé;** **reflètent les besoins d'une organisation en vue de fournir des produits ou services.**

Le processus d'ajustement peut conduire à un modèle viable de cycle de vie multi phases. Alternativement, on peut définir des phases individualisées de cycle de vie qui influencent l'accomplissement d'un accord relatif à la fourniture d'un produit ou service.

Parmi les facteurs que l'on peut prendre en compte dans l'ajustement, il y a la stabilité et la diversité des environnements opérationnels, les risques commerciaux ou techniques, la nouveauté, la taille ou la complexité du système, les calendriers, les questions de sûreté, de sécurité, le respect de la vie privée, l'utilisabilité et la disponibilité ainsi que les opportunités résultant de technologies émergentes.

En pratique, tant les descriptions de processus fournies dans le standard que le modèle de cycle de vie illustré dans l' [ISO/IEC 24748-1, 2009] peuvent être utilisés comme guides pour établir des processus ajustés et des modèles de cycle de vie appropriés.

UN AUTRE REGARD SUR LE MODELE DE CHANGEMENT

Dans la Figure 3-3, le Modèle de base du Changement a été étendu pour refléter les paradigmes *OODA* et *PDCA* et refléter les relations entre la Gestion du Changement et la Gestion de Projet. Maintenant que nous avons passé en revue les caractéristiques principales du standard ISO/IEC 15288, il est important de rattacher le standard au Modèle de Changement, comme l'illustre la Figure 3-10.

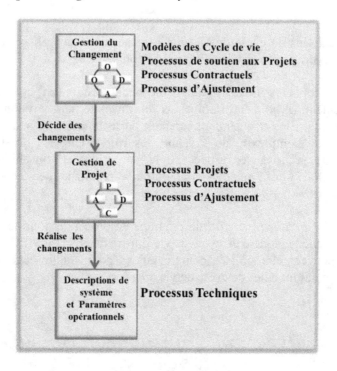

Figure 3-10. Modèle de Changement (Utilisation de l'ISO/IEC 15288)

La fonction de *Gestion du Changement* classique d'une entreprise, déploie des Modèles de Cycle de Vie pour établir et piloter des projets qui apportent des changement structurels aux descriptions de systèmes. Les processus de soutien aux projets, fournissent l'environnement nécessaire portant sur la politique, les décisions d'investissement, le modèle de cycle de vie et la maintenance des processus, la mise à disposition des ressources et la gestion de la qualité. Dans cet environnement, les fonctions de *Gestion du Changement* opèrent sur une base continue suivant la boucle *OODA*. En agissant pour réaliser les changements, une fonction de *Gestion du Changement* peut utiliser les *Processus Contractuels* pour établir un lien (à un niveau de formalisme approprié) avec d'autres entreprises ou au sein de la même entreprise. Finalement, la fonction de *Gestion du Changement* peut utiliser le *Processus d'Ajustement* pour établir les processus et les modèles de cycle de vie appropriés.

La *Gestion de Projet* est supportée par un noyau de Processus Projet pour planifier, évaluer et piloter, ce qui correspond aux activités *P, C* et *A* du paradigme *PDCA*. Un support supplémentaire est fourni pour la prise de décision, la gestion des risques, la gestion de la configuration, la gestion des informations et la mesure. Les projets peuvent tirer parti des *Processus Contractuels* pour formuler des contrats avec d'autres projets au sein de la même entreprise. La formalisation de ces relations est vitale pour éviter les malentendus entre des projets qui doivent coopérer pour atteindre un résultat collectif. Un projet peut également utiliser le *Processus d'Ajustement* pour ajuster les processus du standard international ou ajuster de façon plus détaillée des processus établis par une entreprise pour des besoins spécifiques au projet.

Les Processus Techniques sont utilisés pour fournir une première version ou réaliser des changements de Descriptions des Systèmes et sont exécutés dans le cadre d'un projet comme étant la partie *D* du paradigme *PDCA*. Les Processus Opérationnels et de Maintenance peuvent être intégrés au sein d'un projet mais sont souvent réalisés par une entité organisationnelle ayant l'autorité et la responsabilité des processus relatifs à l'exploitation. Une telle organisation est également impliquée dans les changements des paramètres opérationnels.

Dans les chapitres suivants où nous explorons en détail le Modèle de Changement, les descriptions de la finalité des processus de ce chapitre sont réintroduites à des points ad-hoc pour clarifier le contexte de leur utilisation.

VERIFICATION DES CONNAISSANCES

1. Comment les boucles *OODA* et *PDCA* peuvent-elle être reliées aux activités de gestion de projet et de gestion de secteur dans votre organisation ?

2. Expliquez comment vous pouvez appliquer le Modèle de Changement révisé dans votre organisation, ses entreprises et ses projets.

3. Identifiez des cas de décisions portant sur des paramètres opérationnels et des décisions de changements structurels faits dans votre organisation.

4. Une fois de plus, assurez-vous que la terminologie *Système d'Intérêt, Système Contributeur et Décomposition Récursive* sont compris.

5. Mettez en correspondance le cycle de vie d'un système qui vous est familier avec l'exemple de cycle de vie de ce chapitre.

6. Dans le cas du cycle de vie identifié dans l'exercice (5), définissez quels systèmes contributeurs ont été nécessaires pour soutenir le système dans son cycle de vie.

7. Qu'est-ce qu'un *point de décision* et comment est-il utilisé par l'entreprise ?

8. En quoi les phases du cycle de vie *Concept, Développement, Production, Utilisation, Support et Retrait* correspondent à celles des types de systèmes vitaux de votre organisation ?

9. Faites correspondre les catégories de processus « *Soutien aux Projets, Contractuels, Projet et Techniques* » à la structure de votre organisation. Etant donné leurs finalités, identifiez si ces processus (ou des processus similaires) sont instaurés et ils sont réalisés dans votre organisation.

10. Etes-vous convaincu que les Processus Techniques représentent un ensemble complet pour créer, exploiter, maintenir et éliminer tout type de systèmes artificiels ?

11. Comparez la distribution de l'effort illustrée dans le diagramme de charges, à bosses, avec des expériences venant de systèmes relatifs à des projets de votre organisation.

12. Qu'est-ce que l'ajustement? Comment pensez-vous que l'ajustement de processus du standard pourrait se réaliser dans votre organisation ?

Note 3-1: Ce livre n'a pas l'intention de, ni est autorisé à présenter les recommandations détaillées fournies par le standard ISO/IEC 15288. En revanche, il introduit et traite le vaste champ d'application du standard à un niveau de détail suffisant pour comprendre l'application des concepts et principes dans tous les aspects importants de la gestion des cycles de vie des systèmes. Ainsi, la matière présentée dans ce livre complétée par le standard fournit un excellent moyen de démarrer dans l'application de l'ISO/IEC 15288 dans diverses situations en lien avec les systèmes. Par ailleurs, la première publication du standard date de 2002. En 2008, une version mise à jour a été publiée, l'effort ayant porté sur l'unification des standards d'ingénierie système et logicielle. Les concepts et principes directeurs du standard n'ont cependant pas été modifiés. La présentation est basée dans ce livre sur la version révisée qui est ISO/IEC 15288:2008.

Chapitre 4 - Descriptions et Instances des Systèmes

Un système est un système dans les yeux de l'observateur
(La vision du kaléidoscope)

A quel moment un système est-il un système? Comme l'indique le chapitre 1, il est essentiel d'avoir un point de vue correct sur cette question importante. Le Kit de Survie des Systèmes sert de guide pour répondre à cette question. Un *Système d'Intérêt* qu'il soit un *Système de Réponse* artificiel ou un actif institutionnalisé, nait à partir du moment où deux ou plusieurs éléments système acquièrent la propriété d' « intégrité » et sont ainsi liés de façon déterminée pour atteindre une finalité, satisfaire un but ou accomplir une mission. De plus, un tel *Système d'Intérêt* une fois instancié, satisfaisant un besoin de comportement émergent, offre des services et met à disposition l'effet qui ne pourraient être fournis par aucun des éléments du système à lui seul. Nous pouvons décrire de plusieurs manières des systèmes à base d'éléments systèmes à intégrer et de relations entre les éléments et ce, dans différentes phases de leur cycle de vie. Ceci inclut des descriptions textuelles, en tableaux, graphiques ainsi que des notations et des langages en rapport avec une diversité de domaines et de disciplines. Par ailleurs, comme noté au chapitre 1, des instances produites à partir des descriptions système, sous forme de produits ou services systèmes sont exploitées/utilisées pour procurer les effets désirés. Dans ce chapitre, nous examinons en détail les propriétés essentielles des descriptions et des instances de systèmes qui apparaissent tout au long de la gestion du cycle de vie des systèmes, en faisant appel aux connaissances apportées dans les chapitres 1 à 3.

TRANSFORMATIONS DU CYCLE DE VIE

Dans le chapitre précédent nous avons considéré un ensemble de processus utilisés pour exécuter des travaux relatifs au système (une partie de l'*Agir Système*). Pendant que le *Système d'Intérêt* évolue du besoin au concept puis à la réalité sous la forme de produits et services, divers produits intermédiaires résultent de l'exécution des processus de transformation au cours du cycle de vie. Pour illustrer ces transformations, en vous appuyant sur les connaissances qui vous ont été fournies jusqu'à maintenant, considérez la structure du cycle de vie de la Figure 4-1.

En haut de la figure nous observons que le *Système d'Intérêt* est d'abord décrit en *Systèmes Abstraits Définis* qui sont ensuite transformés en *Systèmes Physiques Définis* ou en *Activités Humaines* pour devenir un *produit* qui est alors *instancié pour l'utilisation.* Un retrait éventuel du *Système d'Intérêt* implique d'éliminer des instances et peut aussi impliquer le retrait de la définition du système, c'est-à-dire du *Système Abstrait Défini.*

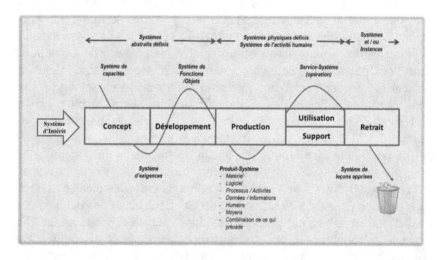

Figure 4-1: Transformations du cycle de vie (Versions du Système d'Intérêt)

Il est important de noter le point de vue illustré par la figure 4-1 consistant à nommer « systèmes » les résultats des travaux relatifs aux différentes phases et processus. Nous considérons les différentes descriptions ainsi que le produit éventuel comme des « versions » du *Système d'Intérêt.* Autrement dit, à partir d'un besoin, nous créons la première version du *Système d'Intérêt* en tant que *Système de Capacités.* Cette description satisfait tous les critères d'un système tel que décrit au chapitre 1 où le critère fondamental est la propriété d' « intégrité ».

A partir du *Système de Capacités,* la version suivante du *Système d'Intérêt* est créée sous la forme d'un *Système d'Exigences* reflétant à la fois les exigences fonctionnelles ainsi que les exigences non fonctionnelles attribuées au *Système d'Intérêt.* La version suivante du

Système d'Intérêt est un *Système de Fonctions ou d'Objets* qui décrit les transformations élémentaires que les instances des Produits Systèmes réaliseront quand elles fourniront leurs services. En général, cette version inclut certains types de flux d'énergie, de matière, de données ou d'information. Pour une mise en œuvre ordonnée du *développement*, de la *production* et de l'*utilisation*, il est important de conserver une cohérence entre les diverses descriptions, c'est-à-dire, la traçabilité entre les éléments des diverses versions du *Système d'intérêt*.

Sur la base des versions de description, le *Produis-Système* est produit par intégration des éléments. Il peut comprendre du matériel, du logiciel, des processus/activités, des humains, des installations, des éléments naturels ou des combinaisons de ceux-ci. Quand le produit est utilisé dans son environnement final, il fournit le *Service-Système*, c'est-à-dire les comportements à atteindre pour lesquels il a été conçu.

Veuillez bien noter les lignes en pointillé de la Figure 4-1 indiquant un « point de construction » moment auquel est intégrée une instance de système (construction). Pour les systèmes logiciels, le point de construction est souvent considéré comme faisant partie de la phase de *Développement*, alors que pour les systèmes physiques, l'assemblage des instances de produits est fait dans la phase de *Production*. Toutefois, certains systèmes physiques (qui peuvent comprendre des éléments de logiciel) peuvent être développés sous forme de prototypes et vus comme des résultats de la phase de *Développement*.

La version ultime du *Système d'Intérêt*, la plus souvent oubliée, est la capture de l'information historique du *Système d'Intérêt* sous la forme d'un *Système de Leçons Apprises* lors de la *conception* et du *développement* ainsi qu'avec les instances des produits et des services qu'ils ont fournis.

Le lecteur est invité à conserver à l'esprit ce « point de vue système » sur les transformations du cycle de vie car nous allons maintenant considérer divers aspects des transformations du cycle de vie.

FACTEURS CLES DE SUCCES DES SYSTEMES

Pour réussir à développer et à utiliser des systèmes il faut avoir une approche holistique du cycle de vie. Votre auteur a été impliqué dans de nombreux travaux sur les systèmes pendant 55 ans et, en conséquence, a relevé un certain nombre de facteurs clés de succès qui sont devenus des *leçons apprises* personnelles dans la quête d'approches holistiques.

Concepts et Principes directeurs

Les êtres humains sont motivés par ce qu'ils comprennent. Quand les choses deviennent trop complexes, soit ils renoncent, soit ils essaient de trouver des concepts et des principes directeurs auxquels ils peuvent donner un sens et qu'ils utilisent s'ils sont confrontés à la complexité. Ainsi, l'identification d'un petit nombre de concepts et principes « directeurs » constitue un aspect essentiel des premières phases du cycle de vie dans lesquelles on établit les systèmes de description abstraits. Souvenez-vous au chapitre 1, une sémantique concrète relative aux systèmes artificiels, basée sur des définitions de concepts et de principes associés, a été présentée comme une partie du Kit de Survie des Systèmes. Après avoir observé la puissance de ce petit nombre de concepts et de principes pour comprendre les propriétés essentielles des systèmes, examinons maintenant pourquoi les concepts et les principes sont si importants pour le développement et l'utilisation des systèmes. Pour mieux appréhender la signification des concepts et des principes, considérons les définitions suivantes de [Lawson and Martin, 2008].

Un *concept* est une abstraction, une idée générale déduite (inférée) ou dérivée d'instances spécifiques. Par exemple, nous regardons notre chien et nous pouvons inférer qu'il y a d'autres chiens de ce type. Ainsi donc, à partir de cette observation (ou peut-être d'un ensemble d'observations) nous développons dans notre esprit un concept de chien. Les concepts sont porteurs de sens, contrairement aux agents de sens, et on ne peut y penser ou les désigner qu'en utilisant un nom. Par exemple:

–   Gothique, Roman, Victorien, Baroque.
–   Poutre en caisson, Ouvrage à haubans, Cantilever, Battant, Ponton, Dessin.
–   Orienté Objet, SOA (Service Orienté Architecture), fondé sur un message (« *Message Based* », en anglais).
–   Conduit par le temps, Déclenché par un évènement, Synchrone, Asynchrone.

Un *principe* est fondamentalement une règle de conduite ou de comportement. Pour aller plus loin, nous pouvons dire qu'un principe est une généralisation fondamentale qui est acceptée comme vraie et qui peut être utilisée comme base de raisonnement ou de conduite. [WordWeb.com]. On peut considérer un *principe* comme une vérité, une loi ou une hypothèse fondamentale. [Ibid.] Pour établir cette vérité, les *principes* dépendent des *concepts*. D'où le fait que *les principes et les concepts* marchent la main dans la main ; les *principes* ne peuvent exister sans les *concepts* et les *concepts* ne sont pas très utiles sans les *principes* qui nous aident à comprendre la façon d'agir appropriée.

Comme l'illustre la Figure 4-2, *les concepts et les principes*, explicitement établis et communiqués sont des facteurs clés qui apportent de la connaissance et permettent d'atteindre la finalité, les buts et les missions d'un système. Mais, plus important encore, lorsqu'ils sont correctement traités, ils deviennent des catalyseurs de stabilité via des prises de décisions cohérentes tout au long du cycle de vie du système.

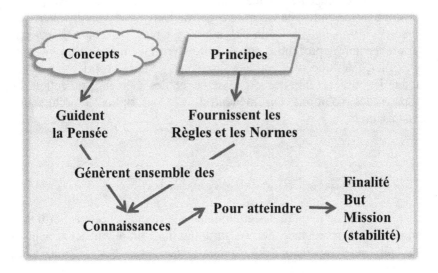

Figure 4-2: Le Rôle Clé des Concepts et des Principes

Pour illustrer le rôle vital *des concepts et des principes* directeurs, considérez l'exemple suivant :

Quelques Concepts	Quelques Principes
Ferme	
Bétail	Bétail contenu par des clôtures
Clôture	Les clôtures doivent être entretenues
Confinement	Le confinement contribue à un environnement stable de la ferme

Les fermiers qui comprennent et respectent les concepts et principes prennent des décisions cohérentes et peuvent maintenir un environnement stable de la ferme. Les fermiers qui ne respectent les *concepts et principes* passent le plus clair de leur temps à poursuivre leurs vaches.

Malheureusement, dans le monde des systèmes complexes, il y a beaucoup d'exemples de poursuite de vaches. Le développement des *concepts et principes* relatifs aux systèmes se base sur une compréhension approfondie du contexte environnemental d'un système particulier, des besoins et des exigences, des propriétés et des caractéristiques essentielles du système et des éléments potentiels de l'espace des solutions qui mènent à une description d'architecture satisfaisante.

Rôle de l'Architecture

Quand on élabore des architectures systèmes, il est primordial de comprendre l'importance de réussir l'équilibre entre plusieurs aspects clés du développement du *Système d'Intérêt*. Ces aspects clés comprennent l'architecture, les processus, les méthodes et outils, les modèles et la modélisation, l'organisation et les compétences, comme décrit par [Bendz et Lawson, 2001].

Lorsqu'on traite des systèmes complexes, une part significative des problèmes tient au fait que des fondations d'architecture fragiles compliquent virtuellement tous les aspects processus, méthodes et outils liés au cycle de vie du système. La relation entre les architectures et les processus, méthodes et outils a été identifiée très tôt par [Lawson, 1990].

Les *architectures solides* peuvent se caractériser par un petit nombre de *concepts et principes* directeurs et sont généralement développées par un petit nombre de personnes compétentes partageant la même vision, conduisant à ce qui s'appelle la *simplicité organisée*, comme nous l'avons défini au chapitre 1 dans nos discussions sur la complexité.

De plus, une *architecture solide* ne fournit qu'un jeu minimal mais suffisant de mécanismes et de standards d'interfaces. L'effet d'une *architecture solide*, comme l'illustre la Figure 4-3, fera pencher la balance de telle sorte que les dépendances entre les processus et les méthodes et outils associées deviendront plus légères. A l'inverse, une *architecture faible* fera pencher la balance dans l'autre sens de sorte que les processus, les méthodes et les outils deviendront plus lourds pour compenser les complexités de l'architecture liées à ses faiblesses. Malheureusement, depuis le milieu des années 1970, il y a eu une croissance continue de la complexité des systèmes, générée par l'informatique, conduisant à une accentuation de la lourdeur des processus, des méthodes et des outils. Autrement dit, l'accentuation a porté sur comment faire le travail au lieu de faire un bon travail. Une conclusion à tirer de cette relation, est qu'il vaut mieux faire porter ses efforts sur un développement correct des fondations d'architecture.

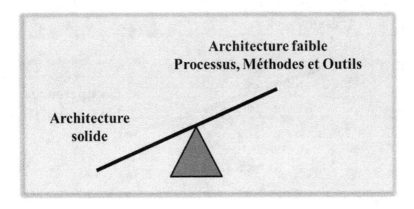

Figure 4-3: Equilibre entre l'Architecture et les Processus, les Méthodes et les Outils

Rôle des Processus

Même avec des *architectures solides*, la complexité des systèmes modernes exige la définition et l'utilisation de processus bien définis qui sont correctement alloués aux acteurs impliqués dans l'atteinte des objectifs systèmes de l'organisation / entreprise. Ainsi, l'équilibre illustré par la Figure 4-4 est tout aussi important. Une approche forte pour planifier, exécuter, évaluer et diriger les processus utilisés dans des projets relatifs aux systèmes, allège le poids de l'organisation pour atteindre les buts associés aux systèmes. De plus, elle réduit la dépendance aux compétences d'un ou de quelques rares héros systèmes. A l'inverse une approche faible des processus, comme illustré, conduit généralement à réorganiser les organisations dans leurs recherches (quêtes) pour satisfaire les buts de l'entreprise. De plus, le manque d'approche structurée des processus dans une organisation complexe, est un terrain propice à l'intervention de héros pour atteindre les buts des systèmes. Comme on peut le plus souvent s'y attendre, la dépendance à des héros dans certaines phases du cycle de vie (typiquement en développement) crée des risques significatifs et éventuellement une explosion des coûts dans les phases ultérieures du cycle de vie du système. Bien des programmes de maintenance ont viré au cauchemar du fait de cette dépendance à des héros.

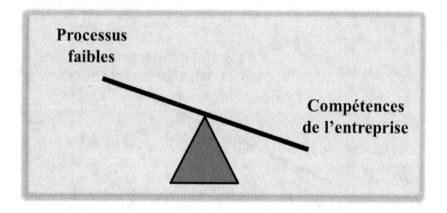

Figure 4-4: Equilibrer les processus avec la structure et les compétences de l'entreprise

En résumé, une approche holistique qui prend en compte tous les aspects clés et réalise un équilibre approprié est un ingrédient clé pour architecturer, mettre en œuvre, utiliser et maintenir avec succès des systèmes. Après ces facteurs de succès généraux, examinons maintenant quelques aspects importants du cycle de vie.

ASPECTS IMPORTANTS DU CYCLE DE VIE

Les diverses versions de transformations du système qui ont lieu pendant le *cycle de vie*, comme l'illustre la Figure 4-1 constituent une base pour définir l'autorité et la responsabilité des acteurs systèmes. Pour focaliser la discussion sur les aspects importants des transformations, nous introduisons trois transformations fondamentales, à savoir la *Définition*, la *Production* et l'*Utilisation* comme l'illustre la Figure 4-5. Bien que la structure des phases d'un cycle de vie donné puisse varier par rapport au format général illustré en Figure 4-1, ces trois transformations sont génériques à tous les types de systèmes artificiels.

Par ailleurs, l'utilisation du modèle universel du *Diagramme de Couplage Système* est rappelée pour illustrer son applicabilité aux « situations » qui apparaissent pendant la gestion du cycle de vie des Systèmes.

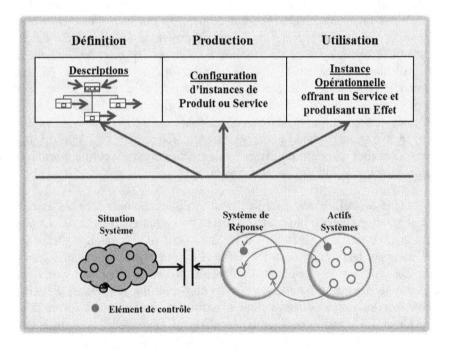

Figure 4-5 : Transformations fondamentales du Cycle de Vie et Diagramme de Couplage des Systèmes

Un ensemble de Systèmes de Réponse à une situation

Alors que le travail progresse tout au long du cycle de vie, la « situation » change. Ainsi, nous commençons par la situation dans laquelle il n'existe qu'un besoin de système et le désir de créer un système qui satisfera ce besoin. Dans les premières phases du cycle de vie, l'expression du besoin est transformée en un *Système de Capacités* désirées. Cette transformation est le résultat d'une forme d'effort organisé, typiquement d'un projet. Pour exécuter ce projet, des *actifs-systèmes* pertinents sont prélevés dans le portefeuille de l'entreprise et collectés dans un *Système de Réponse* (dans ce cas, le projet) qui a comme objectif (but) de produire un état final d'une *Situation-système* où les besoins ont été transformés en un *Système de Capacités*.

Le *Système de Capacités* est la première description du *Système d'Intérêt*. Dans un autre projet ou dans le cadre du même projet, le *Système de Capacités* est utilisé comme entrée d'un *Système de Réponse* (projet) maintenant doté des *actifs-systèmes* capables de réaliser la transformation du *Système de Capacités* en *Système d'Exigences*. Cet état final est une nouvelle version de description du *Système d'Intérêt*. Ensuite, via un autre projet ou le même projet, le *Système d'Exigences* est utilisé comme entrée du *Système de Réponse* (projet) qui élabore le travail de transformation les deux descriptions précédentes en une nouvelle description : un *Système de Fonctions/Objets* dans lequel sont typiquement décrits le flux d'énergie, les matières, les données/informations et les transformations qui seront mises en œuvre par des instances de système. Ainsi, collectivement, les descriptions produites ont produit un *Système de Situation* qui contient comme éléments, les définitions successives du *Système d'Intérêt*.

Les définitions fournies sont utilisées comme des « liasses » pour produire une ou plusieurs instances du système. Ainsi la *production* commence par une situation où le *Système d'Intérêt*, incluant tous ses éléments et leurs relations a été défini. Comme la précédente application du *Diagramme de Couplage Système*, la *production* (en tant que ligne d'activité organisationnelle ou projet) constitue un *Système de Réponse* basé sur les *actifs-systèmes* dont a besoin la production. Pour certains systèmes, la *production* inclut des éléments physiques, conformément aux spécifications d'intégration, pour d'autres, elle intègre des éléments de types personnes, logiciel, processus, données et informations. Pour les systèmes contenant des éléments systèmes à la fois techniques et non techniques, elle impliquera les deux formes d'intégration. La phase finale de la *situation-système* est la production d'une ou de plusieurs instances du *produit-système*. La phase de *production* se prolonge autant que nécessaire pour satisfaire la fourniture de la demande du client du *produit-système*.

La fourniture d'instances d'exploitation du *produit-système* aux clients (utilisateurs) établit un nouvel *actif-système* dans le portefeuille du client. Ces actifs sont ensuite utilisés comme nécessaire en tant qu'éléments des *Systèmes de Réponse* qui sont pertinents pour les besoins des clients.

L'usage de certains types d'actifs de *Système Physiques Définis* conduira à l'épuisement ou la destruction de l'instance alors que pour d'autres types de système, l'instance reste disponible pour continuer à fournir les services. Pour quelques systèmes, l'utilisation prolongée des instances dépend de différentes formes de supports, tels que la logistique pour les pièces de rechange et la maintenance ainsi que, dans certains cas, des services d'assistance. Le *retrait final de service* (élimination) du système peut conduire à récupérer des éléments physiques des instances ou archiver les informations relatives à la description du système et des instances.

Pour des systèmes d'activité humaine, le Service Système fourni peut être instancié une ou plusieurs fois. Par exemple, une Entreprise définit son système financier puis le produit une installation unique pour servir dans divers secteurs de l'organisation. Dans un autre exemple, une Entreprise telle qu'une banque peut fournir à ses clients un système de placements financiers. Dans ce cas, la définition du système de conseil est utilisée comme une « liasse » pour établir le service dans divers secteurs de la banque. De tels systèmes peuvent également être retirés du service quand les instances sont éliminées ou que le *Système d'Intérêt* tout entier est terminé.

Portée du Projet

La fonction de Gestion du Changement de l'entreprise met en place et suit les projets qui accomplissent des transformations structurelles pendant le cycle de vie. En faisant cela, la planification du projet doit identifier la portée, le coût et le calendrier à suivre. Par rapport à la portée, elle peut couvrit une phase partielle, une phase complète ou plusieurs phases du cycle de vie. Ainsi, nous pouvons interpréter le *Diagramme de Couplage Système* de la Figure 4-5 comme présentant la portée de la *situation-système* traitée par le projet. Pour les *Systèmes d'Intérêt* complexes, la planification de l'exécution des projets occupe un part essentielle des phases amont du cycle de vie. Comme l'illustre la Figure 3-6, ceci peut impliquer l'utilisation d'un système contributeur pour la conception du Projet.

Comme présenté au chapitre 3 et en lien avec l'utilisation de l'ISO/IEC 15288, des projets sélectionnent et « ajustent », si nécessaire, les processus techniques à utiliser pour réaliser les activités. Nous allons considérer maintenant l'usage de ces processus dans le cadre d'un projet.

Des Exigences à l'Architecture

Les Processus Techniques suivants de l'ISO/IEC 15288 sont utilisés pour définir une solution système viable :

Définition des exigences des parties prenantes	Définir les exigences d'un système qui soit capable de fournir les services dont ont besoin les utilisateurs et autres parties prenantes dans un environnement défini.
Analyse des exigences	Transformer la vision exigences des parties prenantes sur les services souhaités en une vision technique sur le produit requis, capable de mettre à disposition ces services.
Conception de l'architecture	Synthétiser une solution qui satisfasse aux exigences du système.

Note: Les termes *Système de Capacité, Système d'Exigences* et *Système de Fonctions/Obj*ets ne font pas partie de l'ISO/IEC 15288. Cette vision de produits intermédiaires du cycle de vie a été conçue par votre auteur pour développer une approche système unifiée dans laquelle le *Diagramme de Couplage Système* fournit un modèle mental applicable de façon générique.

Les processus sont ajustés pour satisfaire à des besoins spécifiques de divers types de systèmes, de diverses stratégies de développement ainsi qu'à des besoins spécifiques des organisations (entreprises) et de leurs projets. Ils pourraient même être ajustés pour adapter les points de vue de versions de systèmes successives qui ont été illustrées en Figure 4-1.

Diverses formes de descriptions sont produites, issues de l'application des processus. Comme déjà noté, avec le point de vue système fourni précédemment, il est utile de voir chaque description comme une version du système d'intérêt. Autrement dit, à partir d'un *système de Capacités* reflétant le besoin, un *document d'exigences* constitue une première version du système. Suite à l'*analyse des exigences*, les services à fournir par le système, souvent décrits comme des fonctions, représentent une autre version du système. La *conception architecturale* conduit à l'identification des éléments du système et de leur inter relations pour représenter une solution de conception viable du système. Ces descriptions fournissent une autre version du système.

Les diverses versions reflètent divers intérêts des parties prenantes et conduisent à une diversité des vues du système. Une classification courante et utile de vues est la suivante :

Vue de capacité – Décrit les capacités à fournir pour accomplir les *services-systèmes* désirés.

Vue opérationnelle - Décrit comment le système sera utilisé. Divers « cas d'utilisation » identifiés représentent les différentes façons d'utiliser le système.

Vue fonctionnelle - Décrit les fonctions qui seront requises pour fournir les *services-systèmes* requis.

Vue objet– Décrit les objets et leurs interactions, qui seront requis pour fournir les *services-systèmes* requis.

Vue physique – Pour les *systèmes physiques définis*, cette vue décrit la structure des éléments du système et de leurs interrelations, qui sera utilisée pour réaliser le système physique.

Vue activité– Définit les activités concrètes de processus ou les procédures à mener pour fournir un service.

Pour des systèmes non triviaux, il y a généralement plusieurs versions de documents d'exigences, de descriptions fonctionnelles ou de capacités, et des solutions alternatives d'architecture qui reflètent autant de diverses vues. Ceci est le résultat d'une stratégie de développement impliquant des itérations dans les phases amont du cycle de vie jusqu'à ce qu'une solution satisfaisante soit obtenue.

Note: Les processus réalisés durant les toutes premières phases du cycle de vie conduisent à une Architecture Système. Le standard ISO/IEC 42010 [ISO/IEC 42010, 2010] qui traite de Description d'Architecture accompagne le standard ISO/IEC 15288. Dans la mesure où l'architecture a une telle influence sur d'éventuels *Produits-Systèmes* et *Services-Systèmes*, certains aspects importants de ce standard seront traités plus tard dans ce chapitre.

Bases de référence et Configurations

Les bases de références sont utilisées pour établir un point stable de référence, autant pour un projet que pour un système en développement. Les bases de références sont également utilisées comme point de référence pour déployer des produits ou services. Les bases de références du projet permettent de tracer les paramètres du projet tels que la portée, le coût et le calendrier identifiés précédemment. Grâce à cette information de la base de référence, la gestion de projet peut évaluer où en est le projet et quel type d'actions correctives peut être requis pour atteindre les buts du projet. Par ailleurs, cette information de la base de référence est utilisée pour nourrir la fonction de Gestion du Changement qui évalue où se situe le projet dans le cycle de vie.

Les descriptions système d'un *Système d'Intérêt* considérées comme stables, sont gelées dans différentes phases du cycle de vie sous forme de bases de références généralement appelées *configurations*. Par exemple, des configurations de bases de référence peuvent être établies pour des versions de descriptions de capacités, des descriptions d'exigences, des descriptions fonctionnelles ou d'objets, des descriptions physiques, des descriptions d'activités ou une description d'ensemble de certains de ces éléments ou de tous ces éléments. Il est souhaitable de formaliser certaines configurations qui constituent une base pour la gestion de configuration. En gérant la configuration, tous les changements ultérieurs doivent alors être traçables par rapport à la configuration de référence.

Instances Produit

Quand les produits ou services sont produits à partir de descriptions, il peut être approprié de gérer les configurations des instances réalisées du système. Les instances fournissent tout ou partie des services et sont gérées comme des produits ou des services intégrés fournis aux acquéreurs (clients). Pour certains systèmes, en particulier les systèmes informatiques, le client peut générer et gérer ses propres instances configurées.

Suivant le type de système, les besoins de l'entreprise et de ses projets, les Processus Techniques suivants de l'ISO/IEC 15288 sont appliqués pour produire des instances.

Mise en œuvre	Produire un élément spécifié du système.
Intégration	Assembler un système conforme à la conception de l'architecture.
Vérification	Confirmer que les exigences de conception spécifiées sont satisfaites par le système.

Ces processus sont impliqués dans la génération (production) des configurations ainsi que dans leur vérification par rapport à la conception de l'architecture et aux exigences des parties prenantes.

Les processus suivants de l'ISO/IEC 15288 sont impliqués dans la préparation, la validation, l'exploitation ainsi que la maintenance d'une instance d'un système configuré.

Transition	Etablir une capacité à fournir les services spécifiés par les exigences des parties prenantes dans l'environnement opérationnel.
Validation	Fournir les preuves objectives que les services fournis par l'utilisation d'un système satisfont les exigences des parties prenantes.
Exploitation	Utiliser le système pour mettre à disposition ses services.
Maintenance	Entretenir la capacité du système à fournir un service.

Le Processus suivant de Support au Projet de l'ISO/IEC 15288 vise spécifiquement à gérer les bases de configurations ainsi que les configurations elles-mêmes.

Gestion de la Configuration	Etablir et maintenir l'intégrité de tous les sorties identifiées d'un projet ou d'un processus et les rendre disponibles aux tiers concernés.

En plus des bases de références et des configurations et suivant la nature du *Système d'Intérêt,* de l'entreprise, sa politique et ses procédures, on peut aussi utiliser d'autres formes de pilotage de versions telles que les diffusions, les mises à jour et les mises à niveau pour identifier des descriptions ou des instances systèmes à gérer.

Indépendamment du plan de classification appliqué au *Système d'Intérêt*, il est essentiel d'offrir un moyen d'identifier de façon unique les diverses versions, via une politique et des procédures au niveau de l'entreprise ou au niveau du projet. De plus, la politique et les procédures devraient inclure des instructions pour construire un modèle d'information des versions, afin de mettre à disposition l'information aux parties intéressées et pour l'archiver.

Paramètres Opérationnels

Changer des paramètres opérationnels d'un *produit* ou *service-système* conduisant à une nouvelle configuration, livraison, mise à niveau ou toute autre forme de versions particulières, revient à interroger la nature du *produit* ou *service-système* tout comme la politique et les pratiques de l'entreprise. Bien qu'une altération de paramètres implique une modification du comportement, elle n'est généralement pas traitée comme les changements fondamentaux des descriptions des systèmes. Cependant, il est crucial d'avoir des politiques et des procédures qui conservent la trace des paramètres réels dans le temps et les résultats des effets résultant via l'utilisation de configurations de paramètres.

DESCRIPTION DE L'ARCHITECTURE

Comme noté précédemment, le standard international, l'ISO/IEC 2010 (*Description de l'Architecture*) a été développé pour servir de guide à l'architecture des systèmes. Ce standard s'appuie sur un standard antérieur, à grand succès, l'IEEE 1471, qui procurait des conseils pour élaborer l'architecture de systèmes à forte connotation logicielle [Maier, Emory and Hilliard, 2004].

Le modèle de haut niveau du standard résume bien les relations entre les systèmes, les parties prenantes, l'architecture et l'environnement comme l'illustre la Figure 4-6.

Le modèle est tout à fait en accord avec la vision d'un système progressivement développée dans ce livre. Chacun des éléments de cette figure identifie des concepts qui devraient maintenant vous être familiers.

Un aspect important de la description des *Systèmes d'Intérêt* concerne la différenciation entre les vues et les points de vue. Nous avons introduit ces deux termes dans les chapitres précédents et nous leur donnons maintenant la définition de l'ISO/IEC 42010.

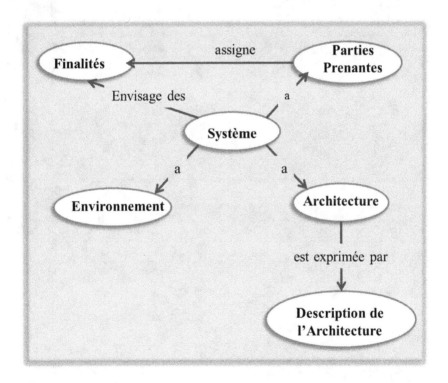

Figure 4-6: Concepts et Principes de haut niveau d'une Architecture (reproduit avec la permission de SIS Förlag AB http://www.sis.se)

Vue architecture – produit intermédiaire exprimant l'architecture d'un système du point de vue des préoccupations des partis prenantes du système.

Point de vue architecture – produits intermédiaires établissant les conventions de construction, d'interprétation et d'utilisation des vues d'architecture et des modèles d'architecture associés.

On peut noter que tous les deux sont des produits intermédiaires. Dans le cas du point de vue, il porte sur la sélection de moyens de descriptions utilisés pour produire des vues qui sont en rapport avec les préoccupations des parties prenantes. Ces aspects (particuliers) de l'architecture sont incorporés dans le modèle de deuxième niveau qui définit les concepts et les principes d'une *Description d'Architecture*, comme l'illustre la Figure 4-7.

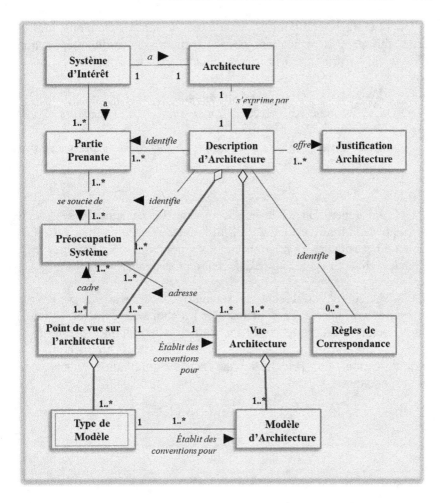

Figure 4-7: Concepts et Principes de Description d'Architecture (reproduit avec la permission de SIS Förlag AB http://www.sis.se)

Les éléments et les relations illustrées dans cette figure suivent les règles d'UML (*the Unified Modelling Language*) [ISO/IEC 19501, 2005]. Pour ceux qui ne sont pas familiers avec cette notation, voici quelques précisions.

La notation (x..y) est utilisée pour indiquer une cardinalité (autrement dit, le nombre d'instances); par exemple (1..*) indique au moins une ou un nombre arbitraire d'instances supplémentaires ; (0..1) indique qu'il n'y a pas d'instance ou une instance au plus.

Les verbes ou phrases verbales connectant les éléments, utilisent cette forme d'identification pour exprimer la cardinalité, comme l'indiquent les principes illustratifs suivants, extraits de la figure :

- Le Système d'Intérêt *a 1* Architecture.
- Le Système d'Intérêt *a au moins 1 ou plusieurs* Parties Prenantes.
- Une Partie Prenante *a au moins 1 ou plusieurs* préoccupations système.
- ...

La génération de la liste complète des principes basés sur les concepts de la figure est laissée à l'initiative du lecteur, à titre d'exercice. Notez en particulier la relation entre les points de vue, les vues et les modèles, cohérente avec notre discussion précédente.

Un point intéressant du standard concerne la *Justification de l'Architecture*, nécessaire pour justifier les choix des caractéristiques de l'architecture. Un autre point concerne la possibilité d'établir des moyens de correspondance entre divers modèles architecturaux et l'identification de principes (de *règles*) impliquées dans cette correspondance.

Cadres d'Architecture

Les *cadres d'Architecture* sont définis et décrits dans le standard ISO/IEC 42010 comme suit :

Cadre d'architecture - conventions, principes et pratiques de *description d'architecture* établis à l'intérieur d'un domaine spécifique d'application ou dans une communauté de parties prenantes.

« Un cadre d'architecture établit une pratique commune pour créer, interpréter, analyser et utiliser des descriptions d'architecture au sein d'un domaine d'application ou d'une communauté de parties prenantes. Un cadre d'architecture sert de base pour créer des descriptions d'architecture ; de base pour développer des outils de modélisation d'architecture et des méthodes d'architecture ; de base pour des processus, afin de faciliter la communication, les engagements et l'interopération entre les projets ou les organisations. »

L'établissement de règles et de conventions pour les points de vues et les vues est un précieux facteur fédérateur pour gérer par exemple une ligne de produits, organiser un groupe de projets liés entre eux ou établir des relations acquéreur-fournisseur en vue d'acquérir un système de produits ou de services. Les *cadres d'architecture* sont également devenus populaires car ils permettent de décrire collectivement des systèmes présentant un intérêt pour une entreprise ; on les appelle *architectures d'entreprise*. Elles seront décrites dans le dernier chapitre de ce livre.

Un nombre croissant de cadres d'architecture ont été établis dans le but d'aider divers groupes de parties prenantes à décrire des architectures systèmes. John Zachman a développé pour les systèmes d'information un des premiers cadres, qui porte son nom, le cadre Zachman, [Zachman, 1987 and 2008]. En réaction à des activités d'acquisition coûteuses et désordonnées, le Département de Défense américain a développé un cadre appelé *DoDAF*. Le cadre *MoDAF* (Ministry of Defence) a été créé au Royaume Uni. Il existe également un cadre OTAN, appelé *NAF*. Du côté civil, des cadres d'architecture pour des entreprises fédérales des Etats-Unis (*FEAF*) et le consortium *The Open Group* ont créé *TOGAF* qui, au lieu de se focaliser sur les produits systèmes, fournit un cadre pour les processus. Il en existe encore bien d'autres. Une recherche web sur les *cadres d'Architecture* ou sur n'importe quel de ces cadres fera apparaître de nombreuses références.

Beaucoup de ces cadres ont été développés par des comités et des consortiums et sont devenus assez complexes. On peut même se poser la question de la viabilité de ces cadres quand il faut plus de temps à appréhender le cadre (plusieurs centaines de pages de description) qu'il n'en faut pour décrire les architectures qui présentent un intérêt.

Il est aussi intéressant de noter que plusieurs de ces cadres, incluant *DoDAF* et *MoDAF* essaient maintenant d'intégrer les standards de l'ISO/IEC 15288 et de l'ISO/IEC 42010 à leur approche de cadrage. Cette adaptation ajoutera probablement de la complexité à des cadres déjà complexes.

UN CADRE D'ARCHITECTURE LEGER

Face à la complexité croissante des cadres d'architecture, de nouvelles approches de cadres sont apparues afin de réduire la complexité. Votre auteur a développé une telle approche de cadres d'architecture. Elle intègre les concepts et les principes des standards ISO/IEC 15288 et ISO/IEC 42010 avec la sémantique des systèmes présentée dans le *Kit de Survie des Systèmes*. Ainsi, par similitude avec les caractéristiques de l'équilibre d'une architecture et des processus, méthodes et outils illustrés en Figure 4-3, nous recherchons un meilleur équilibre pour assurer un *Cadre d'Architecture Léger* (CAL) comme l'illustre la Figure 4-8.

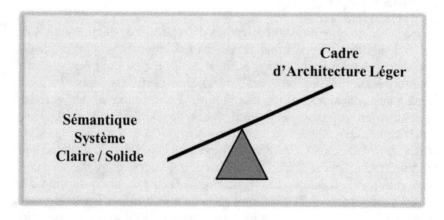

Figure 4-8: Equilibre entre la Sémantique Système et le Cadre d'Architecture

Votre auteur affirme que grâce à l'établissement du jeu limité de concepts et de principes système clairs et solides du *Kit de Survie des Systèmes*, un *Cadre d'Architecture Léger* est souhaitable et faisable, selon l'équilibre illustré par la Figure 4-8. On peut considérer la situation opposée dans laquelle soit les concepts et principes systèmes ne sont pas bien établis ou qu'il existe un grand nombre de concepts et de principes qui deviennent difficiles à comprendre et à utiliser, ce qui conduira à un cadre d'architecture lourd.

Le CAL (*Cadre d'Architecture Léger*), en adéquation avec l'ISO/IEC 15288, est bâti sur le fait qu'alors qu'un système progresse pendant son cycle de vie, les préoccupations des diverses parties prenantes deviennent de plus en plus évidentes. Ainsi, la *définition*, le *développement*, l'*utilisation* et l'éventuel *retrait* des systèmes donnent lieu à une variété de vues des diverses parties prenantes, comme l'illustre la Figure 4-1, au début de ce chapitre.

Ainsi, les produits intermédiaires issus des processus exécutés au sein des projets, tout au long des phases du cycle de vie, sont associés à des préoccupations et des vues qui décrivent les *capacités*, les *exigences*, les *fonctions/objets*, les *produits*, les *services* et les *leçons apprises*. Les vues exprimées sous la forme de points de vue, correspondent aux *descriptions systèmes* représentant les propriétés d'intégrité (relation et connexion) d'éléments de la vue. Par exemple, l'intégrité peut être représentée par du texte, du texte structuré ou des modèles tels que des cartes de système montrant le regroupement statique d'éléments liés entre eux, des représentations graphiques ou schématiques d'éléments et des flux de matière, données, information ou énergie, ou le contrôle du séquencement, dans le cas d'activités menées par des machines ou des personnes. Avec cette perspective, nous pouvons établir qu'une *description d'architecture* est basée sur une collection de systèmes décrits, représentant les différentes vues au long du cycle de vie d'un *Système d'Intérêt* développées suivant des points de vue, tels que ceux énumérés dans le Tableau 4-1.

Cartes du Système – Les cartes du système sont essentiellement des diagrammes de structure. Chaque élément ou sous-système est contenu dans un cercle ou un ovale et on dessine une ligne autour d'un groupe d'éléments ou de sous-systèmes pour montrer que les choses à l'extérieur de la ligne font partie de l'environnement alors que celles à l'intérieur de la ligne font partie du système. AUCUNE ligne ne relie les éléments, les sous-systèmes ou les systèmes d'une carte du système ; il s'agit exclusivement d'une représentation de la structure telle que vous la voyez dans votre esprit.

Tableau 4-1: Vues des Parties Prenantes et méthodes possibles de description de points de vue

Parties Prenantes	Vues	Types possibles de modèles de points de vue
Propriétaire	Capacités	Cartes Systèmes, Images enrichies, Entité-relation, *Systemigram.*
Concepteur	Exigences	Exigences, Texte Structuré, Entité-relation, Diagrammes d'influence, Cas d'Utilisation, *Systemigram.*
Développeur	Fonctions/Objets	Fonctions/Objets, IDEF, Diagramme de Classe, UML, SysML.
Fabricant	Produit/Service	Nomenclature des Produits/Services.
Utilisateur/Service de Maintenance	Service mis à disposition	Diagrammes comportementaux du Service offert, Cas d'Utilisation, Entité-relation, *Systemigram.*
Tous	Leçons Apprises	Histoires, Archétypes, Métriques.

Diagrammes d'Influence – Ils sont développés à partir des cartes de systèmes et indiquent qu'un élément de la situation a une influence sur un autre élément. Les flèches indiquent le sens de l'influence et les lignes entre les éléments peuvent être de différentes épaisseurs, ombrées ou en couleur pour distinguer les influences fortes des influences faibles. En toute rigueur, l'influence ne devrait être venir que des éléments venant d'un niveau supérieur ou des éléments de même niveau dans le système ; c'est-à-dire que des sous-systèmes ne peuvent pas influencer des systèmes, et que des sous-systèmes et des systèmes ne peuvent pas influencer l'environnement.

Modèle d'Entité Relation (MER) – le MER en ingénierie logicielle est une représentation abstraite et conceptuelle de données. Modéliser une Entité-Relation est une méthode de modélisation de schéma de base de données relationnelle, utilisée pour élaborer de façon descendante (*top-down*, en anglais) un type de schéma conceptuel ou un modèle sémantique de données d'un système, souvent une base de données relationnelles et ses exigences.

Systemigrams – est un mot dérivé de "systémique" et de "diagramme" qui illustre un *Système d'Intérêt* décrit par du texte structuré selon des principes de systémique. Un *Systemigram* ne devrait pas être construit pour capter les premières idées mais plutôt pour traduire les mots et le sens d'un texte écrit et structuré.

Unified Modeling Language (UML) – UML est un langage standardisé de modélisation à usage général en ingénierie logicielle. UML inclut un ensemble de techniques de notations graphiques pour créer des modèles abstraits de systèmes spécifiques.

Systems Modeling Language (SysML) – SysML est un langage de modélisation à usage spécifique au domaine de l'ingénierie système. Il est compatible avec la spécification, l'analyse, la conception, la vérification et la validation d'une large gamme de systèmes et de Systèmes de Systèmes. SysML a été développé à l'origine par un projet de spécifications Open Source et exige une licence d'accès libre (*open source*) pour sa distribution et son utilisation. SysML est défini comme une extension d'un sous-ensemble du langage de modélisation UML, en utilisant les mécanismes de profil UML.

Integration DEFinition (IDEF) – IDEF est une famille de langages de modélisation dans le domaine de l'ingénierie système et logicielle. Ils couvrent une gamme d'usages depuis la modélisation de fonctions jusqu'à l'information, la simulation, la conception, l'analyse orientée objet et l'acquisition de la connaissance. Ces « langages de définition » sont devenus des techniques de modélisation standard.

Diagrammes de classes –Dans UML, un diagramme de classes est un type de diagramme de structure statique qui décrit la structure d'un système en montrant les classes du système, leurs attributs et les relations entre les classes.

Les images enrichies – Les images enrichies ont été développées dans la *Méthodologie des Systèmes Soft* de Peter Checkland comme une approche facilitant l'appréciation et la compréhension de situations complexes confuses.

Le choix des méthodologies de descriptions des points de vue et des types de modèles est au cœur de la gestion du cycle de vie des systèmes. En fait, comme les méthodologies sont elles-mêmes des systèmes, elles deviennent une partie du portefeuille des *actifs-systèmes* de l'Entreprise. Autrement dit, elles deviennent les standards de vues prédéfinies qui indiquent quel type de définition de point de vue doit être déployé pour les produits intermédiaires associés aux processus appliqués dans les différentes phases. Idéalement, l'ensemble des points de vue peut devenir un standard propre à l'entreprise pour décrire tous ses *actifs-systèmes* ou les classes de ses *actifs-systèmes* ; il en est de même des *Systèmes de Réponse*. Comme mentionné précédemment, le cadre peut convenir aux systèmes supportant le développement d'une ligne de produit ou aux parties impliquées dans une relation acquéreur – fournisseur en tant que standards de description et de communication. A plus grande échelle, un cadre d'architecture tel que le *CAL* (*Cadre d'Architecture Léger*) peut être utilisé dans le large contexte d'une organisation ou d'une entreprise en apportant ainsi des standards de description et de communication à toutes les parties prenantes de l'entreprise. Cette utilisation des cadres d'architecture sera discutée dans le dernier chapitre de ce livre lorsque nous considérerons les organisations et leurs entreprises comme des systèmes.

PROPRIETAIRES DES DESCRIPTIONS DE SYSTEMES ET DE LEURS INSTANCES

Dans beaucoup de grandes organisations, il est traditionnel de conférer la propriété d'un système à des individus ou dans quelques cas à des entités de l'entreprise (groupes ou équipes). La propriété implique l'autorité et la responsabilité de créer, gérer (voire exploiter) et d'éliminer le *Système d'Intérêt*.

Pour les *Systèmes d'Intérêt* d'infrastructures institutionnalisées, qui sont l'entière propriété de l'entreprise ou de parties de celle-ci, la responsabilité de gestion du cycle de vie complet, incluant l'exploitation, est assumée par les propriétaires des descriptions des systèmes. C'est le cas par exemple, des *actifs-systèmes* illustrés en Figure 1-6 et dans le Tableau 1-1, ou des modèles de cycle de vie et des ensembles de processus de gestion des systèmes, issus de l'ISO/IEC 15288. Ces systèmes appartiennent au portefeuille des *actifs-systèmes* d'une entreprise ; ils fournissent les ressources systèmes à partir desquelles les *Systèmes de Réponse* sont configurés pour traiter des *Situations-Systèmes*, incluant les systèmes planifiés et développés tout au long du cycle de vie.

Transactions des Systèmes Produits et Services

Pour les instances de systèmes acquises par une entreprise pour son utilisation (exploitation) en tant qu'actifs, la description du système appartient à l'organisation qui fournit. Dans ce cas, l'*acquéreur* a la propriété ou une licence d'une instance du *produit-système* ou *service-système* pour lequel des droits d'utilisation sont fournis via un accord explicite ou implicite *acquéreur-fournisseur* (dans certains cas, sous forme de contrat). Pour illustrer cette relation acquéreur-fournisseur, considérez la Figure 4-9.

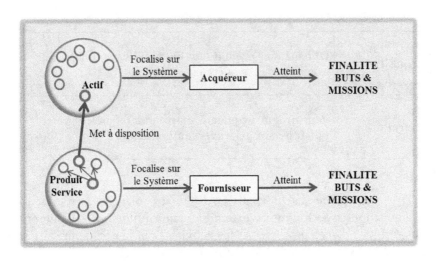

Figure 4-9: Transactions et Propriété des Systèmes

La figure indique comment, à partir d'un modèle de description de système, une entreprise *fournisseur* génère des instances de produits ou services pour les mettre à disposition d'une entreprise *acquéreur*.

L'entreprise *acquéreur* utilise ensuite l'instance du système comme un actif pour atteindre sa finalité, ses buts et ses missions.

Naturellement, l'entreprise *fournisseur* possède des actifs d'infrastructure système dans son propre portefeuille qui l'aident à atteindre sa finalité, ses missions et ses buts afin de développer, produire et maintenir les produits ou services.

Les entreprises sont impliquées dans les prises de décision relatives à la gestion du cycle de vie des descriptions système, et respectivement des instances. Dans les cas où le *fournisseur* fournit un produit ou service unique à l'organisation *acquéreur*, un contrat selon lequel chaque entreprise participe à la propriété et la gestion du cycle de vie de la description du système, peut être établi. Tandis que pour les produits de production de masse fournis à un grand nombre d'acquéreurs (consommateurs), la propriété de la description du système revient généralement à l'organisation *fournisseur*.

Les *Processus Contractuels* de l'ISO/IEC 15288 aident à structurer les relations entre acquéreurs et fournisseurs dans une chaine d'approvisionnement. Il s'agit des processus :

Acquisition	**Obtenir un produit ou un service conforme aux exigences de l'acquéreur.**
Fourniture	**Fournir à un acquéreur un produit ou un service qui satisfasse aux exigences contractuelles.**

Les processus doivent être utilisés dans des transactions d'acquisition et de fourniture externes autant qu'internes à l'entreprise. Les résultats de ces processus et les activités sont ajustés pour satisfaire aux besoins spécifiques de l'entreprise et ses accords.

Relations dans la chaine d'approvisionnement

La Figure 4-9 illustre un lien dans la chaine d'approvisionnement. Le *fournisseur,* à son tour, peut tout aussi bien devenir acquéreur de produits ou services système, mis à disposition par d'autres fournisseurs, qui deviennent ainsi des actifs dans leurs portefeuilles système et sont utilisés dans le processus de fourniture de leurs propres produits ou services. Pour des systèmes complexes, la chaine d'approvisionnement des *fournisseurs* qui offrent des produits et services peut être assez longue. Tel est le cas par exemple des chaines d'approvisionnement associées aux différentes phases du cycle de vie d'un *Système d'Intérêt* de l'automobile ou de celui de l'informatique des services de santé. Dans de tels cas, les produits et services mis à disposition par les *fournisseurs* peuvent représenter une partie d'une *description système* appartenant au fournisseur, qu'il gère selon un cycle de vie. Ces relations d'externalisation et leur impact sur les trois changements fondamentaux des systèmes sont illustrés en Figure 4-10.

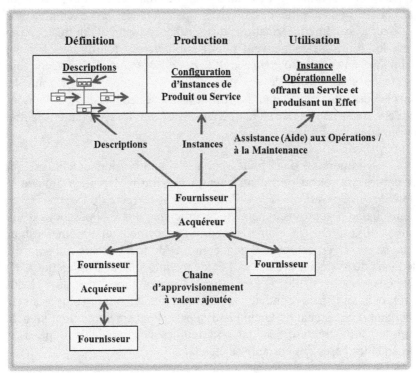

Figure 4-10: Externalisation des Relations (chaine d'approvisionnement)

Dans cette figure, il est important d'observer dans la *phase de Définition*, que dans un accord avec un fournisseur, l'externalisation peut impliquer de mettre à disposition des solutions de description complète du système ou des parties de celles-ci. Par exemple, un *fournisseur* pourrait, étant donné un système d'exigences de parties prenantes développé par l'*acquéreur*, développer et fournir un système, solution fonctionnelle ou conception architecturale, basée sur des objets. Le *fournisseur*, à son tour, peut se placer comme *acquéreur* de parties de fournitures en les externalisant vers d'autres fournisseurs.

Pour ce qui est de la *phase de Production,* le contrat d'externalisation avec un fournisseur peut varier de la responsabilité totale de la production à la fourniture d'instances d'éléments de systèmes intégrées par l'acquéreur. A leur tour, ces fournisseurs peuvent être acquéreurs de parties de leurs livraisons, en les externalisant vers d'autres fournisseurs.

En ce qui concerne la *phase d'Utilisation* de systèmes non triviaux, des contrats d'externalisation peuvent être établis avec un fournisseur pour assurer des services opérationnels, par exemple, pour exploiter le système informatique des services de santé. D'autres contrats avec des fournisseurs peuvent porter sur diverses fournitures visant à maintenir un *produit-système* ou *service-système* ou à fournir une assistance sous forme de services d'aide en ligne. A leur tour, les fournisseurs qui s'engagent à fournir des services en phase d'exploitation peuvent eux-mêmes être acquéreurs de services venant d'autres fournisseurs.

L'important, dans toutes chaines d'approvisionnement, est que les parties qui fournissent contribuent à une forme de valeur ajoutée au cycle de vie du *Système d'Intérêt*. La gestion correcte de l'*actif-système* d'une chaine d'approvisionnement est cruciale pour les opérations d'une entreprise. En fait, la chaine d'approvisionnement elle-même, est un *Système d'Intérêt*, composé d'acquéreurs et de fournisseurs qui sont des éléments du système. Il existe à l'évidence une structure assujettie à des relations contractuelles. De plus, l'exploitation de la chaine d'approvisionnement conduit, sans aucun doute, à un comportement émergent. Le système de la chaine d'approvisionnement devient un actif vital de l'infrastructure dans les portefeuilles système des entreprises et constitue les bases des entreprises étendues.

VERIFICATION DES CONNAISSANCES

1. Expliquez la différence entre la description d'un *Système d'Intérêt* et les instances d'un système.

2. Donnez des exemples de divers *systèmes physiques définis* ainsi que des *systèmes abstraits définis* et des *systèmes d'activité humaine* ainsi que des systèmes composés des trois catégories.

3. Considérez des systèmes qui vous sont familiers et, si possible, identifiez les concepts et les principes directeurs sur lesquels les systèmes sont définis.

4. Discutez des effets liés au fait de ne pas avoir une *architecture solide* et de ne pas avoir des processus bien définis sur le développement et la mise en œuvre du Système d'Intérêt.

5. Expliquez comment le *Diagramme de Couplage Système* peut être utilisé pour capturer les produits intermédiaires dans l'état final d'une *Situation-système*, et ce, pendant les diverses *phases du cycle de vie* du *Système d'Intérêt*.

6. Expliquez le rôle joué dans la description d'un Système d'Intérêt, d'une vue de capacités, d'une vue opérationnelle, d'une vue fonctionnelle, d'une vue d'objets, d'une vue physique et d'une vue activités.

7. Que sont les *bases de référence* et les *configurations*. Comment sont-elles associées au cycle de vie d'un système d'intérêt ?

8. Décrivez comment les *versions* des bases de références ou des configurations sont identifiées pour les Systèmes d'Intérêt appartenant à ou exploités par une entreprise à laquelle vous êtes familier.

9. Comparez les concepts et les principes utilisés dans le *Cadre d'Architecture Léger* avec ceux d'autres cadres d'architecture.

10. Identifiez des Systèmes d'Intérêt en pleine propriété et sont exploités par une entreprise avec laquelle vous êtes familier.

11. Identifiez des systèmes ou des parties de ceux-ci qui sont acquis par une entreprise avec laquelle vous êtes familier.

12. Décrivez les relations d'externalisation relatives à la Définition, la Production et l'Utilisation d'un Système d'Intérêt avec lequel vous êtes familier.

13. Étant donné qu'une chaine d'approvisionnement peut être vue comme un Système d'Intérêt pour une entreprise où les acquéreurs et les fournisseurs sont des éléments du système, décrivez comment les relations entre les éléments sont définies.

Interlude 3 : Etude de cas

Principes et Concepts d'Architecture

Un des facteurs de succès des systèmes décrit au chapitre 4, est l'importance d'identifier et d'utiliser des *concepts* et des *principes directeurs* pour arriver à une *simplicité organisée*. Pour démontrer cette importance dans une situation réelle dans laquelle votre auteur agissait comme architecte, nous considérons le développement du premier système au monde de commande automatique de Train commandé par microprocesseur. Ce système a été développé pour les chemins de fer suédois à la fin des années 1970. L'étude de cas a été extraite de deux articles publiés décrivant ce système, à savoir [Lawson, et al. 2001] et [Lawson, 2008].

INTRODUCTION

Les chemins de fer, tels que nous les connaissons aujourd'hui, sont nés au Royaume Uni, avec le premier chemin de fer public en 1825. A cette époque, il y avait 25 miles de voies et 2 locomotives. En 1829 la machine à vapeur *the Rocket* de Stevenson a été introduite et, en concurrence avec d'autres moteurs, elle atteignait une vitesse de 29 miles/h (à vide) et de 25 miles/h, quand elle tirait 13 tonnes de wagons. Elle a été le catalyseur qui a conduit à l'essor des chemins de fer dans le monde entier. En 1875, il y avait environ 160 000 miles de voies et 70000 locomotives dans le monde. Il s'agit d'un développement étonnamment rapide, surtout si l'on considère les moyens primitifs de transport et de communication internationaux disponibles à l'époque. Il est intéressant de le comparer à l'expansion rapide du trafic automobile ainsi qu'à celui des technologies informatiques et d'internet.

Les premiers accidents dus à des erreurs humaines, au Royaume-Uni et ailleurs, ont rapidement conduit au développement d'une signalisation afin de contrôler le trafic. Pour assurer cette fonction critique, plusieurs solutions à verrouillage mécanique furent développées en empêchant les aiguilleurs d'établir accidentellement des itinéraires conflictuels. Des développements de verrouillages se sont alors poursuivis, au fil des générations, avec une variété ingénieuse de systèmes mécaniques et électromécaniques plus complexes.

Aujourd'hui, la sécurité de millions de passagers du train dépend de la fiabilité de matériels et fonctions de sécurité dans tout le système ferroviaire. Une des fonctions les plus importantes, est la surveillance du comportement des conducteurs de trains, autrement dit, de s'assurer qu'ils respectent les limitations de vitesse, l'état des signaux et d'autres conditions. Il y a eu de nombreux accidents de trains en Europe et ailleurs dans le passé où la disponibilité et le bon fonctionnement de cette fonction auraient évité ces incidents. Cette fonction, maintenant souvent désignée comme Protection de Train automatique (*Automatic Train Protection ATP*), a été mise en place depuis 1980 en Suède sous le nom de système de commande automatique de Train (*Automatic Train Control (ATC)*).

COMMANDE DE TRAIN AUTOMATIQUE EN SUEDE

La disponibilité de microprocesseurs et d'électronique bon marché dans les années 1970, a rendu possible de nouvelles solutions de verrouillage et de protection contre les erreurs des conducteurs. Les chemins de fer nationaux suédois se sont empressés d'exploiter ces nouvelles possibilités et ont passé commande pour le développement du premier système informatisé au monde de verrouillage et de contrôle de vitesse. L'investissement dans cette solution a été motivé comme suit :

– Pour satisfaire aux demandes d'efficacité accrue du transport ferroviaire à la fois sur les voies existantes et sur les nouvelles, la vitesse du train doit être augmentée et les trains doivent fonctionner à intervalles plus courts.
– Cette demande augmente les exigences à la fois sur le système de sécurité et sur les conducteurs de train, ce qui laisse peu de place aux erreurs humaines.
– Le haut degré de précision du système ATC minimise les risques d'erreur du conducteur.

Au départ (en 1980, quand les premiers systèmes d'ATC ont été installés), les chemins de fer nationaux suédois avaient planifié que le train devait être conduit entièrement en s'appuyant sur les signaux optiques externes, et que le système ATC devait être considéré comme une sécurité auxiliaire. Avec l'introduction des trains à grande vitesse X 2000 (200 km/h) dans les années 1990, il s'est avéré que le système optique ne suffisait plus pour présenter toutes les informations nécessaires, par exemple le signalement anticipé de limitations à venir, des vitesses différentes pour divers types de train. Aussi, après avoir engrangé de l'expérience opérationnelle avec le système ATC, il s'est avéré que l'on pouvait faire confiance au système ATC pour la présentation des informations non disponibles par ailleurs le long de la voie. Le système qui en résulte aujourd'hui, est une combinaison très efficace, robuste et sûre, tout à fait comparable aux systèmes plus coûteux et plus compliqués utilisés ailleurs dans le monde.

Si le conducteur perd sa concentration un seul instant, le système ATC prend alors le contrôle du train en appliquant les freins. Cette application des freins se poursuit jusqu'à ce que le conducteur prévienne manuellement le système qu'il est à nouveau à même de contrôler le train. Si le conducteur ne peut reprendre le contrôle, l'ATC continue à freiner le train jusqu'à l'arrêt.

Les deux principaux constituants techniques fonctionnels du système ATC sont le *produit-système* de transmission voie-train et le *produit-système* embarqué.

Le système de Transmission Voie-Train

L'équipement du bas-côté se compose de transpondeurs sur voie (appelées balises) qui transmettent des messages (télégrammes) au véhicule lorsqu'ils sont activés par l'antenne montée sur le véhicule (voir Figure 1). L'information transmise comprend l'état du signal ainsi que la limitation de vitesse à suivre jusqu'au prochain groupe de transpondeurs. Chaque type d'information génère un message unique (télégramme). Les transpondeurs sont réunis en groupes de minimum deux à maximum cinq transpondeurs. Un groupe de transpondeurs peut être valide pour la direction courante ou opposée de circulation, ou pour les deux directions à la fois.

Les transpondeurs d'un groupe peuvent avoir soit un code fixe ou être codés par un encodeur connecté entre le système de signalisation et le transpondeur, de telle sorte que le groupe de transpondeurs peut donner, à l'équipement embarqué, des informations correspondant aux caractéristiques actuelles du signal.

Lorsqu'un véhicule muni d'un ATC actif circule sur un groupe de transpondeurs, chaque transpondeur est activé par l'énergie reçue de l'antenne du véhicule. Le message codé est transmis en continu à l'équipement du véhicule tant que le transpondeur est activé. Une combinaison valide de transpondeurs transmet toutes les informations nécessaires pour que l'équipement du véhicule évalue le message et effectue l'action requise. L'équipement embarqué peut détecter un message défectueux ou une combinaison non valide de transmetteurs et en informer le conducteur.

La figure 1. Système ATC de Transmission Voie-Train

Le système embarqué

L'équipement de bord du véhicule est illustré à la Figure 2 et se compose des éléments principaux suivants :

– Une antenne montée sous le véhicule qui active les équipements sur voie (transpondeurs), en émettant en continu un signal d'alimentation et recevant des messages transpondeur à évaluer et à utiliser pour superviser la circulation sûre du train.

– Un ensemble d'ordinateurs qui évaluent les messages du transpondeur, pour présenter les informations au conducteur et ralentir le train jusqu'à une vitesse de sécurité si le conducteur ne prenait pas les mesures correctes, c'est-à-dire ne pas freiner le train ou dépasser les limitations de vitesse. Le conducteur doit alors annuler manuellement chaque application des freins par l'ATC en appuyant sur un bouton de relâchement du frein.

– Un équipement de la cabine consistant en un tableau ATC pour le conducteur, pour qu'il puisse entrer les données relatives à ce train spécifique et toutes les autres données de communications avec l'équipement de l'ATC. Le tableau informe également le conducteur des limitations de vitesses actuelles et des limitations de vitesse cibles provenant des panneaux de vitesse et signaux à venir.

– Les périphériques d'interface avec le véhicule, tels que la connexion au capteur de vitesse, le capteur de pression de la tuyauterie du frein principal et une ou plusieurs vannes de freinage.

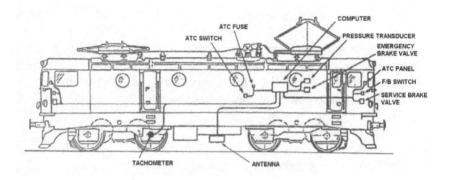

La figure 2. Système embarqué ATC

Afin d'assurer la tolérance aux pannes, une solution à trois processeurs avec une comparaison des sorties, à logique majoritaire, a été utilisée pour les premières versions du système embarqué. Ayant observé la fiabilité élevée du matériel, après de nombreuses années d'exploitation, les versions ultérieures du système embarqué n'utilisent que deux processeurs.

Propriété des produits-système

Le produit de transmission voie-train a été développé et mis à disposition par Ericsson Signal AB (maintenant détenu par Bombardier). Deux versions du produit embarqué ont été développées ; une par Ericsson Signal AB pour les trains locaux de Stockholm et une version pour les chemins de fer Suédois, par Standard Radio AB (à l'époque détenue par ITT). Le système Standard Radio a été repris en 1990 par ATSS (*Ansaldo Transporti Signal System*). Votre auteur a été l'architecte du système Radio Standard qui est utilisé sur la plupart des locomotives en Suède et qui continue à être développé et soutenu par *Teknogram AB de Hedemora*, en Suède. [www.teknogram.se]

EVOLUTION DES CONCEPTS ARCHITECTURAUX

En 1975, les services d'expertise de votre auteur ont reçu un contrat de Standard Radio afin d'aider l'ingénieur en chef Sivert Wallin à la conceptualisation de l'architecture. Après examen des travaux réalisés jusqu'à ce jour sur le logiciel, Harold Lawson et Sivert Wallin ont réexaminé les exigences fondamentales de la fonction ATC et ont développé les concepts d'architecture orientée problème, ce qui a abouti avec succès à stabiliser le produit, et constituer une base solide pour les futurs développements sur l'ensemble du cycle de vie de ce produit système embarqué ATC. Les trois concepts de base suivants ont été développés et ont été des facteurs directeurs pendant le cycle de vie du produit.

Notion de Temps– Le concept majeur de la conception est de traiter le système comme étant continu (dans le temps), plutôt que d'être piloté par des événements discrets.

Raison – compte-tenu du fait qu'une résolution de 250 millisecondes (dT) pour l'état du train, vis à vis de son environnement a été établie comme suffisante pour maintenir sa stabilité, il est devenu clair que l'approche la plus simple était tout simplement d'exécuter tous les processus pertinents (procédures) au cours de cette période de temps.

Circuits Logiciels (*) – Comme conséquence du concept de la notion de temps , une approche de cycle temporel est devenue la base de la solution où des procédures courtes de logiciel déterministe se comportent comme des circuits.

(*) La dénomination de ce concept est venue plus tard lorsque les concepts d'architecture ont été réutilisés dans un projet suédois de recherche et développement sur les réseaux locaux pour les véhicules [Hansson, et al, 1996] et [Hansson, et al, 1997].

Mémoire Tampon – Pour que les Circuits Logiciels aient accès aux informations clés, les variables sont conservés dans une mémoire tampon accessible en lecture et écriture.

Cette simplification des concepts a conduit au fait que les processeurs ne devaient être interrompus que par deux événements. Une interruption d'horloge (1 milliseconde) et une interruption lorsque l'information d'un transpondeur est disponible. Le dT de 250 millisecondes est plus que suffisant pour exécuter tous les traitements. Ajouter une structure plus lourde au problème, par exemple par l'utilisation d'un système d'exploitation tiré par les événements aurait eu des conséquences négatives en termes de complexité, de coût tout comme de fiabilité et de risque affectant ainsi la sécurité. Cette organisation simple du système d'exploitation est illustrée à la Figure 3.

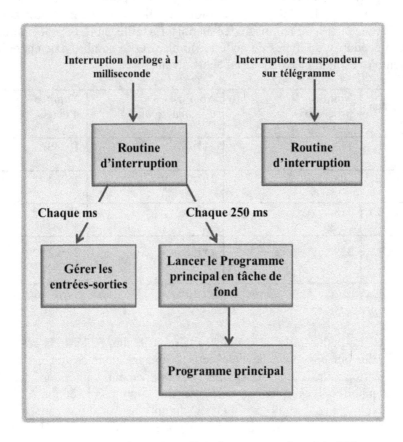

La figure 3. Structure du système d'exploitation embarqué ATC

La structure du logiciel, « à la manière d'un circuit », a conduit à un codage très simplifié des process (procédures). Alors qu'il aurait été utile de déployer un langage de plus haut niveau pour la solution, cela a été jugé inutile en raison du faible volume de code prévu. L'expérience a montré que ce fut une décision raisonnable à l'époque. En revanche, on a décidé de commenter le code dans un langage de niveau supérieur. Dans les premières versions du produit, on a utilisé le Motorola MPL (un dérivé de PL/I). Dans les versions ultérieures, on a utilisé systématiquement une annotation plus proche du Pascal. Pour les tests du système, on a exécuté des versions en MPL, ou en Pascal, en parallèle de l'exécution de la version en assembleur afin de réaliser la vérification du système.

Statistiques des logiciels ATC

Il y a eu deux versions majeures développées et deux variantes mineures sur la deuxième version développées pour l'utilisation embarquée par les chemins de fer suédois. La taille, en termes de nombre de procédures, de lignes de code assembleur et le nombre d'octets de la mémoire est indiquée dans le tableau suivant.

Version	Nombre de procédures	Nombre d'instructions	Nombre d'octets
ATC1	157	4116	10365 *
ATC 2	308	10281	26284 **
ATC2.1	313	10523	27029 **
ATC2.2	339	11178	29522 **

*   Motorola   6800   microprocesseurs   **   Motorola   68HC11 microprocesseurs*

La petite taille, la structure claire et la simplicité de la solution logicielle ont conduit à de nombreux avantages pour ce qui est de la vérification ainsi que pour les développements ultérieurs et la maintenabilité. Il est intéressant de noter que la première version ATC1 a été exploitée de 1980 à 1993 et durant ces quatorze années de fonctionnement, pas une seule ligne de code n'a été modifiée. Un record du monde, peut-être!!!

La version ATC2 a été développée pour fournir un soutien aux trains à grande vitesse X 2000. Une nouvelle fonctionnalité a été ajoutée, mais les concepts architecturaux n'ont pas été modifiés.

Les deux derniers développements du système ont conduit à l'ATC2.1 où un contrôle par radio au lieu du système de transpondeur de balise a été employé. L'ATC2.2 qui a suivi, a été développé pour être intégré dans les trains X 2000 et les autres trains de voyageurs et de marchandises qui traversent le pont de l'Öresund entre la Suède et le

Danemark. Dans ce cas, Teknogram a également développé une carte d'interface PC et logiciel basée sur le même système d'exploitation que l'ATC2, pour communiquer avec la solution de Siemens utilisée dans les chemins de fer danois. Ce système a commencé son exploitation au cours de l'été 2000 lorsque le pont a été officiellement ouvert. Maintenant, même la ligne entre Helsingor au Danemark et Helsingborg en Suède a également déployé cette solution duale. Les différentes versions de logiciel sont entièrement compatibles ascendantes, c'est-à-dire que l'ATC2.2 pourrait être utilisée dans n'importe quel train en Suède et en Norvège si nécessaire.

En plus du produit embarqué principal ATC, une carte PC et logiciel séparée tournant avec la même solution de système d'exploitation a été développé pour fonctionner comme l'enregistreur « boîte noire » de l'ATC. L'enregistreur recueille des informations remontant à trois jours d'exploitation, inclut des informations de télégramme et toutes les transitions de vitesse supérieure à 2 km/heure. La version la plus récente de l'enregistreur utilise des mémoires flash. Les premières versions utilisaient des mémoires à semi-conducteurs qui demandaient une alimentation constante (batterie de secours).

Standard Radio espérait que l'ATC serait un bon produit d'exportation. Malheureusement, ce marché a mis du temps à se concrétiser. Il y a eu seulement un petit projet à Perth, en Australie, mis en œuvre avec l'ATC1 (il est toujours exploité et se développe). Plusieurs clients potentiels, y compris les chemins de fer britanniques ont examiné le produit, mais ont décidé de ne pas l'acheter. C'est très regrettable car il a été prouvé qu'il a fonctionné de façon fiable pour le trafic ferroviaire pendant plus de 30 ans. Il s'agit d'un record vraiment impressionnant. Le coût d'un seul accident grave paierait probablement l'installation du système sans parler des pertes et souffrances humaines liées à de tels accidents.

Depuis 1990 les solutions utilisées dans ATC1 et ATC2 ont été exploitées également par Ansaldo (ASTS). ASTS ainsi que Teknogram ont été impliqués dans plusieurs installations d'ATC. Les installations comportent un système ATP (Automatic Train Protection) pour Keretapi Tanah Melayu Berhard de Malaisie (installation en 1996), ATP Hammersley Iron Ore Railways en Australie (installation en 1998), le système ATC pour Roslagsbanan dans la périphérie de Stockholm (installation en 2000), l'ASES (système avancé de contrôle de vitesse) pour la New Jersey Transit aux Etats-Unis et le système de monorail de Kuala Lumpur, Malaisie. Tous ces systèmes embarqués ont été fondés sur la même solution d'architecture et de système d'exploitation.

Toutefois, les programmes des dernières solutions sont rédigés en langage de programmation Ada.

En outre, Teknogram AB a utilisé avec succès la même architecture et le même système d'exploitation pour développer et commercialiser plus de 20 simulateurs de train. Par conséquent, cette architecture ATC embarquée a servi de base pour la ligne de produits de Teknogram. Pour Teknogram et Ansaldo, cela représente un exemple exceptionnel de réutilisation des concepts d'architecture et du cœur de système d'exploitation pour la mise en œuvre de nouveaux produits système.

Implications sur le Cycle de vie

Comme les concepts évoluaient, leurs implications plus globales devinrent évidentes, telles que documentées dans un plan logiciel complet, présenté par votre auteur en 1976.

« Un plan global pour la spécification, le développement, le test, la vérification, la production et la maintenance des composants logiciels du projet ATC est présenté. L'objectif est de produire des parties de logiciels fiables associées au système à trois processeurs Motorola 6800 afin de fournir un système complet digne de confiance. Un autre objectif est d'assurer que la composante logicielle reste fiable pendant la durée de vie du produit. Autrement dit, que les modifications ultérieures de logiciel n'affecteront pas la fiabilité à cause d'oublis concernant les caractéristiques de conception et les interrelations des composants logiciels. »

...

« La clé du succès d'un produit logiciel réside dans la capacité de décomposer le système à mettre en œuvre en unités bien définies telles que des processus, des procédures, des blocs, etc. En outre, l'utilisation, les entrées et les sorties de ces unités doivent être bien spécifiés et la spécification doit servir à contrôler la mise en œuvre, les essais, la production et la maintenance. »

...

« Dans le projet de l'ATC, le processus est l'unité jusqu'à laquelle la structure du système a été décomposée. Un processus devrait être considéré comme un composant testable, précisément comme un composant matériel (circuit intégré). Il doit avoir une spécification claire et des procédures de test des composants bien définies. »

...

« *Un système ne peut jamais être plus fiable que ses composants et leurs interconnexions. En supposant que chaque composant de logiciel a été testé, les interconnexions des sous-systèmes de composants et, enfin, l'ensemble du système doivent être mis au point, testés et vérifiés systématiquement.* »

Ainsi, il est clair que même à ce stade précoce de la conceptualisation de l'histoire du produit, l'importance de l'architecture comme un facteur de maitrise du cycle de vie du produit a été clairement identifié. Même si les propriétaires du produit, du développement et de la maintenance ont changé de Direction, les concepts fondamentaux mis en place dans les années 1970 sont toujours en place et ont conduit à une solution efficace pour la sécurité du train non seulement en Suède, mais aussi dans d'autres pays.

PRINCIPES DE DEVELOPPEMENT ET DE MAINTENANCE

Les premiers travaux de développement s'appuyaient sur un ordinateur PDP-15, à la fois pour la simulation et pour la traduction en langage assembleur. Le système cible basé sur les processeurs Motorola 6800 était relié au PDP-15 de sorte que tant la procédure que le système de tests pouvaient être bien contrôlés.

En raison de la simplicité de l'architecture, de nombreux avantages ont été découverts et des principes qui ont guidé le développement et la maintenance ont été établis comme suit :

- La structure des procédures fournissait des points clairs de contrôles intégrés, qui ont servi au test et à la localisation des pannes.
- Le pointeur de pile doit être retourné au même point à chaque cycle d'exécution, apportant une maitrise générale de la bonne exécution du cycle.
- Aucune boucle sauvage ne peut se produire.
- Aucun saut en arrière n'est autorisé, sauf dans des boucles de procédures bien maitrisées.
- Des modifications fiables et rapides peuvent être faites et vérifiées pour, de ce fait, réduire les coûts.
- Le cœur du système d'exploitation peut facilement être réutilisé en enlevant des procédures et en incorporant de nouvelles pour

de nouvelles fonctionnalités (par exemple, enregistreur et simulateur).

Suivre ces principes a conduit à la fois à un produit de système embarqué fiable et stable ainsi qu'à une base pour réutiliser le code.

LEÇONS APPRISES

Il y a plusieurs leçons qui peuvent être tirées de l'expérience du produit-système de bord Standard Radio ATC. Ces leçons pourraient bien s'appliquer à d'autres produits, en particulier les systèmes informatiques critiques du point de vue sécurité. Certaines des leçons plus importantes sont les suivantes :

L'architecture est un aspect clé

La définition et le déploiement de l'architecture pertinente vis-à-vis d'un problème est un facteur clé de succès. Bien qu'il soit important d'avoir bien défini les processus de travail pour toutes les phases du cycle de vie d'un produit, une bonne architecture réduit le besoin de processus lourds avec de multiples activités et tâches. La prise de décisions est simplifiée lorsque les décisions sont bornées par les concepts architecturaux.

La vision d'ingénierie est meilleure que la vision logicielle

Au lieu de créer des quantités importantes de logiciels, une vue ingénierie des fonctions à accomplir a été retenue. L'analogie entre les circuits de matériel et la logique du logiciel, identifiée plus tard comme « circuits logiciel », fournit une solution forte et simplificatrice. Nous pouvons en conclure que le logiciel, surtout en grandes quantités, est dangereux, mais peut être contrôlé avec le point de vue ingénierie approprié.

N'ajoutez pas plus de structure que nécessaire

Ajouter à une solution plus de structure que nécessaire pour atteindre les comportements souhaités conduit à une complexité inutile et donc des coûts et des risques. Ce piège est très courant, même pour les systèmes de sécurité critiques. Des systèmes d'exploitation et des langages de programmation qui fournissent des structures élaborées pour la gestion des interruptions, du multitâche, etc. compliquent la vérification, les développements futurs et la maintenance. En outre, des outils et des méthodes complexes sont souvent déployés. Toutes ces méthodes et leurs outils de support, deviennent implicitement une partie du produit. Ensemble, ils forment souvent une solution surdimensionnée, aggravant les risques et les coûts.

La vérification est un aspect crucial des systèmes critiques pour la sécurité

Tous les systèmes critiques pour la sécurité doivent être vérifiés par rapport à leurs spécifications et leurs comportements sûrs dans diverses situations. La combinaison de tests de modules, d'inspections de code et de tests du système via la simulation s'est avérée être une approche adéquate pour l'ATC. La simplicité de la structure de l'architecture et du code simplifie la vérification et contribue considérablement à la vérification de la sécurité.

Une bonne solution technique est essentielle mais ne garantit pas en elle-même la sécurité

La solution technique n'est qu'une composante du système complet. Il existe de nombreux autres facteurs, y compris les décisions d'investissement, les facteurs humains, la gestion des opérations et ainsi de suite, qui peuvent et ont influé sur l'utilisation du système de sécurité de l'ATC.

REMERCIEMENTS

Plusieurs personnes ont eu des rôles importants en lien avec l'ATC, et en particulier, le système embarqué développé initialement par Standard Radio. À cet égard, votre auteur tient à remercier chaleureusement les contributions des personnes suivantes.

Bengt Sterner à SJ/Banverket pour sa vision pionnière dans le développement des systèmes de l'ATC, combinant le système de transmission voie- train et le système embarqué à microprocesseur .

Sivert Wallin pour son travail de pionnier, à Standard Radio, en développant le premier système embarqué. Fondateur et président de Teknogram AB, Hedemora, Suède.

Johann F. Lindeberg et Øystein Skogstad de Norways Technical University pour avoir dégagé des pistes dans la programmation de l'ATC.

Berit Bryntse et d'autres personnes à Teknogram pour la poursuite des développements de produits systèmes embarqués.

Bertil Friman maintenant employé à Ansaldo Suède pour son travail dans l'élaboration de la stratégie de vérification pour ATC2.

REFERENCES DE L'ETUDE DE CAS

Hansson, H., Lawson, H., Strömberg, M., and Larsson, S. (1995) BASEMENT: A Distributed Real-Time Architecture for Vehicle Applications, Proceedings of the IEEE Real-Time Applications Symposium, Chicago, IL. Also appearing in Real Time Systems, The International Journal of Time-Critical Computing Systems, Vol. 11. No. 3, November, 1996.

Hansson, H., Lawson, H., Bridal, O., Ericsson, C., Larsson, S., Lön, H., and Strömberg, M, (1996) BASEMENT: An Architecture and Methodology for Distributed Automotive Real-Time Systems, IEEE Transactions on Computers, Vol. 46. No. 9

Lawson, H. Wallin, S., Bryntse, B., and Friman, B. (2001) Twenty Years of Safe Train Control in Sweden, Proceedings of the International Symposium and Workshop on Systems Engineering of Computer Based Systems, Washington, DC.

Lawson, H. (2008) Provisioning of Safe Train Control in Nordic Countries, Keynote address appearing in the Proceedings of HiNC2, History of Nordic Computing.

Chapitre 5 - Gestion du Changement

Décisions, décisions ... la seule chose constante est le changement

Pour atteindre sa finalité, ses buts et missions, une entreprise doit en permanence évaluer ses problèmes, ses opportunités, la situation de ses systèmes et agir pour effectuer les changements opérationnels ou structurels appropriés. A qui revient l'autorité et la responsabilité du changement, qui l'initie, comment les décisions sont prises, qui les prend, quand elles doivent être prises, comment les changements sont suivis, sont des questions importantes et cruciales pour l'entreprise.

La littérature sur le management fait état de nombreuses théories et de pratiques significatives en lien avec la prise de décision et au traitement de la gestion du changement. Le spectre des styles de prises de décision s'étend du *« virtuellement dictatorial »* au *« démocrate universel »* (tout le monde est impliqué). Dans ce chapitre, les enjeux critiques liés à la prise de décision et à la gestion du changement sont examinés et reliés au paradigme du *Penser et de l'Agir Système* ainsi qu'aux aspects essentiels des descriptions de système et de leurs instances décrits au chapitre 4.

CYBERNETIQUE ORGANISATIONNELLE

Dans la deuxième moitié des années 1940 Warren McCulloch et Norbert Weiner ont développé le domaine de la cybernétique, moyen indépendant des disciplines, permettant d'expliquer les interrelations des systèmes complexes en matière de contrôle, d'information, de mesure et de logique. La Figure 5-1 illustre un système générique de cybernétique composé de trois éléments et de leurs interrelations.

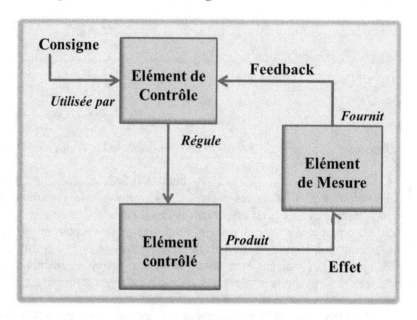

Figure 5-1: Un Système Cybernétique Générique

Un élément de Contrôle *régule* un élément Contrôlé. L'élément Contrôlé *produit* un Effet. Un élément de Mesure *mesure* l'effet et *fournit* un « Feedback » à l'élément de Contrôle. L'élément de Contrôle compare l'effet en cours avec la valeur de Consigne qu'il utilise pour décider de la suite de la régulation de l'élément Contrôlé.

La cybernétique est appliquée dans les systèmes physiques, par exemple dans la régulation de température d'une pièce. Dans ce cas, les capteurs physiques de régulation mesurent l'effet en cours, envoyé à l'élément de Contrôle qui compare cet effet en cours à la consigne fixée ce qui peut conduire à activer ou désactiver un élément de chauffage ou de refroidissement. De telles régulations fonctionnent en continu aussi longtemps que les *éléments « Contrôlés »*, de *« Contrôle »* et de *« Mesure »* sont opérationnels.

Nous faisons à nouveau référence au *Diagramme de Couplage Système* en Figure 5-2. Il est utile de noter qu'une certaine forme d'élément de *Contrôle* est nécessaire au *Système de Réponse*, auquel cas, cet élément contrôle les autres éléments pour que le *Système de Réponse* traite la *Situation-système*. Ainsi, le modèle cybernétique est directement applicable, qu'il s'agisse de réguler la température d'une pièce, de progresser dans les phases d'un cycle de vie ou de traiter une action terroriste. Ashby [Ashby, 1964] dans sa **loi de la variété requise** (Note de traduction : La « variété » est le dénombrement de la quantité de comportements et d'états différents mesurés pour un système donné.) a fait l'observation importante suivante : le contrôle ne peut être obtenu que si la variété du contrôleur est au moins égale à la variété de la situation à contrôler. Ainsi, il est vital que l'élément de contrôle des systèmes de réponse soit correctement conçu et développé pour qu'il soit prêt à faire face aux complexités de la situation. En fait, les éléments de contrôle devraient être vus comme des *actifs-systèmes*, gérés en cycle de vie et instanciés en tant que contrôleurs opérationnels.

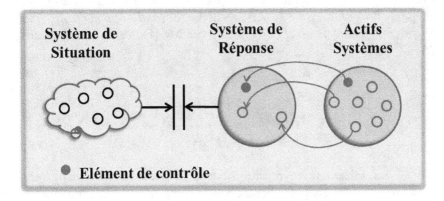

Figure 5-2: Relation entre le Diagramme de Couplage Système et la Cybernétique

Bien que les types des *Eléments de Contrôle, Contrôlés* et de *Mesure* soient différents, on peut tout aussi bien appliquer les principes de la cybernétique aux systèmes non physiques. Alors que beaucoup d'autres exploitaient cette similarité, Stafford Beer a formalisé l'usage de la cybernétique organisationnelle dans ce qu'il a appelé un *Modèle Système Viable (Viable System Model (VSM))* [Beer, 1985]. Le *VSM* stipule des règles selon lesquelles une organisation mérite de survivre si elle est régulée, apprend, s'adapte et évolue. Une telle organisation apprenante, selon Beer, est construite autour de cinq fonctions principales de gestion, à savoir, les *opérations*, la *coordination*, le *contrôle*, le *renseignement* et la *politique*. Toutes ces fonctions sont traitées dans le *VSM* de façon cybernétique. Grosso modo, la fonction des *opérations* est l'*Elément Contrôlé*. La fonction de *contrôle* correspond à l'*Elément de Contrôle*, le *renseignement* est le résultat de la *Mesure* qui est le feedback de l'*Elément de Contrôle*, la *politique* est utilisée pour évaluer une *consigne* et, enfin, la *coordination* traite des interrelations entre les systèmes cybernétiques fonctionnant en parallèle.

Beer s'est aussi rendu compte que dans des organisations complexes, il existe plusieurs niveaux de *VSM* et que leurs interrelations peuvent être décrites, sous forme de systèmes, via une décomposition récursive comme décrite au chapitre 1. Dans ce cas, les *Eléments de Contrôle* à un niveau incluent les Eléments de contrôle du niveau inférieur. Ainsi, en utilisant maintenant votre connaissance des *descriptions système* et des *instances* du chapitre 4, observez qu'à partir du modèle de la description système d'un système cybernétique générique, des instances sont instanciées à divers niveaux dans la structure organisationnelle. Plusieurs exemples d'utilisation de la cybernétique organisationnelle de Beer, sont exposés dans différents chapitres du Volume 3 de la Série Système, *Beyond Alignment: Applying Systems Thinking in Architecting Enterprises* [Gotze et Jensen-Waud, 2013].

LA GESTION DU CHANGEMENT EN TANT QUE SYSTEME CYBERNETIQUE

La mise en œuvre du Modèle de Gestion du Changement présentée dans les chapitres précédents et s'appuyant sur les principes de cybernétique organisationnelle est résumée en Figure 5-3.

En mettant en œuvre le modèle comme s'il s'agissait d'un système, l'*Elément de Contrôle* opère en continu selon le paradigme *Observer, Orienter, Décider et Agir*. Quand l'*Elément contrôlé* est un projet, il opère de façon discrète, autrement dit, il réalise le changement dans le cadre de contraintes de temps planifiées. Dans le cas d'entités organisationnelles, il n'y a pas forcément des points spécifiques d'achèvement. Pour les changements structurels, la forme projet, où les projets suivent le paradigme *Planifier, Développer, Contrôler, Agir*, est plus courante. Même une entité organisationnelle ayant la responsabilité d'un changement devrait utiliser le paradigme *PDCA*, en particulier pour des changements d'environnement opérationnel non triviaux.

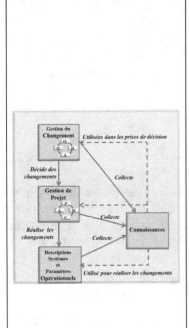

La ***Gestion du Changement*** fonctionne comme l'***Elément de Contrôle***. Elle utilise la connaissance en feedback pour prendre des décisions. Finalité, Buts et Missions à accomplir ainsi que politique, règles et règlementations, servent de valeurs de consigne.

Quand les changements sont faits via des Projets, le ***Projet*** devient ***l'Elément Contrôlé***. Quand les changements de paramètres opérationnels sont faits par une ***entité organisationnelle***, celle-ci constitue l'***Elément Contrôlé***.

Les résultats produits par l'exécution des Processus Techniques de l'ISO/IEC 15288 produisent comme Effet des changements de la ***Description des Systèmes*** et des ***Paramètres Opérationnels***.

Les résultats produits par tous les éléments de la gauche du dessin sont rassemblés en données, interprétées comme de l'information pertinente et lorsqu'elles sont corrélées à d'autres informations, elles deviennent des ***Connaissances*** assimilées et réutilisées.

Figure 5-3: Système de Gestion du Changement

Contrairement au Modèle de Système Cybernétique générique de la Figure 5-1, tous les éléments système du Système de Gestion du Changement collectent des données qui peuvent être classées et procurer ainsi des informations. Les données peuvent encore être mesurées selon d'autres classifications pertinentes et apporter des données et des informations supplémentaires. Ceci correspond à l'*Elément Mesure* de la Figure 5-1. En corrélant des informations, on peut assimiler des connaissances acquises à un feedback cybernétique et les réutiliser sous forme de capacités en « savoir-faire » dans les activités de changement en cours. Ces aspects d'assimilation et d'utilisation de la connaissance sont décrits plus en détail dans le chapitre 7.

MESURE DE L'EFFET

En fonction du type de système à contrôler, on peut mesurer de diverses façons l'Effet produit pendant l'exploitation du système et déterminer s'il satisfait les consignes des exigences fixées par le changement. On peut appliquer à tout type de système artificiel les deux mesures suivantes.

Mesure d'Efficacité

Elle mesure l'aptitude d'un système à satisfaire les besoins exprimés sous la forme des exigences des parties prenantes. Les exigences indiquent ce que le système devrait être capable d'atteindre. On ne peut évaluer la Mesure d'efficacité (en anglais MOE – Measure of Effectiveness) d'un élément de système qu'en déterminant sa part de contribution à satisfaire les besoins du *Système d'Intérêt* dont il fait partie et à satisfaire les exigences des *parties prenantes* du système.

Les mesures de *MOE* varient en fonction du type de système impliqué. Pour des *systèmes physiques définis*, on peut associer des mesures à des exigences quantitatives. Par exemple, un système d'air climatisé devrait maintenir la température d'une pièce entre 18°C au moins et 22°C au plus. Pour des *systèmes abstraits définis* et des *systèmes d'activité humaine*, la *MOE* peut impliquer à la fois des mesures quantitatives et qualitatives. Par exemple, une entreprise fonctionne à l'intérieur des limites d'un budget alloué (quantitatif) de même qu'elle répond à l'exigence d'entretenir la satisfaction des employés (mesurable uniquement de façon qualitative).

Mesure de Performance

Elle mesure les performances réelles atteintes du fait de la conception intrinsèque du système. On peut déterminer les Mesures de Performance (en anglais MOP – Measure of Performance) par des tests ou des essais des systèmes sur site, conduisant à des mesures évaluées par rapport à un référentiel de performances.

On peut clairement appliquer des mesures quantitatives de MOP pour des *systèmes physiques définis* ; par exemple, un système de climatisation, de par sa conception, maintient une température moyenne dans la pièce de 20°C ± 0.5°C, au moins 95% du temps d'utilisation journalier. Dans le cas de *systèmes abstraits définis* et des *systèmes d'activité humaine* tels qu'une entreprise, on peut également faire des mesures quantitatives du respect des plans projets à l'intérieur de limites budgétaires. Pour évaluer la performance d'une propriété qualitative d'un système, telle que la satisfaction des employés, on peut utiliser comme moyen de mesure des questionnaires ou des interviews, qui conduiront à formuler un jugement du degré de satisfaction.

En résumé, alors que les mesures de MOE et de MOP ont été appliquées traditionnellement aux systèmes physiques, il est certainement possible de trouver des mesures correspondantes pour les autres systèmes artificiels, tant quantitatives que qualitatives. Ces deux mesures contribuent largement aux connaissances utilisées d'une part comme feedback vers l'*Elément de contrôle* de la *Gestion du Changement* et d'autre part comme assimilation par les projets ou les entités organisationnelles sous forme de recommandations à destination des activités de changements en cours.

Indice de Satisfaction du Client

Le degré de satisfaction de ses clients représente une mesure « d'Effet » non technique, très importante pour les entreprises. Du point de vue qualité, c'est la satisfaction du client qui représente l'effet désiré du système de gestion de la qualité, comme stipulé par le standard ISO 9001 [ISO 9001, 2008].

L'*Indice de Satisfaction Client* (en anglais CSI, Customer Satisfaction Index) a été développé par le Professeur Claes Fornell [Fornell, 2001] [www.theasci.org]. Il est utilisé comme prédicteur de dépenses du consommateur et de revenus pour l'entreprise. Le modèle CSI est un jeu de d'équations qui relient les attentes du client, la qualité perçue et la valeur perçue à la satisfaction du client. Ces mesures sont à leur tour associées aux conséquences objectives des plaintes du client et de sa fidélité – mesurées par la tolérance au prix et la fidélisation du client.

Le modèle a été appliqué à une large palette de produits et services commerciaux. Une variante du modèle mesure la satisfaction à l'égard des services de l'état. Les mesures effectuées la première année définissent le point de référence de l'indice. Ainsi, l'indice montre par la suite l'augmentation ou la diminution de la satisfaction du client par rapport à ce point. Les CSI de nombreuses industries sont fréquemment publiés dans des publications financières de premier plan parce qu'ils fournissent une indication de la valeur d'un actif crucial, à savoir des clients satisfaits.

On a observé un effet secondaire important lié à la mesure de la satisfaction du client : il s'agit du degré de satisfaction des employés qui a un haut degré de corrélation avec le CSI.

Processus d'Evaluation

Un autre type de mesure « d'Effet », applicable en entreprise, est l'évaluation de la capacité de ses processus. Il existe un certain nombre de Modèles de Maturité de Capacités (*Capability Maturity Models, en anglais*) qui visent à mesurer les capacités de l'activité humaine dans plusieurs domaines, entre autres le développement logiciel, le développement système, l'acquisition et bien d'autres. L'entreprise est évaluée sur la façon dont elle exécute plus ou moins bien les processus. Ces mesures sont basées sur les résultats objectifs des processus et sont positionnées sur l'échelle graduée qui suit :

– Niveau 1 - Fait
– Niveau 2 - Reproductible
– Niveau 3 - Défini
– Niveau 4 - Géré
– Niveau 5 - En Optimisation

Au niveau le plus bas, les processus sont effectués et fournissent les résultats en sortie, sommaires, pas forcément reproductibles, pas bien définis, pas bien gérés et certainement pas optimisés pour une amélioration continue de l'entreprise. Au niveau le plus élevé, l'entreprise fournit la preuve tangible de reproductibilité de ses processus, de leur bonne définition, de leur bonne gestion et finalement qu'elle améliore en continu (i.e. en optimisant) ses processus.

Lors d'une évaluation, l'entreprise est notée sur chaque processus et ensuite, collectivement, sur l'ensemble des processus évalués. En liant l'évaluation aux résultats du processus d'exécution des produits intermédiaires, les mesures d'évaluation tentent à être quantitatives. Cependant, du fait d'une certaine subjectivité, certaines mesures tentent à devenir de nature qualitative. Quoi qu'il en soit, les évaluations sont des apports précieux aussi bien pour un feedback vers l'*élément de contrôle* de la *Gestion du Changement* que pour nourrir les connaissances associées à l'accomplissement du changement.

Nota: dans le domaine de la gestion du cycle de vie des systèmes adressé par l'ISO/IEC 15288, le même sous-comité ISO/IEC JTC1, a développé le standard 15288 et le standard ISO/IEC 15504-6 [ISO/IEC 15504, 2004], modèle d'évaluation de processus pour évaluer les processus de la version 2002 du standard 15288.

Tableau de Bord Prospectif

Le tableau de bord prospectif (*en anglais Balanced Scorecards (BSC)*) est un mécanisme de contrôle pour les entreprises ou les projets. Il promeut la capture, la communication et la revue de diverses activités ou propriétés du système de plus haut niveau (l'entreprise et ses projets) en les reliant à la stratégie et aux buts de l'entreprise ou ses projets. Voir Kaplan and Norton, 1996].

Un BSC présente divers points de vue sur l'entreprise, incluant typiquement :

- le point de vue financier ;
- le point de vue du client ;
- le point de vue des processus de l'entreprise ;
- le point de vue de l'innovation et de l'apprentissage.

On peut ajouter d'autres points de vue, si nécessaire. Au sein de chaque point de vue, on définit un jeu *d'Indicateurs Clés de Performance* (*en anglais, Key Performance Indicators (KPI's)*), mesurables et aptes à démontrer la performance actuelle de l'entreprise par rapport aux valeurs cibles (seuils). Le résultat se traduit par une vue d'ensemble des forces et des faiblesses au plus haut niveau qui peut guider le processus global de prise de décision du management et se concentrer sur les domaines les plus pertinents à améliorer.

La grande force des *BSC* réside dans la vision holistique qu'elle révèle sur l'entreprise dans la mesure où elle présente, sous forme de représentation globale unique, des indicateurs clés de performance de domaines très différents. Considérez par exemple un problème couvrant plusieurs domaines et points de vue : des employés ressentent un manque de formation au nouveau système informatique (point de vue innovation et apprentissage), conduisant à des services d'assistance au client lents et potentiellement erronés (point de vue processus), et en conséquence, une baisse de la satisfaction client (point de vue client) et une diminution lente des ventes (point de vue financier). Dans cet exemple, un *BSC* peut servir de base de discussion sur des actions à prendre, telles qu'une augmentation supplémentaire des coûts de formation, de nouvelles améliorations du système d'information ou autres.

Tout en étant utiles pour obtenir une vue d'ensemble sur une grande diversité de sujets, de systèmes, de qualités d'organisations etc. grâce aux *Indicateurs Clés de Performance* (*KPI*), les *tableaux de bord prospectifs* (*BSC*) ne montrent pas intrinsèquement les interdépendances entre les KPI. Les méthodes du *Penser Système*, introduites au chapitre 2, telles que les *Systemigrams* et les archétypes sont adaptées pour visualiser ces interdépendances. Par exemple, les archétypes peuvent être utilisés pour mettre en exergue des boucles de limitation et des concepts alternatifs, ce qui réduit les effets de limitation indésirables ou ajoute des nouvelles boucles de croissance.

On peut utiliser les méthodes du *Penser Système*, en lien avec le *BSC*, pour démontrer :

– les interdépendances entre les *indicateurs clés de performance* ;
– les optimisations internes à un système qui aboutissent à un unique *indicateur clé de performance* ;
– les relations d'un système d'*indicateurs clés de performance* avec son environnement.

Pour ce qui est du dernier point, notez qu'il peut inclure des systèmes environnementaux qui sortent du cadre du *BSC*. Ces systèmes environnementaux peuvent être des facteurs exogènes à l'organisation (par ex. le prix des matières premières) ou endogènes, tout simplement non inclus dans le BSC actuel.

Ainsi, par la mise en œuvre d'un *BSC* pour fixer des consignes et comme moyen de mesure dans un modèle cybernétique, le besoin de mesurer individuellement et collectivement peut très bien conduire à une hiérarchie de systèmes cybernétiques qui interagissent. Ceci correspond tout-à-fait au *Modèle Système Viable* (*Viable System Model (VSM)*).

Couverture d'une Situation

Il serait utile de disposer de méthodes pour mesurer la « bien faction » des architectures, c'est-à-dire de développer des métriques et d'être ainsi capable d'établir des consignes. Une mesure évidente, qui peut être associée au *Diagramme de Couplage Système* et aux *Systèmes de Réponse*, est leur degré de couverture de la situation. Autrement dit, le *Système de Réponse* adresse-t-il bien les problèmes ou les opportunités qui apparaissent dans une *Situation-système*. De plus, quand on prend des *actifs-systèmes* du portefeuille de l'Entreprise pour les incorporer dans le *Système de Réponse*, des mesures, telles que leurs contributions (en tant qu'éléments) pour aider le *Système de Réponse* à satisfaire les objectifs de couverture de situation seraient utiles. C'est encore, dans une large mesure, une question ouverte dans le domaine de la recherche.

Il existe au MIT une recherche prometteuse dans ce domaine, au SEAri (Systems Engineering Advancement Research Initiative, http://seari.mit.edu). Cinq aspects de l'ingénierie des systèmes complexes sont considérés dans ce travail. Outre les propriétés *Structurelles* et *Comportementales* des systèmes, l'étude porte sur les propriétés *Contextuelles, Temporelles* et *Perceptuelles* des architectures. Ainsi est adressée une vue holistique des situations. Les propriétés contextuelles sont reliées aux circonstances dans lesquelles le système existe (ceci fait directement écho aux discussions précédentes sur le *Système d'Intérêt-Rapproché, SdI-Etendu, l'Environnement* et *l'Environnement plus large*). Les propriétés temporelles sont reliées aux dimensions des systèmes au fil du temps (un point de vue architectural de la conception du système doit intégrer l'adaptation au futur). La propriété perceptuelle est associée aux préférences, perceptions et subjectivités cognitives des parties prenantes (à nouveau, il s'agit d'une partie de la vision holistique). En considérant un ensemble de propriétés conceptuelles d'un système par rapport à ces cinq aspects, une grande diversité de solutions architecturales alternatives peut être évaluée par rapport à la « bien faction ». [Rhodes et Ross, 2010] fournissent une description détaillée de ces cinq aspects et de la façon dont ils peuvent être appliqués.

Le standard international [ISO/IEC 15939] fournit des recommandations pour mesurer et pour établir des indicateurs de mesure d'un point de vue de l'ingénierie système. [Roedler, et. al., 2010]. De plus, le standard [ISO/IEC 42030] fournit une base pour l'Evaluation d'architecture.

PRISE DE DECISION

« Il est toujours sage de soulever des questions sur les hypothèses les plus évidentes et les plus simples. »
C. West Churchman [Churchman, 1971]

Il est important de se rappeler que des décisions sont prises à chaque instant, à tous les niveaux d'une entreprise, par une entité de l'organisation, une organisation projet ou un individu. Il est essentiel pour une entreprise que les décisions importantes soient prises sur la base d'analyses avisées de situations, l'identification et l'évaluation de solutions alternatives relatives à la qualité, les risques et les coûts impliqués et que les changements résultant de décisions importantes puissent être suivis pour déterminer si « l'Effet » désiré a été atteint.

Quant à la prise de décision, le standard ISO/IEC 15288 prévoit les *Processus Projet* suivants à utiliser.

Prise de décision	Sélectionner le plan d'action le plus avantageux quand des alternatives existent.
Gestion des Risques	Réduire les effets d'évènements incertains qui peuvent affecter la qualité, les coûts, le calendrier ou les caractéristiques techniques
Mesure	Collecter, analyser et communiquer les données relatives aux produits développés et aux processus mis en œuvre au sein de l'organisation, pour appuyer une gestion efficace des processus et démontrer de façon objective la qualité des produits.

Bien que ces processus appartiennent à la catégorie Projet, on peut les ajuster et les instancier partout où on en a besoin dans une entreprise, par exemple, en tant que partie intégrale de la mise en œuvre du *Système de Gestion du Changement*.

Déclenchement du Changement - Décisions réactives et proactives

Il existe de nombreuses situations problématiques ou opportunistes qui peuvent déclencher un besoin de changement, par exemple :

- Changement de l'environnement externe ;
- Changement de la perception de l'entreprise ;
- Changement du marché ;
- Changement des offres technologiques;
- Changement de la disponibilité de ressources (moyens, personnes, matières premières) ;
- Changement des descriptions des systèmes au cours du développement ;
- Changement de la consommation (exploitation et maintenance) ;
- Changement de la qualité des produits ou services.

Une entreprise en bonne santé répond immédiatement aux déclencheurs de changements, de façon réactive, mais continue à évaluer dans le même temps, de façon proactive, ses capacités à atteindre sa finalité, ses buts et ses missions grâce aux infrastructures associées aux *actifs-systèmes*. Lorsqu'elles effectuent ces changements nécessaires de façon réactive, de telles entreprises ne perdent pas de vue les aspects holistiques de leurs systèmes et de leurs opérations. Elles continuent à identifier les sources potentielles de problèmes ou d'opportunités, à initialiser des *Systèmes de Réponse* sous forme de projets, missions, groupes de travail, systèmes d'études thématiques, pour gagner en compréhension, planifier le changement, établir et suivre les efforts du *Système de Réponse* pour mener à bien le changement.

Une entreprise en mauvaise santé répond aux déclencheurs de changement par une prise de décision réactive. Elle réagit aux situations problématiques ou saute hâtivement sur une opportunité avec pour résultat des décisions de changement isolées qui peuvent avoir un effet destructeur et profond à la fois sur son infrastructure et sur les *produits-systèmes* ou *services-systèmes* à valeur ajoutée.

Forces, Faiblesses, Opportunités et Menaces

(en anglais SWOT - *Strengths, Weaknesses, Opportunities,Threats*)

Il y a un certain nombre de méthodes et d'outils facilitant la prise de décision. Une méthode très simple repose sur l'utilisation de SWOT, développée au Stanford Research Institute dans les années 1960 et 1970, généralement attribuée à Alfred Humphrey. SWOT est un cadre d'analyse des forces et faiblesses, des opportunités et menaces, qui peut être déployé à tout niveau d'une entreprise. C'est un outil très utile pour la fonction de Gestion du Changement. Une analyse SWOT aide à se concentrer sur les forces, à minimiser les faiblesses et à tirer profit des opportunités disponibles. Ainsi, une analyse SWOT est utile pour identifier des facteurs clés associés aux systèmes, dans le portefeuille des systèmes de l'Entreprise. Elle fournit un support utile pour la partie Orienter de la boucle OODA décrite au chapitre 3. Les résultats de SWOT sont positionnés dans un tableau à quatre cadrans, comme l'illustre la Figure 5-4. Les forces et les opportunités sont considérées comme favorables pour atteindre un objectif, alors que les faiblesses et les menaces sont considérées comme nuisibles pour atteindre un objectif. De plus, les forces et les faiblesses sont associées aux aspects internes à l'entreprise alors que les opportunités et les menaces sont souvent, mais pas toujours, externes à l'entreprise.

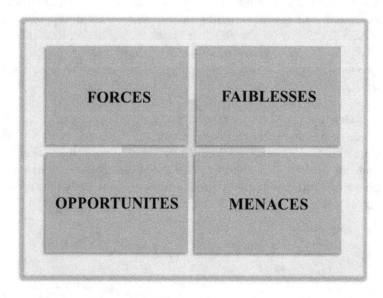

Figure 5-4: Format d'une Analyse SWOT

Ce qui suit présente des questions typiques que l'on peut adresser dans une analyse *SWOT* et exemplifie les facteurs que l'on peut y inclure.

Forces (*Strengths*)

Questions	Exemple de facteurs à analyser
Quels avantages avez-vous?	Compétence spéciale en marketing.
Que faites-vous bien?	Produit ou service innovant.
A quelles ressources pertinentes avez-vous accès?	Localisation géographique de vos opérations.
Qu'est-ce que les autres personnes reconnaissent comme vos forces	Grande qualité des processus et procédures.
	Autres aspects de vos opérations qui augmentent la valeur de vos produits et services

Faiblesses (*Weaknesses*)

Questions	Exemple de facteurs à analyser
Que pourriez-vous améliorer?	Manque d'expertise en marketing.
Que faites-vous mal ?	Manque de différenciation de produits et services (par rapport aux concurrents).
Que devriez-vous éviter ?	Localisation géographique de vos opérations.
	Mauvaise qualité des Produits ou services.
	Mauvaise réputation.

Opportunités (*Opportunities*)

Questions	Exemple de facteurs à analyser
Où sont les bonnes opportunités qui vous font face?	Développement d'un marché tel qu'Internet.
Quelles sont les tendances intéressantes dont vous avez connaissance ?	Possibilité de partenariats (*joint-ventures*), fusions ou alliances stratégiques.
	Déplacement vers de nouveaux segments de marché offrant de meilleurs bénéfices.
	Nouveau marché à l'international.
	Marché libéré par un concurrent mineur.

Menaces (*Threats*)

Questions	Exemple de facteurs à analyser
A quels obstacles êtes-vous confrontés?	Un nouveau concurrent entre dans votre marché.
Que fait la concurrence en ce moment ?	Les guerres de prix avec les concurrents.
Les spécifications de votre travail, de vos produits ou de vos services changent-elles ?	Un concurrent développe un produit ou un service innovant.
Est-ce qu'un changement de technologie menace votre position ?	Les concurrents ont un meilleur accès aux circuits de distribution.
Avez-vous des problèmes de dettes ou de trésorerie ?	Introduction d'une taxe sur vos produits et services.
Est-ce que l'une de vos faiblesses menace sérieusement vos opérations?	

Une analyse *SWOT* peut être très subjective et de ce fait on ne devrait s'appuyer sur cette approche de la situation d'une entreprise que pour une orientation. Voici quelques recommandations pour réussir une analyse *SWOT* :

- Etablir un portrait réaliste des forces et des faiblesses de l'entreprise.
- Faire la distinction entre le présent (où se situe l'entreprise maintenant) et le futur (où elle devrait se situer dans le futur).
- Etre précis et éviter de laisser des zones d'ombre.
- Analyser la situation de l'entreprise par rapport à la concurrence.
- Faire une analyse concise et éviter des analyses détaillées et la complexité.

Note: vous êtes invité, en tant que lecteur, à faire une recherche de *SWOT* sur le web. Vous y trouverez des explications supplémentaires et un grand nombre d'exemples. Bien que nous ayons concentré cette discussion sur l'utilisation des *SWOT* par les entreprises, elle est tout autant valide pour un usage personnel pour analyser des situations personnelles.

Arbres de décision

Le déploiement des arbres de décision représente une autre méthode simple pour aider à la prise de décision. Un *arbre de décision* (parfois appelé « *diagramme arborescent* »), est un outil d'aide à la décision qui utilise un modèle d'arbre de décisions et de leur conséquences possibles, incluant des résultats d'évènements aléatoires, des coûts de ressources et de services. On utilise couramment les arbres de décision dans les analyses de décision pour aider à définir la stratégie la plus à même d'atteindre un but. On utilise aussi les arbres de décision comme un moyen descriptif pour calculer des probabilités conditionnelles. La structure des arbres de décision peut avoir des variantes mais la représentation de la Figure 5-5 en illustre les principes.

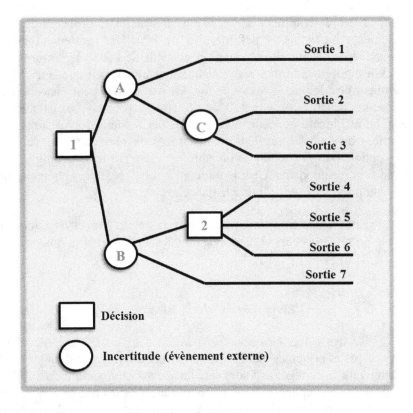

Figure 5-5: Structure d'un Arbre de Décision
Source: Google: Decision Trees and www.time-management-guide.com

Les carrés représentent les décisions que vous pouvez prendre. Les lignes sortant de chaque carré, à leur droite, indiquent toutes les options distinctes disponibles qui peuvent être choisies à ce nœud d'analyse de la décision. Les cercles montrent les divers contextes qui ont des résultats incertains, comme par exemple, des types d'évènements qui peuvent vous affecter sur un chemin donné. Les lignes sortant de chaque cercle représentent des résultats possibles de ce contexte incontrôlable. Pour quantifier l'arbre, annotez au-dessus de chaque ligne de l'arbre de décision les meilleures estimations de probabilité (par exemple, « 70% » or « 0.7 ») des différents résultats possibles.

Chaque chemin parcouru de gauche à droite conduit à un résultat spécifique. Décrivez ces résultats finaux selon les termes de vos critères principaux pour juger des résultats de vos décisions. Idéalement, attribuez à chaque résultat final une mesure quantitative du bénéfice global que vous retirerez de ce résultat, exprimé par exemple en valeur monétaire estimée.

L'arbre complet de décision fournit les probabilités des évènements incertains et des mesures de bénéfices, autrement dit la désirabilité de chaque résultat final. A ce stade de l'analyse, l'arbre peut être utilisé pour fournir des recommandations plus spécifiques sur ce que pourraient être les meilleures options. En particulier, pour chacune des options contrôlables (aux nœuds de décisions), vous pouvez calculer la désirabilité globale de cette option. C'est la somme des mesures des bénéfices de tous les résultats finaux tracés en remontant jusque vers cette option, par un chemin ou un autre, pondéré par les probabilités des chemins correspondants. Ceci indiquera l'option préférée, autrement dit, celle qui présente la désirabilité la plus élevée.

Encore une fois, une recherche web sur les *Arbres de Décision*, vous apportera plusieurs variantes de modèles et de pondérations.

Prises de décisions cohérentes

Un des points clés de la *prise de décision* est la cohérence avec les concepts et principes établis. Les concepts et principes d'un système dont on gère le changement sont reflétés dans l'*architecture du système* décrite dans le chapitre 4. Il est important à cet égard que la conception de l'architecture du système soit fondée sur un petit nombre de concepts et de principes clairs. Si c'est le cas, les *prises de décision* pendant toute la durée de vie tentent à rester à l'intérieur des limites explicites ou implicites fixées par les concepts et principes, comme l'illustre la Figure 5-6. Ainsi on peut éviter la « *course aux vaches* » qui résulte d'un manque d'établissement et de communication de concepts et principes directeurs décrits au chapitre 4.

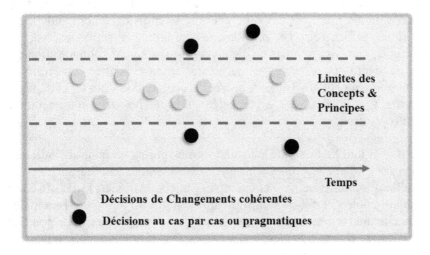

Figure 5-6: Prise de Décision attachée aux Concepts et Principes

Les décisions à l'extérieur des limites ont tendance à être au cas par cas ou pragmatiques et s'écartent des concepts et des principes. La première décision divergente conduit souvent à une deuxième, une troisième etc. La mise en œuvre de telles décisions conduisent dans le temps à une dégradation de la structure architecturale du système. Bien que de nombreux *produits-systèmes* venant de l'industrie informatique soient des exemples tangibles de ce phénomène, de nombreux autres systèmes artificiels souffrent de prises de décisions incohérentes dues au manque de concepts et principes forts intégrés à l'architecture du système.

Le Phénomène de l'Entropie

L'*entropie* est un autre phénomène système important, au cœur de la prise de décision. L'entropie tient son origine du domaine de la thermodynamique. On l'utilise pour décrire la mesure d'un comportement de dégradation (désordre), en l'occurrence l'effet de la déperdition de chaleur aboutissant à une perte d'énergie. Cependant, la notion de comportement de dégradation des systèmes est générale et peut très bien être appliquée à la fois aux systèmes physiques ainsi qu'à d'autres types de systèmes artificiels, comme relevé dans les discussions précédentes sur la cohérence des prises de décisions [Rifkin, 1980].

Les systèmes physiques naturels, comme le corps humain, ont besoin d'acquérir de l'énergie pour maintenir leur fonctionnement. Si l'être humain ne reçoit pas cette énergie, le corps deviendra anorexique et finira par mourir. Un phénomène similaire peut être observé, par exemple, sur des systèmes artificiels tel un système de climatisation qui ne recevrait pas l'énergie nécessaire pour chauffer ou refroidir l'environnement dans lequel il opère. La dégradation d'un tel système de l'ordre vers le désordre est appelée *entropie positive*, autrement dit, l'entropie croit.

Il faut de l'énergie sous une forme appropriée pour atteindre une *entropie négative* ; une entropie décroissante conduisant à une amélioration du système. Par exemple, l'injection d'énergie dans le corps humain contre l'effet de l'entropie qui conduit à l'anorexie. La citation suivante met en exergue l'importance de l'entropie négative pour les activités de *Gestion du changement* d'une organisation (entreprise) :

> « *La plupart des changements échouent parce qu'on ne leur accorde pas assez de suivi, de renforcement et de nouvelle énergie. De nombreux managers veulent tout avoir en pilotage automatique mais c'est l'antithèse de ce qui, en réalité, fait que le changement puisse advenir. Dans la terminologie système, pour faire que le changement se produise, il faut de l'entropie négative -une nouvelle énergie-. En fait, la plupart des dirigeants se préoccupent « de l'adhésion» des employés alors que les « amener à rester » est bien plus difficile à obtenir et à maintenir sur le long terme. »*
> **S.G. Haines** [Haines, 1998].

Le manque d'entropie négative (nouvelle énergie) dans un système est ce qui conduit à l'obsolescence, la rigidité, le déclin et en final à la mort du système. Ainsi, une des exigences les plus importantes d'un *Système de Gestion du Changement* est de faire obstacle à l'entropie positive et de faire des changements qui conduiront à une entropie négative dans les systèmes auxquels une autorité et une responsabilité seront conférés. Ce n'est pas une tâche facile si l'on considère les interrelations complexes qui existent entre de multiples systèmes. La décision de faire un changement en injectant une énergie requise dans un système peut, en fait, avoir des effets secondaires qui conduisent à une entropie positive pour d'autres systèmes. Souvenez-vous de la discussion au chapitre 2 sur la chaine de relations causales multiples, des paradoxes et des archétypes systèmes contenant des boucles de croissance.

L'analyse et la compréhension des relations complexes qui conduisent à une entropie positive et négative peuvent être illustrées en utilisant le langage des *Liens et des Boucles* introduit au chapitre 2. Ainsi, en Figure 5-7, les relations de base de l'entropie sont illustrées sous forme d'archétypes de croissance.

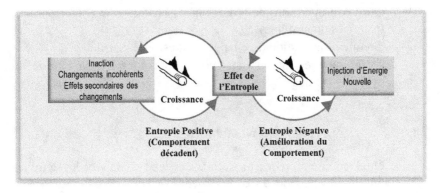

Figure 5-7: Boucles de Croissance dues à l'Entropie Positive et Négative

Dans le cas de l'entropie positive, le système se dégrade suite à l'inaction, à des décisions incohérentes ou à un effet secondaire de changements d'un ou plusieurs autres systèmes. Ceci ne signifie pas que tous les changements faits dans les systèmes qui lui sont reliés vont nécessairement avoir une entropie positive. Dans le cas d'une entropie négative, le changement qui résulte de la nouvelle énergie injectée dans le système se traduit typiquement sous la forme de ressources (humaines, de moyens ou financières) mais peut aussi arriver par l'augmentation d'un engagement individuel ou de groupe et par un esprit de corps.

MISE EN OEUVRE DE LA GESTION DU CHANGEMENT

Comment mettre en œuvre l'élément *"gestion du changement"* du *Système de Gestion du Changement* illustré en Figure 5-3 ? C'est une question vitale pour l'entreprise dans laquelle une ou plusieurs instances du *Système de Gestion du Changement* sont mises en œuvre. Quelques-uns des problèmes centraux sont :

- Quels processus sous-tendent la gestion du changement ?
- Qui est propriétaire de la gestion du changement (description et instances du système) ?
- Comment la gestion du changement est-elle distribuée?
- Quels sont les instruments requis pour contrôler la gestion du cycle de vie des systèmes ?

Processus de Gestion du Changement

Quel ou quels processus définissent les résultats et les activités opérationnelles de gestion du changement, sachant qu'elle exerce son rôle de contrôle sur la gestion du cycle de vie des systèmes sur lesquels elle a autorité et responsabilité ?

Le standard ISO/IEC 15288:2008 n'identifie pas explicitement un Processus de Gestion du Changement ; cependant, les *processus de soutien aux projets* recèlent des aspects pertinents sur le changement, tels que ceux qui suivent :

Gestion du Modèle de Cycle de Vie	**Définir, maintenir et assurer la disponibilité des politiques, des processus de cycle de vie, des modèles de cycle de vie et des procédures pour que l'organisation les utilise en application du Standard International.**
Gestion de l'infrastructure	**Fournir aux projets l'infrastructure et les services afin de soutenir l'organisation et les objectifs des projets tout au long du cycle de vie.**
Gestion du Portefeuille de Projets	**Initialiser et soutenir les projets nécessaires et suffisants pour satisfaire les objectifs stratégiques de l'organisation.**
Gestion des Ressources Humaines	**Assurer que l'organisation est dotée des ressources humaines nécessaires et maintenir les compétences en cohérence avec les besoins de l'entreprise.**
Gestion de la Qualité	**Assurer que les produits, les services et les mises en œuvre des processus du cycle de vie satisfont les critères qualité de l'entreprise et répondent à la satisfaction des clients.**

Pour définir les capacités des processus nécessaires à la gestion du changement, une solution consiste à utiliser les *processus de soutien aux projets* de l'ISO/IEC 15288 comme point de départ et de les ajuster ensuite quant à leurs finalités, résultats et activités pour refléter les besoins de l'organisation (entreprise) vis-à-vis de la gestion du changement. Une alternative consiste à créer, via l'ajustement, un *processus de Gestion du Changement* avec une finalité telle que :

Gestion du Changement	**Prendre les décisions et mettre en place le contrôle des changements de toute nature qui sont essentiels pour atteindre la finalité, les buts et les missions de l'entreprise.**

Les résultats de ce processus et ses activités devraient refléter les propriétés essentielles de l'*élément de contrôle* du modèle du *Système de Gestion du Changement* déjà présenté dans ce livre. Les *processus de soutien aux projets* de l'ISO/IEC 15288:2008 devraient être ajustés pour tenir compte de cette définition et pour travailler en harmonie avec le *processus de Gestion du Changement*.

L'avantage à définir un nouveau processus est de mettre l'accent sur l'importance de la Gestion du Changement, comme une fonction centrale de l'Organisation / Entreprise. D'autre part, cela introduit une autre définition de processus qu'il faudra gérer.

Propriété de la Gestion du Changement

La question de la propriété d'un processus a été soulevée au chapitre 4. Comme la Gestion du Changement est un système d'*activité humaine définie*, ce système a une description système et peut exister en de multiples instances qui fournissent un service vital dans toute l'entreprise. La description système du Système de Gestion du Changement est fournie dans ce livre sous forme de modèle graphique, dans diverses versions, ainsi que de texte correspondant explicitant sa composition et son utilisation. Comme pour tout système, le *cycle de vie* du *Système de Gestion du Changement* doit être géré. La description système de la Gestion du Changement est un actif vital de l'infrastructure qui appartient et est géré en cycle de vie par l'entreprise. Dans une entreprise, les instances du système de Gestion du Changement appartiennent à l'entité ou aux entités qui utilisent (exploitent) les instances respectives. Bien que le nom donné à cette ou ces entités propriétaires de la gestion du changement puisse varier, nous les appellerons *Comités de Contrôle du Changement (CCC)* dans la suite de ce livre.

Russell Ackoff a soulevé la question de la propriété dans sa vision de l'organisation circulaire où une structure participative basée sur des *Comités de Contrôle du Changement*, est utilisée pour aboutir à une forme de hiérarchie démocratique [Ackoff, 1994]. Trois principes sont mis en avant par Ackoff pour exemplifier la participation à une approche structurée sous forme de *CCC*.

– L'absence d'autorité ultime.

–   La possibilité pour chaque membre de participer directement ou à travers une représentation à toutes les décisions qui l'affectent directement.
–   La possibilité des membres, individuellement ou collectivement, de prendre et de mettre en œuvre des décisions qui affectent exclusivement le(s) décideur(s).

Selon le modèle d'organisation d'Ackoff, chaque comité a six responsabilités, quel que soit son niveau :

–   Planifier pour l'unité du comité de direction auquel il appartient.
–   Etablir une politique pour l'unité du comité de direction auquel il appartient.
–   Coordonner les plans et les politiques pour le niveau immédiatement inférieur.
–   Intégrer les plans et les politiques avec ceux de niveaux immédiatement inférieurs et ceux de niveaux supérieurs.
–   Améliorer la qualité de vie au travail des subordonnés du comité.
–   Evaluer et améliorer la performance du manager du comité.

Alors que le modèle d'Ackoffs représente un extrême de *prise de décision démocratique*, en réalité, l'attribution de l'autorité et de la responsabilité du changement revient à la gestion de l'organisation. Alors que traiter le changement de façon dictatoriale est souvent contre-productif, il y a divers degrés entre cet extrême et la démocratie universelle. Certains environnements, en particulier l'environnement militaire, ont d'abord fonctionné principalement sur la base d'une autorité et une responsabilité absolues où l'obéissance stricte aux ordres est essentielle. Cependant, dans la plupart des situations, une certaine représentation des parties prenantes des systèmes à gérer en cycle de vie est plus appropriée. Le but le plus important du *CCC* est d'accumuler les connaissances issues des prises de décision comme éléments de l'organisation apprenante, de telle sorte que le Système de Gestion du Changement et les processus à implanter dans ce domaine s'améliorent en permanence.

Gestion du Changement distribuée

Les *Systèmes de Gestion du Changement* sont instanciés, gérés et exploités par des *CCC* au nom d'une organisation (entreprise). L'autorité et la responsabilité du changement sont distribuées en fonction des systèmes qui doivent être gérés en cycle de vie par chacun des *CCC*. Une représentation de bon niveau est illustrée en Figure 5-8.

Au niveau le plus haut, le *CCC* opère pour coordonner la gestion du cycle de vie de son *Système d'Intérêt* qui se compose d'éléments systèmes qu'il estime être les *actifs* nécessaires pour atteindre la finalité, les buts et les missions à niveau-là de l'entreprise. Le *CCC*, à ce niveau, délègue l'autorité et la responsabilité aux *CCC* de niveaux inférieurs pour gérer en cycle de vie les éléments systèmes en tant que *Systèmes d'Intérêt* de leur niveau, suivant la décomposition récursive du système décrite au chapitre 1.

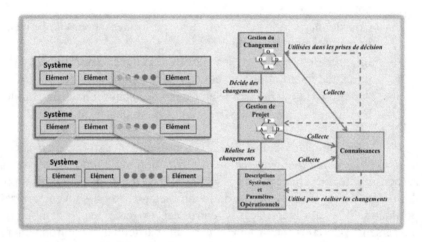

Figure 5-8: Systèmes de Gestion du Changement distribués

Cependant, comme le propose Ackoff, la question de l'autorité absolue peut être atténuée de sorte que l'organisation opère d'une façon plus démocratique à travers les niveaux de l'organisation où même le niveau le plus bas peut influencer les décisions de changement à des niveaux supérieurs. Ceci contribue assurément à atteindre une vision plus holistique des structures systèmes et des interrelations définies.

Les *CCC* représentent une forme d'organisation de gestion virtuelle, dans laquelle les membres doivent représenter tous les aspects essentiels à la *gestion des cycles de vie* des systèmes sur lesquels ils ont autorité et responsabilité. Au plus haut niveau de l'entreprise, ceci peut correspondre aux systèmes du système des entreprises agrégées qui sera décrite au chapitre 8. Ainsi, la constitution d'un *CCC* comprend en général au moins les managers du niveau immédiatement inférieur ainsi que les experts qui peuvent contribuer aux décisions du *CCC*. Il est possible et souvent souhaitable pour des projets à long terme, d'intégrer un *CCC* dans une charte projet. Certaines organisations désignent « Programmes » des projets de grande ampleur.

Un facteur de complication dans la distribution des *CCC* vient de l'utilisation d'une chaine d'approvisionnement dans laquelle d'autres entreprises sont impliquées pour fournir un *Système d'Intérêt* complet ou un élément système (soit sous forme de descriptions de système, d'instances ou de services utilisés) comme l'illustre la Figure 4-10. L'entreprise *fournisseur* peut ou non avoir un organe qui opère à la manière d'un *CCC*. Dans de telles situations, il est primordial d'établir des contrats qui stipulent comment les décisions de changement et les changements eux-mêmes seront traités entre les *acquéreurs* et les *fournisseurs*.

Dispositifs de Gestion du Cycle de Vie

Un certain nombre de dispositifs sont nécessaires aux activités de *Gestion du Changement* pour traiter des statuts. Un dispositif important est le *modèle de cycle de vie* pour le(s) *Système(s) d'Intérêt* que le *CCC* gère en cycle de vie. A cet égard il est utile d'établir au minimum une sorte de matrice décrivant les contributions des *Processus Techniques* (ceux qui sont effectivement utilisés pour accomplir les transformations) relatifs aux phases du cycle de vie. La Figure 5-9 illustre la structure générique d'une telle matrice.

Dans chaque phase, les contributions de chaque *Processus Technique* aux résultats (s'il y contribue) sont identifiées. En prenant la vision complète du cycle de vie de chaque processus, on obtient un point de vue holistique des changements pendant le cycle de vie complet. Notez qu'il peut être utile (souhaitable) d'avoir des colonnes pour les contributions des autres processus, *Contractuels*, *Projets*, *de Soutien aux projets*, comme décrit au chapitre 3.

Phases / Processus tech.	Phase A	Phase B	Phase C	...	...	Phase X
Définition des exigences						
Analyse des exigences						
Conception des architectures						
Mise en œuvre						
Intégration		Contributions à l'atteinte des Sorties, par phase.				
Vérification						
Transition						
Validation						
Exploitation						
Maintenance						
Retrait de service						
Résultats par phase	Sorties	Sorties	Sorties	Sorties	Sorties	Sorties

Figure 5-9: Matrice du Modèle de Cycle de Vie

A partir de la structure du cycle de vie, le *CCC* peut déterminer de façon pertinente pour chaque projet, les frontières par rapport aux phases du cycle de vie et par rapport aux processus techniques (la partie *Développer* de la boucle *PDCA*). A un extrême, on peut attribuer à un seul projet la responsabilité de toutes les phases du cycle de vie et de tous les processus techniques. A l'autre extrême, on peut attribuer à des projets une seule phase, un seul processus (peut-être même une seule activité).

Les sorties des phases deviennent les résultats revus aux *Points de Décision*, comme expliqué au chapitre 3. Comme noté plus haut, les processus de *Prise de Décision*, de *Gestion du Risque* et de *Mesure* de l'ISO/IEC 15288 peuvent être ajustés et utilisés dans la mise en œuvre des *prises de décision* du *CCC*.

Il est utile pour le *CCC* d'avoir une matrice par type de système artificiel qu'il gère en cycle de vie. Des exemples de cycles de vie de divers types de systèmes sont présentés au chapitre 6.

Un autre dispositif important est le contrat, comme déjà noté dans la discussion sur la distribution de la gestion du changement. Des contrats basés sur l'usage des *processus d'Acquisition et de Fourniture* peuvent être établis avec des fournisseurs, internes ou externes, de définitions de système, de produits ou services de production ou de consommation comme l'illustre la Figure 4-10. Des contrats peuvent être établis au niveau *CCC* de l'entreprise, au niveau des projets ou dans les entités organisationnelles. Les contrats sont le liant qui maintient ensemble les éléments d'acquisition et de fourniture d'un système de chaine d'approvisionnement.

Gestion des Processus et des Cycles de Vie

Comme décrit plus tôt, les modèles de processus et de cycle de vie qu'utilise une organisation (entreprise) sont des actifs d'infrastructure essentiels du portefeuille de systèmes. Ainsi donc, *la gestion du changement* a la responsabilité majeure de prendre des décisions quant à la capacité opérationnelle (disponible) de l'organisation (entreprise) à respecter ses engagements en termes de finalité, buts et missions.

L'ensemble des processus qu'utilise une organisation (entreprise) forme un *Système de Processus* dont on doit gérer le cycle de vie, comme pour tous les autres systèmes. La gestion du cycle de vie du Système de Processus peut être centralisée au plus haut niveau du *CCC* ou distribué à différents niveaux de *CCC*.

De même, les *modèles de Cycle de Vie*, pris individuellement et collectivement, sont des *Systèmes d'Intérêt* pour les *CCC* et doivent être gérés en cycle de vie. Autrement dit, il doit y avoir un modèle de cycle de vie pour réguler les phases de l'ensemble des modèles de cycle de vie alloués à un *CCC*, quel que soit son niveau.

Une des premières responsabilités du *CCC* consiste à gérer le changement des modèles des processus et des cycles de vie. La Figure 5-10 représente une façon dont le *CCC* pourrait traiter les déclencheurs de changements, utiliser des outils tels que les Arbres de Décision et les modèles d'analyse SWOT afin de prendre des décisions prudentes sur la capacité de l'entreprise à accomplir les changements requis.

Pour répondre à des déclencheurs de changement (de façon réactive ou pro active) on évalue la capacité actuelle. Sur la base des besoins de l'entreprise on définit un profil de processus requis pour atteindre les résultats appropriés. En final, on prend des décisions pour effectuer les changements de processus, de modèles de cycles de vie ou de pratiques dans les Projets. Les changements sont effectués et suivis par le *CCC*.

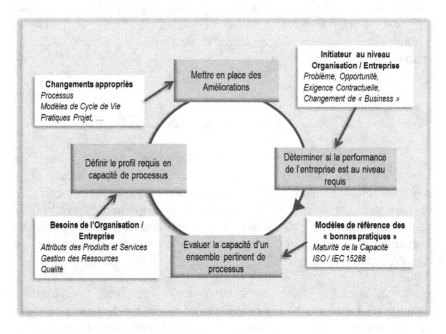

Figure 5-10: Répondre au Besoin de Changement

Nota: l'auteur remercie avec gratitude la contribution du Dr. Jonathan Earthy qui a fourni la version antérieure de cette figure.

MODELE DE CHANGEMENT POUR UNE PRISE DE DECISION RAPIDE

Le besoin de prendre des décisions de changement rapidement est caractéristique du domaine du Commandement et du Contrôle. Tout en ayant une longue histoire dans les secteurs militaires le Commandement et le Contrôle fournissent une bonne base pour diriger des opérations dans divers types de situations de crises civiles (incendies, inondations, accidents de trains, actions terroristes, etc.). La boucle *OODA* de la boucle du paradigme de *Gestion du Changement* est une fois de plus essentielle dans de telles situations. Cependant, il est utile d'être plus précis sur les fonctions *OODA* relatives au domaine du Commandement et du Contrôle. Berndt Bremer [Brehmer, 2005] a durant plusieurs années raffiné *OODA* en un modèle appelé *DOODA* (i.e. Dynamique OODA). La Figure 5-11 illustre une version légèrement modifiée de la boucle *DOODA* de Brehmer, version qui peut être appliquée pour fournir l'*élément de contrôle* des *Systèmes de Réponse*.

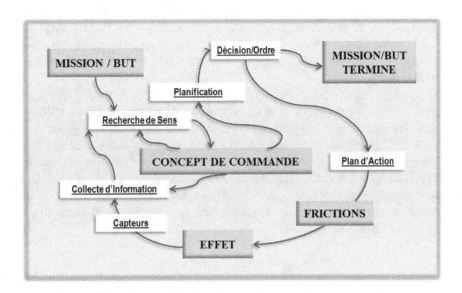

Figure 5-11: Boucle Dynamique OODA

Tous les éléments soulignés de la boucle *DOODA* sont des fonctions à réaliser via l'utilisation d'un ou plusieurs *actifs* de l'entreprise. Ceci inclut les *Capteurs, la Collecte d'Information, la Recherche de Sens, la Planification, la Décision, l'Ordre* et le *Plan d'Action*. Les autres éléments de la boucle sont les suivants :

L'élément MISSION/BUT est la valeur de déclenchement de la boucle cybernétique *DOODA* itérative et la sortie de la boucle apparaît quand la décision de terminer est prise. Cependant, l'état MISSION/BUT TERMINE peut être soit dû à un succès soit à un échec.

L'élément CONCEPT DE COMMANDE fournit des recommandations pour la prise de décision. Cet aspect est essentiel puisqu'il définit les limites des prises de décision cohérentes, en accord avec une stratégie établie de façon similaire à celle tout aussi importante des décisions architecturales cohérentes, comme discuté plus tôt dans ce chapitre.

Les éléments de FRICTIONS se rencontrent en exécutant le Plan d'Action (PA). Les frictions reflètent le fait que l'exécution d'un PA ne se passe pas toujours comme planifié. Ceci peut arriver également aux Projets menés pendant la gestion du cycle de vie des systèmes de soutien, ainsi qu'à des Groupes de Travail en charge d'une responsabilité opérationnelle pour le PA.

L'élément EFFET est un état observable qui est atteint à chaque cycle de la boucle *DOODA*. Comme discuté lors de l'application du langage de Senge sur les *Liens, Boucles et Retards*, il peut y avoir des délais, parfois de très longs, avant que les effets ne deviennent observables.

Ici encore, ce *modèle de gestion du changement* est un système dont les éléments et les relations ont tout juste été définis. Il serait sage pour les entreprises traitant de fonctions du type *commandement et contrôle* de penser à « institutionnaliser » un tel modèle et à le gérer en cycle de vie. De cette manière, des instances du modèle peuvent être « produites » comme un service, à des moments opportuns, en un *Système de Réponse* pour satisfaire les besoins particuliers, souvent cruciaux, d'une *Situation-système*.

La recherche de sens

Parmi les fonctions réalisées dans la boucle *DOODA*, la fonction Recherche de Sens est un domaine d'étude relativement nouveau. Bien que le but de la fonction soit clairement à considérer dans un sens abstrait, il existe un certain nombre de techniques et de méthodologies influentes sur ce sujet.

La fonction de *recherche de sens* peut être vue comme un paradigme, un outil, un processus ou une théorie sur la façon dont les personnes réduisent l'incertitude ou l'ambiguïté, ou alors négocient socialement un sens durant des évènements décisionnels. [Ntuen et.al. 2005]. *La recherche de sens* implique l'application collective de « l'intuition » individuelle – jugement et imagination ou processus subconscient basés sur l'expérience, – pour identifier des changements dans des *patterns* existants ou dans l'émergence de nouveaux *patterns* [Weick, 1995]. Grâce à la construction précise de sens, la clarté croit et la confusion décroit. Un processus de *Recherche de sens* médiocre conduit souvent à une mauvaise compréhension des objectifs, des buts, des missions et des visions. Ceci, à son tour, peut conduire à un mauvais cadrage de plans et, par conséquent, à de mauvaises décisions. Une lecture attentive de la littérature sur la *Recherche de sens* peut être résumée ainsi :

Sous quelles formes la signification et la compréhension de situations, d'évènements, d'objets de discussion ou d'informations contextuelles sont produites et représentées dans un contexte collectif.

Il existe un certain nombre de méthodes et d'outils disponibles en support du *Recherche de sens* incluant ce qui suit :

La Fusion d'Information – Via la fusion de données et d'informations à partir des *capteurs* ou des bases de données, on peut créer de nouvelles données et de nouvelles informations que l'on peut utiliser en support de la *recherche de sens*. Par exemple, on peut utiliser la fusion pour vérifier la fiabilité des données ou des informations. La fusion peut aussi conduire à mettre à jour de nouveaux aspects qui n'apparaissent pas évidents à l'examen de sources uniques de données ou d'informations. De même pour les propriétés d'un système, en combinant les éléments de données ou d'informations de nouvelles propriétés émergent. [Wik, 2003] décrit les relations entre la fusion de données multi capteurs et la Défense sur une base en réseau.

Le Penser Système – Les langages et méthodologies du *Penser Système,* tels qu'introduits au chapitre 2 sont très pertinents pour la *Recherche de sens*. En tant que discipline pour voir le tout et les *patterns* plutôt que des instantanés figés, il s'applique directement aux processus de *Recherche de sens*. A cause de similarités intrinsèques, la *Recherche de sens* peut être considérée comme une partie du *Penser Système Rationnel*.

Le Maintien de la vérité – L'identification de la vérité a été pendant longtemps un sujet qui a intéressé le domaine de l'Intelligence Artificielle. Les Systèmes de Maintenance de la Vérité, (*en anglais « Truth Maintenance Systems » (TMS)*), aussi appelés Systèmes de Maintenance du Raisonnement, (*en anglais « Reason Maintenance Systems »*) sont utilisés dans les Solveurs de Problèmes. En conjonction avec des moteurs d'inférence tels que les systèmes d'inférences à base de règles, ils sont utilisés pour gérer comme un réseau de dépendances, l'inférence des croyances du moteur dans des propositions données. [Ingargio, 2005]. Un TMS est sensé satisfaire un certain nombre de buts :

A. Fournir des justifications aux conclusions – Quand un système solveur de problèmes donne une réponse à une question d'un utilisateur, une explication de la réponse est habituellement requise. Une explication peut être construite par le moteur d'inférence via la trace de la justification de l'assertion.

B. *Reconnaître les incohérences* – Le moteur d'inférence peut révéler des propositions contradictoires. A ce moment-là, si sur la base d'autres commandes et inférences du moteur de recherche nous trouvons que toutes les propositions sont estimées vraies, le TMS rend compte au moteur de recherche qu'une contradiction est apparue. Le moteur de recherche peut éliminer une incohérence en déterminant les hypothèses utilisées et en les changeant de façon appropriée, ou en présentant aux utilisateurs le jeu contradictoire de phrases propositions et en leur demandant de choisir lesquelles retirer.

C. *Supporter le raisonnement par défaut* - Dans de nombreuses situations nous voulons, en l'absence de connaissance plus solides, raisonner à partir d'hypothèses par défaut. Si *Gazouillis* est un oiseau, jusqu'à nouvel ordre, nous supposerons que Gazouillis vole et nous utiliserons comme justification le fait que Gazouillis est un oiseau et l'hypothèse que les oiseaux volent.

D. *Se souvenir des dérivations calculées précédemment* – Les conclusions dérivées précédemment n'ont pas besoin d'être à nouveau dérivées.

E. *Permettre le retour en arrière des dépendances* – La justification d'une proposition par le TMS, fournit naturellement l'indication de quelles hypothèses ont besoin d'être changées si nous voulons invalider la phrase.

Etant donnée les propriétés d'un TMS, on peut observer que la maintenance de la vérité est une méthode de représentation de la connaissance pour représenter à la fois les croyances et leurs dépendances.

Le nom de « maintenance de la vérité » est dû à la possibilité de ces systèmes de restaurer la cohérence. De telles techniques automatisées peuvent être essentielles à la *Recherche de sens* en particulier en aidant à identifier la présence de décisions incohérentes. Cependant, à l'instant présent, très peu de recherche a été faite sur le couplage de la *Recherche de sens* et la maintenance de la vérité.

DEPLOYER LES ACTIFS SYSTEME

Plus tôt dans ce chapitre, nous avons introduit des facteurs liés à la mise en œuvre de la *gestion du changement*. La mise en œuvre de fonctions dans la gestion du changement s'appuie sur le déploiement des *actifs-systèmes* qui incluent des processus, des équipements et du personnel dans l'*élément de contrôle* d'un *Système de Réponse*. Le déploiement des *actifs-systèmes* durant les opérations de commandement et de contrôle telles que *DOODA* (incluant le plan d'action), implique le couplage des actifs à des fonctions, ce qu'illustre la Figure 5-12.

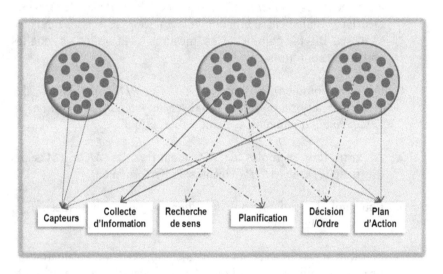

Figure 5-12: Allouer les Actifs Système à des Fonctions DOODA

Les *actifs-systèmes* peuvent appartenir et être utilisés par une seule entreprise. Cependant, comme cette figure l'illustre, les *actifs-systèmes* d'entreprises étendues peuvent être alloués à des fonctions. Dans le contexte militaire, de multiples entreprises peuvent être le résultat d'*actifs-systèmes* de différentes forces terrestres, maritimes ou aériennes, associées pour fournir une capacité de guerre basée sur un réseau. Dans un autre contexte, cela peut s'appliquer aux actifs de divers pays impliqués dans une opération commune.

VERIFICATION DES CONNAISSANCES

1. Comment sont prises les décisions importantes dans une entreprise qui vous est familière ?

2. Décrivez les avantages et les inconvénients d'un style de *prise de décision* dictatorial versus démocratique

3. Appliquez le modèle du Système Cybernétique à des systèmes physiques et non physiques qui vous sont familiers. Identifiez clairement les *éléments Contrôlés*, de *Contrôle* et de *Mesure*. Décrivez également comment la régulation se passe, quels en sont ses effets, comment les mesures sont faites et quelles consignes sont utilisées.

4. Décrivez comment les boucles *OODA* et *PDCA* deviennent des éléments importants pour visualiser le *modèle de Gestion du Changement* comme un système cybernétique.

5. A partir des exemples de (3), identifiez les *MOE* (Mesures d'efficacité) et les *MOP* (Mesures de Performance).

6. Pourquoi la satisfaction du client est-elle une mesure si importante de l'effet ?

7. Familiarisez-vous avec un ou plusieurs modèles d'Evaluation de Processus qui sont appliqués pour mesurer la maturité de capacité des processus d'une organisation, par exemple CMM, Spice ou CMMI.

8. A partir des exemples de (3), identifiez différents types de déclencheurs de changement qui peuvent affecter les systèmes.

9. Comment décririez-vous la prise de décision en termes de décisions réactive et proactive dans une entreprise qui vous est familière ?

10. Réalisez une analyse SWOT pour une entreprise ou éventuellement pour analyser vos forces, faiblesses, opportunités et menaces personnelles.

11. Considérez une situation complexe où de multiples possibilités de réponses peuvent être prises. Créez un arbre de décision qui reflète la réponse dans laquelle certains éléments sont contrôlables et d'autres sont incertains.

12. Est-ce que les concepts et principes d'architecture système sont explicitement utilisés dans les prises de décision d'une entreprise qui vous est familière ? Si oui, quels sont-ils ?

13. Donnez quelques exemples d'entropie positive (comportement en dégradation) et d'entropie négative (comportement d'amélioration) de quelques systèmes physiques et non physiques ; peut-être ceux identifiés en (3).

14. Examinez les *processus de soutien aux projets* de l'ISO/IEC 15288 et déterminez comment ils pourraient être ajustés pour intégrer les besoins d'un *Système de Gestion du Changement*, comme décrit dans ce livre.

15. Décrivez des problèmes que l'on pourrait rencontrer quand des changements doivent être faits par des fournisseurs d'une chaine d'approvisionnement.

16. Comment les projets sont-ils établis et délimités par entreprise qui vous est familière ? Quels types de mécanismes sont utilisés pour spécifier leurs travaux ?

17. Décrivez comment la boucle DOODA peut être utilisée pour des prises de décision en situations de crises, à l'intérieur d'une entreprise et entre entreprises.

Chapitre 6 - Gestion du Cycle de Vie des Systèmes

Rassembler toutes les pièces!!!

De nombreux aspects essentiels des systèmes artificiels ont été décrits dans les chapitres précédents. Dans ce chapitre, nous mettons à profit les connaissances acquises jusqu'ici pour décrire plus finement différents aspects de la gestion du cycle de vie des systèmes.

GESTION ET LEADERSHIP DES SYSTEMES

John Kotter, professeur à Harvard établit des différences entre la gestion et le leadership:

« Le leadership et la gestion sont deux systèmes d'action distincts et complémentaires. Chacun d'eux a ses propres fonctions et activités caractéristiques. Tous les deux sont nécessaires pour réussir dans un environnement de business complexe et volatil »
John Kotter [Kotter, 1990].

Kotter a identifié les différences subtiles suivantes :

- Etablir une Orientation vs. Planifier et Budgéter
- Aligner les Personnes vs. Organiser et Recruter
- Motiver les Personnes vs. Contrôler et Résoudre les Problèmes

Ainsi, la gestion s'intéresse principalement aux opérations à court terme, au jour le jour, d'une entreprise. Dans ce contexte, il y a bien évidemment de nombreux types de changements à considérer, qui ont tendance à relever de changements de paramètres opérationnels associés aux systèmes d'infrastructure de l'entreprise en phase d'exploitation. En revanche, le leadership est plus souvent impliqué dans la réalisation de changements structurels, stratégiques à long terme, de systèmes qui conduiront à de nouveaux comportements (effets) quand ils seront mis en exploitation. Un tel leadership se base sur des visions du futur bien réfléchies.

Le système de gestion présenté dans ce livre inclut le traitement de changements de descriptions systèmes et de paramètres opérationnels. A première vue, cette différenciation met en exergue la différence fondamentale entre la gestion des systèmes (via des changements de paramètres opérationnels) versus le leadership de systèmes (changements de description fondamentale, i.e. de la structure). La délimitation n'est toutefois pas aussi simple que cela puisque la possibilité de changer la structure du système peut aussi relever de compétence dans des activités à court terme. De même, réaliser des changements opérationnels peut être effectivement d'une importance stratégique telle qu'un vrai leadership peut être requis pour assurer que les changements opérationnels à court terme n'ont pas d'impact négatif sur les buts stratégiques du long terme.

Un *Comité de Contrôle du Changement* (*CCC*) est un organe fondamental de prise de décision de changement pour des descriptions systèmes et pour des paramètres opérationnels. Alors que le comité fonctionne en tant que groupe collectif, le *CCC* doit responsabiliser, autrement dit, transférer l'autorité et la responsabilité à des individus ou des petites équipes pour prises de décision journalières, « locales » ou à long terme. Dans l'exercice de la responsabilisation, des limites claires doivent être établies de sorte que la finalité, les buts et les missions de l'entreprise ne soient pas compromis par des prises de décisions inappropriées ou incohérentes, comme nous l'avons décrit au chapitre 5. Une fois de plus, nous convoquons *le Diagramme de Couplage Système* qui s'applique à la fois aux activités de gestion et de leadership, comme l'illustre la Figure 6-1.

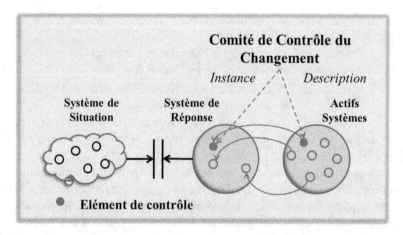

Figure 6-1: Actif du Comité de Contrôle du Changement (Description et Instance)

Ici nous observons qu'un *Comité de Contrôle du Changement* est décrit comme un *actif-système*, appartenant au portefeuille de l'Entreprise. L'architecture du *CCC*, comme pour tous les autres systèmes, reflète les politiques de l'entreprise, les capacités requises, les exigences ainsi que, pour ce type *de système d'activités humaines*, la structure qui traite le flux de données, les informations et les prises de décisions. Pour des situations mouvantes, la définition du *CCC* peut être ajustée puis instanciée puis devient l'*élément de contrôle* d'un *Système de Réponse*.

Les deux facteurs importants qui déterminent le degré de gestion versus celui de leadership des systèmes sont la *longévité des systèmes* et le *type de produits et services* à valeur ajoutée que l'organisation (entreprise) produit.

Durée de Vie des Systèmes

Certaines situations, traitées par les *Systèmes de Réponse*, ont une durée de vie très courte (par exemple, une semaine, un jour, une heure ou même quelques secondes) et exigent donc une forme différente de gestion et de leadership que celles qui vivent des mois, des années ou des décennies.

Les *produits et services-systèmes*, produits en réponse à des besoins d'un type de « marché » de grande longévité, sont souvent mis à niveau quand une nouvelle technologie ou une nouvelle connaissance devient disponible. Les avions commerciaux DC-3 et le système global de télécommunication sont des exemples de produits à longue durée de vie. Dans les milieux militaires, l'investissement dans la technologie des systèmes et le besoin de réduire les coûts, conduisent souvent à la réutilisation des structures de produit systèmes pour fournir de nouveaux services durant de nombreuses années. Par conséquent, la capacité de soutien des produits et services (systèmes) est évidemment un facteur à considérer pour des systèmes à grande longévité (durée de vie) et exige une attention à la fois du management et du leadership. Même pour les *systèmes abstraits définis* et les *systèmes d'activité humaine définis* à grande durée de vie, les structures fondamentales des organisations, entreprises, projets, documentation, contrats etc., peuvent demeurer intactes sur une longue période de temps, avec seulement de petits changements réalisés en situation de nouvelles problématiques ou d'opportunités ou même de nouvelles connaissances.

En contraste avec ces systèmes qui vivent longtemps, il y a de nombreux exemples de systèmes qui sont assemblés (intégrés) à la hâte en tant que *Systèmes de Réponse* pour satisfaire un but spécifique ou une mission. Considérez par exemple une brigade de pompiers rassemblés avec la mission de combattre un incendie. Cette mission a évidemment toutes le caractéristiques d'un système défini où les éléments système sont rapidement identifiés et configurés pour travailler de manière efficace au processus d'extinction du feu (ou du moins de son contrôle). Dans les contextes militaires et de plus en plus dans les contextes civils, l'autorité qui prend les décisions relatives à de telles mobilisations de système à court terme, est basée sur du *Commandement & Contrôle (C&C)* comme la boucle *DOODA* décrite au chapitre 5. De fait, le *C&C* fonctionne de façon similaire à une *Comité de Contrôle du Changement*, quoiqu'avec une pression du temps importante. En principe, un *C&C* prend des décisions opérationnelles ou change le plus souvent des paramètres pour répondre à la situation concernée. Dans notre exemple, ceci peut inclure le nombre de compagnies de pompiers, le type et la quantité d'équipements pour combattre le feu et le personnel disponible à déployer.

Il y a un fort couplage entre la gestion du changement des Actifs de Soutien et les *Systèmes de Réponse* qui, bien souvent, n'est pas pris en compte. Cette relation tombe souvent entre les chaises des personnes qui ont l'autorité et la responsabilité des *actifs-systèmes* et celles qui ont l'autorité et la responsabilité de leur utilisation dans les *Systèmes de Réponse*. Il est tout-à fait clair que la capacité d'une entreprise à opérer efficacement dépend de l'état de ses *actifs-systèmes*. Leur disponibilité au moment de l'instanciation et de l'opération est vitale. Ainsi, il est essentiel d'assurer que les actifs des systèmes durables à utiliser dans les *Systèmes de Réponse*, ont été gérés en cycle de vie et que leurs performances opérationnelles puissent être garanties, quand ils sont requis.

Type de Produits/Services à Valeur Ajoutée

La finalité commune à toutes les organisations, publiques ou privées, à profit ou à but non lucratif est de produire, via des entreprises, une certaine forme de valeur ajoutée comme illustré dans les relations d'approvisionnement de la Figure 4-10. La nature de la valeur ajoutée est soit un produit ou un service, ou les deux. Quel que soit le cas, le produit ou service est produit par l'approvisionnement d'éléments du système et par l'intégration des éléments suivant la description du système en un produit ou service. Diverses approches de gestion et de leadership peuvent être requises, selon le type et la complexité du produit ou du service à valeur ajoutée et sur le type d'entreprise impliquée dans la production. Quelques exemples suivent :

– Une *entreprise de fabrication*, qui produit par exemple des écrous, des boulons et des rondelles de frein vend ses produits en tant qu'éléments à valeur ajoutée, pour qu'ils soient utilisés par d'autres entreprises qui, elles-mêmes intègrent ces produits dans leur système à valeur ajoutée plus large par exemple un avion ou une automobile.

– Une *entreprise de vente en gros ou au détail* fournit des produits qu'elle offre à ses clients. Ses clients (individuels ou entreprises) acquièrent les produits et les utilisent comme des éléments de leurs systèmes.

– Une *entreprise de service commercial* telle qu'une banque, vend une grande variété de « produits » en tant que services à ses clients, par exemple, des compte courants, des comptes d'épargne, des prêts, de la gestion d'investissement, etc. Ces services ajoutent de la valeur et sont incorporés dans les systèmes des clients, qu'ils soient individus ou entreprises.

– Une *entreprise de services gouvernementale* fournit aux citoyens un large spectre de services allant de la santé, aux autoroutes, routes, retraites, police, défense, etc. Ces services deviennent, si besoin est, des éléments d'infrastructure utilisés dans des systèmes globaux, plus larges, qui intéressent les individus ou les entreprises.

– Une *entreprise de consulting,* via ses services, ajoute de la valeur sous forme de connaissances et de savoir-faire à ses clients. Pour de telles entreprises, l'ensemble des services « produits » peut rester stable pour certains clients mais peut aussi changer rapidement dans la mesure où des contrats avec de nouveaux clients sont établis et que d'autres contrats sont terminés.

– Une *entreprise de services en Technologie de l'Information* fournit une capacité d'accès aux informations et à des traitements de données en exploitant des ordinateurs, des équipements de communication et des systèmes logiciels.

– Une *entreprise de développement logiciel* réalise des produits logiciels qui répondent aux exigences (besoins) des parties prenantes et fournissent ainsi des services aux utilisateurs des produits. Le logiciel développé et le service opérationnel deviennent des éléments de l'infrastructure des systèmes de l'entreprise de l'utilisateur.

Parmi ces exemples, il y a des systèmes qui restent stables sur de longues périodes mais il y en a de nombreux autres qui changent rapidement. Ainsi, comme établi précédemment, l'approche de la gestion et du leadership doit prendre en compte le type de systèmes impliqués ainsi que leur longévité. A l'inverse, les orientations de gestion et du leadership impactent le type et le nombre de *modèles de cycle de vie* déployés ainsi que les processus qui sont rendus disponibles à une exploitation pendant le cycle de vie.

Missions, Projets et Programmes

Nous avons mis en exergue précédemment, que les missions et les projets sont bien des *Systèmes de Réponse* qui sont établis pour traiter une *Situation-système*. Les deux formes d'organisation ont des objectifs (buts) à accomplir, le plus souvent dans un délai donné. Toutefois, la granularité du temps est typiquement dans la fourchette d'heures, de jours, de semaines, de mois ou peut-être d'un petit nombre d'années. Les éléments système d'un projet incluent les ressources (humaines, financières et les installations) fournies, les processus à appliquer pour exécuter le projet, les moyens de mesure des résultats du projet, etc. Les projets fournissent un tout premier exemple de délégation où l'autorité et la responsabilité sont souvent transférées à un chef de projet.

Une autre forme de configuration de *Système de Réponse* est un programme organisé pour traiter sur le long terme des situations avec une finalité, un but et une mission. Les programmes s'exécutent sous l'autorité légitime d'un chef de programme. En raison de leur nature liée au long terme, les programmes exigent une vision et ainsi l'autorité et la responsabilité peuvent être relayées à des leaders de programme. En fait, la plupart des programmes fait appel aux services de comité d'experts qui opèrent comme un *CCC* pour le compte du programme.

Système de Systèmes et leurs propriétaires

Dans la décomposition récursive d'un système, comme décrit au chapitre 1, on a observé que les éléments système de plus haut niveau sont eux-mêmes des systèmes. Ainsi, la notion de *Système de Systèmes* est naturelle dans le contexte d'une décomposition. En outre, on a supposé que chaque système dans l'arbre hiérarchique système a un propriétaire, comme décrit au chapitre 4. Il existe toutefois un nombre croissant de systèmes très complexes pour lesquels il est souvent difficile d'identifier un propriétaire spécifique [Schumann, 1994]. On les a identifiés comme étant des *Systèmes de Systèmes*, appelé un *SdS* (*en anglais, System of Systems ou SoS*). Ceci a été exemplifié au chapitre 1 (Figure 1-12) où divers acteurs se retrouvent impliqués pour répondre à des évènements (individuellement) ou à des crises (collectivement). Le *Department of Defense* des Etats-Unis a adopté la définition suivante :

« *L'ingénierie d'un Système de Systèmes traite de la planification, de l'analyse, de l'organisation et de l'intégration des capacités d'une combinaison de systèmes existants et nouveaux en une capacité de système de systèmes plus importante que la somme des capacités des parties constitutives.* » [DoD, 2004]

[Boardman, et.al. 2005] apporte une clarification sur la différence entre un « *Système d'Intérêt* » générique et un « *Système de Systèmes* » grâce à la définition suivante:

Un *SdS* consiste en un assemblage de systèmes, chacun étant capable de – et en général exerçant – une existence indépendante, distincte ;
Les composants systèmes individuels sont auto maintenus et ont leurs propres finalités indépendamment du *SdS* ;
Les systèmes composant le *SdS* peuvent être connectés et reconnectés pour produire des effets différents et souvent non anticipés, et :
Le *SdS* révèle la propriété « d'émergence », ce qui signifie qu'il existe des propriétés spécifiques au *SdS* qui sont irréductibles et qui ne se manifestent dans aucun des systèmes qui le composent.

Par exemple, Internet peut être classé comme un *SdS* dans la mesure où il satisfait les quatre points de la définition. Les ordinateurs individuels et les routeurs qui composent la toile (World Wide Web) peuvent parfaitement bien fonctionner de façon « autonome », mais une fois connectés, ils créent divers effets dont aucun n'est visible dans les systèmes composant la toile. Un autre exemple de *SdS* est le système de contrôle de trafic aérien Nord-américain, dont les systèmes de radar, les systèmes d'aéroports, les systèmes d'avions peuvent opérer effectivement soit en tant que membres du *SdS* ou indépendamment les uns des autres. Au contraire, le turbo propulseur d'un B-747 n'est pas un *SdS*, puisqu'il ne fournit pas une fonction de poussée indépendante du système avion, dont il est une partie essentielle. De même, le cœur humain, bien qu'il soit un système remarquable à part entière, ne peut pas fonctionner indépendamment du système du corps humain.

Alors qu'on peut immédiatement identifier les « propriétaires » des éléments systèmes, se pose la question d la propriété du *SdS* global, en particulier quand le *SdS* transcende les frontières organisationnelles. De tels systèmes sont le résultat d'une entreprise étendue [Fairbairn et Farncombe, 2001]. Une entreprise étendue exige que toute la chaine de valeur de l'organisation soit adressée, alors même que certains éléments transcendent les frontières de ce qui est normalement considéré comme interne à cette organisation. En d'autres termes, tous les systèmes qui la constituent, employés, gestionnaires, cadres supérieurs, partenaires, fournisseurs et clients doivent être pris en considération.

Quand la propriété d'un *SdS* est floue, elle provoque naturellement des problèmes de gestion du cycle de vie à la fois au gestionnaire du court terme et au leadership du long terme. Même si ce n'est peut-être pas facile à accomplir, une sorte de *CCC* (*Comité de Contrôle du Changement*) pourrait être établi. Son autorité légitime et sa capacité à contrôler les propriétaires des systèmes constituants peuvent toutefois être limités.

MODELES DE CYCLE DE VIE REVISITES

Le Modèle en T

Le rôle des modèles de cycle de vie a été présenté et illustré dans les chapitres 3 et 4. Au chapitre 4 nous avons introduit le point de vue de visualisation des produits intermédiaires fournis par l'exécution du processus comme étant des versions d'un *Système d'Intérêt*. Nous avons également identifié au chapitre 4 les changements fondamentaux qui se produisent pendant *le cycle de vie* de tout type de système artificiel, pour inclure les phases de Définition, de Production et d'Utilisation. Au chapitre 5, nous avons décrit l'utilisation des modèles de cycle de vie en tant que dispositif de contrôle pour évaluer les résultats d'une phase (points de décision). En s'appuyant sur ces propriétés fondamentales ainsi que pour faciliter le *Penser Système* et l'*Agir Systèmes*, il est utile de considérer la structure d'un modèle générique des *phases de cycle de vie* pour tout type de *Système d'Intérêt*, comme l'illustre la Figure 6-2.

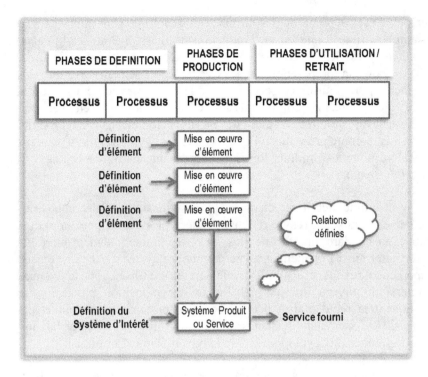

Figure 6-2: Structure générique des phases (en T) pour les Modèles de Cycle de Vie Système

Le modèle en (T) indique qu'une ou plusieurs phases de *Définition* précèdent une ou des phase(s) de *Production* au cours desquelles un ou plusieurs éléments du système ont été mis en œuvre (acquisition, approvisionnement ou développement). Les éléments systèmes sont également intégrés dans ces phases, selon les relations définies dans le *Système d'Intérêt*. Les processus de *Mise en œuvre* et d'*Intégration* sont suivis en fournissant les résultats principaux primordiaux de cette phase, à savoir, des instances de *produits-systèmes* ou *services-systèmes* assemblées. A la suite de la phase de Production, on entre dans une phase d'*Utilisation*. Les phases importantes qui suivent peuvent inclure le *Support* et le *Retrait de Service*. Notez que ce modèle distingue clairement la définition de la mise en œuvre et de l'intégration.

Comme nous l'avons noté, cette structure est générique pour tout type de *Système d'Intérêt* artificiel dont on gère le cycle de vie conformément à l'ISO/IEC 15288. La phase de Production devient ainsi le point focal (T) où les éléments système sont mis en œuvre et intégrés dans les instances produits ou services. Pour les *systèmes physiques définis*, c'est le point où les instances du produit sont fabriquées et assemblées (une à une ou en production de masse). Pour les *systèmes non physiques*, les processus de mise en œuvre et d'intégration sont utilisés pour la préparation au service (l'établissement) avant d'être instanciés pour fournir ce service. Pour les systèmes logiciels, c'est le point où « *builds* », combinant les éléments logiciel en versions, livraisons ou d'autres formes de produits logiciels, sont produits. Toutefois, comme présenté en Figure 4-1, le vrai « *build point* » peut être considéré pour les produits logiciels comme une partie de la phase de *Développement*.

Comme décrit au chapitre 1, en utilisant une décomposition récursive, la mise en œuvre de chaque élément système peut impliquer l'appel au standard, une fois de plus, au niveau immédiatement inférieur, pour traiter ainsi l'élément système comme un *Système d'Intérêt* en soi. Ainsi, une nouvelle structure de cycle de vie est utilisée pour le Système d'Intérêt du niveau inférieur. Quand la décomposition prend fin, en appliquant la règle d'arrêt liée au bénéfice pratique du besoin et des risques, les éléments systèmes sont alors mis en œuvre (acquis, approvisionnés ou développés) selon le type d'élément impliqué.

Comme nous l'avons mentionné, pour les systèmes logiciels, le point où sont créés les « *builds* » qui combinent les éléments logiciels (modules de code) en versions, livraisons ou autres formes de produit logiciels, se situe en phase de *Développement* ou en entrée de la phase de *Production*. La différence majeure entre les systèmes en général et les systèmes logiciels est la légère variante du modèle générique tel que le présente la Figure 6-3.

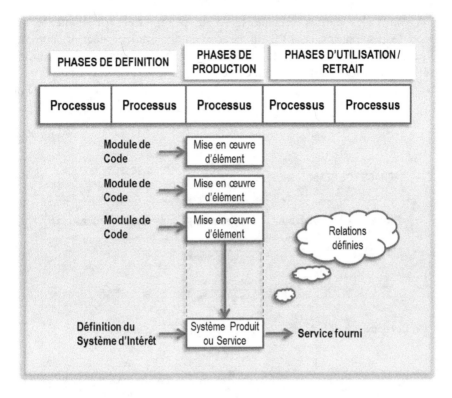

Figure 6-3: Modèle en T pour les Systèmes Logiciels

Ordre d'Exécution des Phases

L'ordre d'exécution des phases du cycle de vie le plus simple est séquentiel. Autrement dit, les phases sont simplement exécutées en séquence, en démarrant avec les phases de définition et en poursuivant vers les phases de production (mise en œuvre) associés et ensuite vers les phases d'utilisation. L'exécution séquentielle des phases est souvent appelée *modèle en cascade* (*en anglais waterfall model*) et a été décrite pour la première fois par [Royce, 1970], afin de présenter les concepts de gestion de grands systèmes logiciels. Plus tard, d'autres auteurs l'ont modifié. En fait, pour tous les systèmes sauf les plus simples, le modèle en cascade n'est pas viable. Royce a mis en exergue ce manque de viabilité et a présenté des concepts alternatifs.

Divers types de systèmes complexes exigent que les phases du modèle de cycle de vie soient revisitées au fur et à mesure que l'on acquiert une meilleure connaissance et pour traiter les changements des exigences des parties prenantes. Ainsi, à l'intérieur du contexte du modèle des phases en (T), on peut avantageusement décrire, comme illustré en Figure 6-4, divers ordonnancements en phases d'exécution, reflétant des formes d'ordonnancement de phases non séquentielles.

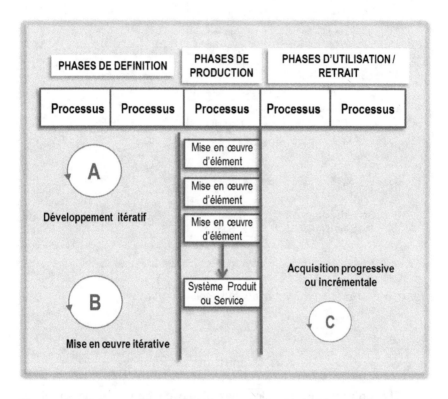

Figure 6-4: Itération durant les phases du Cycle de Vie

Chacun des « *patterns* » d'exécution d'une phase implique une itération au cours de laquelle les phases précédentes sont revisitées. Les lignes verticales, épaisses, dénotent la démarcation des points terminaux d'itération. Les trois formes itératives pour lesquelles on peut extraire plusieurs variantes sont :

A. Le développement Itératif est très fréquemment déployé pour évaluer les exigences des parties prenantes, analyser les exigences et développer une conception d'architecture viable. Ainsi, il est classique que l'on revisite une phase de *Concept* (voire une phase de *Faisabilité*, tel qu'illustré dans le chapitre 3) au cours une phase de *Développement*. Pour les systèmes où les produits reposent sur des structures physiques (électronique, mécanique, chimie, etc.), il est important d'apporter les correctifs qui s'imposent avant de passer en phase de *Production*. Le besoin d'itérer une fois que la production a commencé, peut engendrer des coûts et des délais significatifs dans le planning. Ainsi, les premières phases servent à établir la confiance (vérifier et valider) dans une solution qui marchera correctement et satisfera les besoins des parties prenantes. Bien sûr, une telle approche peut être utilisée pour des systèmes logiciels et pour des *systèmes d'activité humaine définis*. Cependant, à cause de leur nature « *soft* », il peut être utile d'approfondir l'expérimentation et l'évaluation de diverses configurations du système, comme noté en B.

B. Le Développement et la Mise en œuvre itératives impliquent de « produire » (définir, mettre en œuvre et intégrer) diverses versions du système, d'évaluer leur couverture de satisfaction des exigences des parties prenantes (peut-être dans le contexte de changements d'exigences) et ensuite de revisiter les phases de *Concept* (voire de

Faisabilité) et de *Développement*. De telles itérations qui conduisent au « *builds* » sont classiques dans le développement de systèmes logiciels où le coût de « production » n'est pas un facteur aussi significatif que pour les *systèmes physiques définis*. Une variante de cette approche est le *Modèle en Spirale* où des itérations successives se raffinent. Voir [Boehm, 1998]. L'utilisation de cette approche demande une attention particulière aux problèmes de gestion des bases de référence et des configurations, comme décrit au chapitre 4. Dans cette approche, une vérification conséquente (des tests) des systèmes logiciels devrait être réalisée afin d'établir la confiance que le système livré aux clients, produit ou service, satisfera leurs exigences.

C. L'Acquisition Progressive ou Incrémentale implique de livrer les systèmes sous forme de produits ou services aux consommateurs. Cette approche convient aux systèmes dont la structure et les capacités (fonctions) à prévoir, continueront à évoluer de manière contrôlée après le déploiement. L'usage de cette approche peut être dû à une méconnaissance au début de l'ensemble des exigences, conduisant à une Acquisition /Déploiement Progressifs. Il peut aussi être dû à une décision de traiter la complexité du système et ses utilisations par incréments, à savoir, une *Acquisition Incrémentale*. Ces approches sont cruciales pour les systèmes complexes où le logiciel constitue un élément significatif du système. Chaque incrémentation implique de revisiter les phases de *Définition* et de *Production* associées. L'utilisation de ces approches doit être fondée sur des relations contractuelles bien définies entre les entreprises qui fournissent et celles qui acquièrent. De fait, l'itération associée à chaque instance de produit ou service résultant, peut très bien être vue comme un projet conjoint auquel contribuent activement les deux entreprises.

Dans toutes ces approches, il est sage d'utiliser des techniques de modélisation et de simulation et les outils associés pour faciliter la compréhension de l'effet des changements induits dans les systèmes complexes dont on gère les cycles de vie. Ces techniques sont typiquement déployées dans les phases les plus amont, cependant elles peuvent tout aussi bien être utilisées pour mieux comprendre des problèmes potentiels et des opportunités associées aux phases d'*Utilisation* et de *Maintenance* (par exemple, ce qui est requis en matière de logistique et d'aide en ligne).

Allouer et Satisfaire les Exigences

Quelle que soit la manière de déployer le modèle d'exécution des phases, les exigences des parties prenantes portant sur le système, y compris les exigences modifiées à chaque itération, doivent être allouées aux activités appropriées des processus projets dans les différentes phases ainsi qu'aux propriétés des éléments du système et de leurs relations définies. L'allocation des exigences est réalisée dans les phases de *Définition*, comme l'illustre la Figure 6-5.

Les exigences allouées doivent aussi être vérifiées pour s'assurer que le travail fait dans les différentes phases satisfait ces exigences. De plus, quand un *produit-système* ou *service-système* passe dans la phase de transition vers l'utilisation, il est important de valider que le produit ou service satisfait réellement les Besoins des Utilisateurs et les Exigences de Parties Prenantes. Ainsi, il peut être judicieux d'inclure des processus de Vérification dans chacune des phases où des exigences spécifiques ont été allouées. En outre, il est essentiel d'appliquer un processus de Validation dans la phase d'*Utilisation*.

Vérification	Confirmer que les exigences spécifiées de conception sont remplies par le système.
Validation	Fournir une preuve objective que les services fournis par un système en utilisation est conforme aux exigences des parties prenantes.

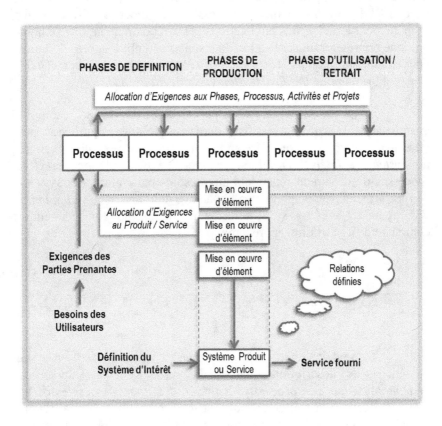

Figure 6-5: Allocation des Exigences

Mise en œuvre des Eléments de Système

L'ISO/IEC 15288 ne donne pas d'orientation quant aux techniques applicables au processus de *Mise en Œuvre*. D'autres standards peuvent donner de telles orientations selon le type spécifique d'élément système à mettre en œuvre. Par exemple, des standards relatifs à l'électronique, la mécanique, la chimie, le logiciel, les facteurs humains, la sécurité des produits ou la sécurité de l'information. Dans plusieurs domaines, des publications sur l'expérience des « bonnes pratiques » du domaine peuvent être substituées ou compléter des standards utiles par leurs conseils.

En ce qui concerne les éléments systèmes logiciels, on peut utiliser l'ISO/IEC 12207 pour mettre en œuvre et gérer le cycle de vie du logiciel. Sinon, on peut appliquer en complément un produit commercial tel que RUP (Rational Unified Process) pour guider la mise en œuvre d'un élément logiciel. Les publications ITIL, recommandations de bonne pratique pour gérer un service logiciel, sont disponibles auprès du bureau gouvernemental anglais, *UK Office of Government Commerce (GC)* et l'institut britannique *the British Standards Institute (BSI)*.

On peut conseiller d'utiliser l'ISO/IEC 15288 (complété éventuellement par d'autres standards et bonnes pratiques) pour l'élément logiciel qui, considéré au bon niveau de récursivité est, en fait, un *Système d'Intérêt*. Dès lors, les modèles de cycle de vie et les processus d'ajustement répondent aux besoins particuliers des systèmes de type logiciel. Cette approche a l'avantage de fournir une *vision unifiée des cycles de vie des systèmes* et ainsi de promouvoir une culture commune d'organisation apprenante.

AUTRES ILLUSTRATIONS DES MODELES DE CYCLE DE VIE

Le modèle en (T) a contribué à illustrer les propriétés essentielles des descriptions système, du *produit-système* et du *service-système* ainsi que des *processus* et *projet*, des *phases* et *cycles de vie*. Ainsi, il décrit à la fois « le quoi » et « le comment ». Il y a d'autres modèles bien connus, développés et utilisés pour décrire les aspects de cycle de vie des systèmes, qui offrent une vision plus approfondie de la *gestion du cycle de vie*.

Le Modèle en V

Le *modèle en V* a été développé simultanément en Allemagne et aux USA. Le modèle en V allemand a été développé, à l'origine, pour décrire les processus de développement du logiciel, alors que la version des USA a été développée, à l'origine, pour des systèmes de satellites impliquant du matériel, du logiciel et des interactions humaines (voir Wikipedia, Vee Model) et [Forsberg, et. al. 2005].

Le *modèle en T* n'illustre pas la relation entre les processus et leur exécution dans le développement des descriptions abstraites des *systèmes d'intérêt* et de leurs éléments. Il n'illustre pas non plus le développement concret des éléments, leur intégration, la vérification et la validation, de la valeur ajoutée du service attendu par le *système d'intérêt.* Pour capter ces aspects, une variante du *modèle en V*, inspirée de l'ISO/IEC 15288 est fournie en Figure 6-6.

Le côté gauche du V débute avec un *Besoin* Utilisateur (non exprimé habituellement dans les *modèles en V*). A partir du Besoin, les processus d'*Exigences des parties prenantes* et d'*Analyse des exigences* sont exécutés pour définir les capacités à fournir ainsi que les exigences fonctionnelles et non fonctionnelles. Le processus de *Conception Architecturale* est exécuté pour explorer les solutions architecturales et en sélectionner une comme étant la solution désirée. Les Eléments du *Système d'Intérêt* sont définis au cours de ce processus, comme indiqué dans la partie inférieure gauche du *V*. Comme indiqué, ces processus peuvent et sont souvent itérés pour fixer une solution pour le Système d'Intérêt qui satisfasse le *Besoin* ainsi que les *Exigences* des parties prenantes.

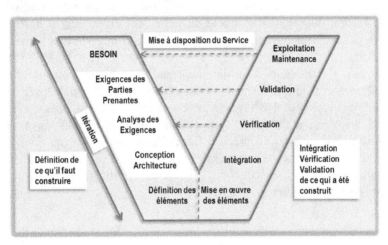

Figure 6-6: Une Représentation du modèle en V du Processus d'Exécution

Ainsi, la partie gauche du *V* définit ce qu'il y a à construire. Du côté droit, en remontant le *V*, les Eléments du *Système d'Intérêt* sont construits selon le processus de *Mise en Œuvre*. Ceci peut résulter de l'acquisition d'éléments ou d'un élément lui-même développé et produit en tant que *Système d'Intérêt* de niveau inférieur, selon la notion de récursivité. Le *produit-système* ou *service-système* à fournir est le résultat des processus d'*Intégration*, de *Vérification* et de *Validation*. En final, le *produit-système* ou *service-système* est mis en opération et maintenu en service pour satisfaire la prestation exigée et satisfaire ainsi le *Besoin de l'Utilisateur*.

Comme indiqué, cette version du modèle en *V* a été construite pour illustrer l'exécution des processus de l'ISO/IEC 15288. On aurait tout aussi bien pu spécifier les côtés gauche et droit du *modèle en V* en identifiant les différentes versions du système (capacités, exigences, fonctions ou objets, produit et service) comme indiqué dans le modèle du cycle de vie introduit au chapitre 4. Dans le livre de [Forsberg, et. al. 2005], plusieurs variantes du *modèle en V* sont identifiées et sont utilisées de façon constructive pour souligner divers aspects de la définition et de la construction du système. Par exemple, comment traiter les bases de références à gauche et à droite du *V*, en rapport avec la définition, la vérification et la validation.

Le Modèle en Spirale

Alors que le *modèle en T* illustre la nature itérative de l'application des phases du cycle de vie et des processus, il ne capture pas l'effet réel des transformations partielles qui interviennent durant les itérations. A cet égard, le *Modèle en Spirale* [Boehm, 1988] est supérieur. Ce modèle a initialement été développé pour décrire le développement itératif de systèmes logiciels. Il a été appelé plus tard le « Modèle Incrémental d'Engagement » pour refléter la progression du projet. La version du *Modèle en Spirale* présentée ici est inspirée du modèle d'origine tout en mettant l'accent sur les transformations cycle de vie des systèmes en général durant. A cet égard, il utilise les transformations successives dans le cycle de vie illustrées en Figure 4-1 et est illustré en Figure 6-7.

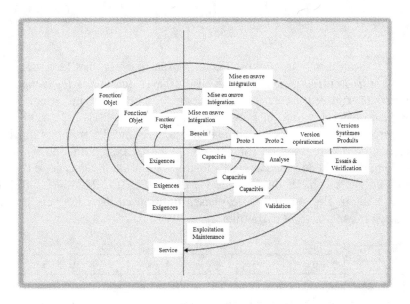

Figure 6-7: Modèle en Spirale des Transformations d'un Système

   Dans cette interprétation du *modèle en spirale*, on identifie les produits intermédiaires développés tout au long du cycle de vie du système. Des versions prototypes (intermédiaires) du *produit-système* sont définies, mises en œuvre et intégrées dans chaque spirale. Après avoir testé et vérifié le *produit-système* par rapport aux exigences, les résultats sont analysés et utilisés comme entrées pour l'itération suivante. Le travail à réaliser lors des itérations peut apporter des changements aux capacités du système, aux exigences du système et/ou aux fonctions du système ou aux objets, autrement dit la définition-même du *Système d'Intérêt*. Un ou plusieurs éléments de système sont redéfinis et doivent ainsi être à nouveau remis en œuvre et intégrés pour produire la version suivante du prototype (intermédiaire) du *produit-système*. Quand les tests et la vérification sont effectués et que l'analyse des résultats indique que le *produit-système* peut fournir les services du système, il est validé et passe en phase de transition vers l'exploitation et la maintenance pour assurer le service qui répond aux *Besoins de l'utilisateur*.

ROLES ET RESPONSABILITES DANS LE CYCLE DE VIE

Pour éviter le silotage de la pensée, qui est manifeste dans de nombreuses entreprises, il est crucial d'assurer que toutes les catégories d'acteurs sont représentées et participent aux changements apportés au Système d'Intérêt tout au long du cycle de vie. L'ISO/IEC 15288, via l'approche du cycle de vie, promeut une pensée interdisciplinaire unifiée, nécessaire à la réussite de l'intégration des différents points de vue tout au long du cycle de vie, comme l'illustre la Figure 6-8. Dans cette figure, on a utilisé les phases du cycle de vie de l' [ISO/IEC 24748-1, 2009]. Il peut y avoir plus ou moins de phases impliquées dans le cycle de vie d'un *Système d'Intérêt* particulier.

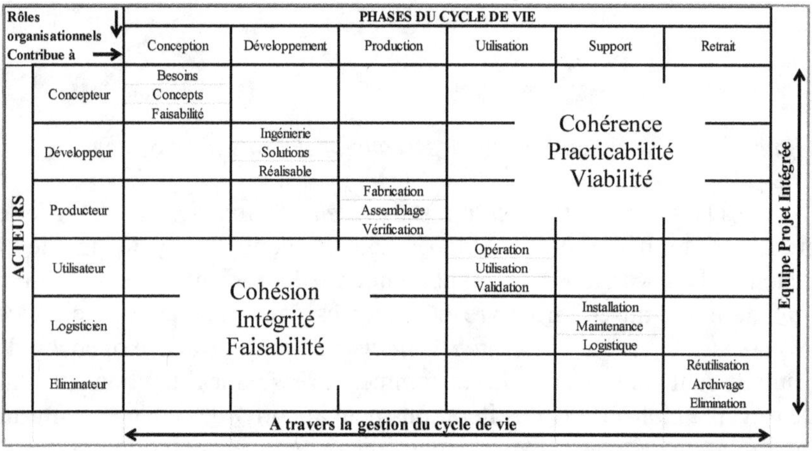

Rôles organisationnels Contribue à		PHASES DU CYCLE DE VIE						
		Conception	Développement	Production	Utilisation	Support	Retrait	
ACTEURS	Concepteur	Besoins Concepts Faisabilité				Cohérence Practicabilité Viabilité		**Equipe Projet Intégrée**
	Développeur		Ingénierie Solutions Réalisable					
	Producteur			Fabrication Assemblage Vérification				
	Utilisateur		Cohésion Intégrité Faisabilité		Opération Utilisation Validation			
	Logisticien					Installation Maintenance Logistique		
	Eliminateur						Réutilisation Archivage Elimination	
		A travers la gestion du cycle de vie						

Figure 6-8: Participation des Acteurs dans les Activités du Cycle de Vie

Les acteurs impliqués dans diverses fonctions organisationnelles (rôles) sont représentés suivant les catégories de leur fonction organisationnelle (rôle), sur la gauche. La contribution des divers acteurs est signifiée en se déplaçant à travers les colonnes de la matrice. Dans la colonne associée à leur fonction principale, ils réalisent (Développe) les activités en relation avec leur processus central pour progresser et atteindre les résultats du processus, du projet et de la phase. Toutefois, comme indiqué, dans les phases en amont, tous les acteurs sont impliqués dans la planification et contribuent aux résultats de la phase en assurant la cohésion, l'intégrité et la faisabilité des résultats (de leur point de vue). Par exemple, dans la première phase, des acteurs, dans leurs rôles respectifs devraient, dans leur plan d'actions, répondre aux questions telles que :

Est-il possible de Développer ?
Est-il possible de Produire ?
Est-il possible d'Utiliser ?
Est-il possible de Maintenir ?
Est-il possible de le Retirer du service.

De telles questions cruciales continuent à être posées pendant la progression de phase en phase. Quand les résultats d'une phase ont été atteints et que le cycle de vie progresse vers les phases suivantes les acteurs impliqués dans les phases en amont continuent à jouer un rôle vital en s'assurant que les transformations faites dans chaque phase ne compromettent pas la solution par rapport à la cohérence, la possibilité de réalisation et la viabilité. Plus tard, quand le système est utilisé et maintenu (peut-être même éliminé) ils peuvent poser des questions telles que :

Les Concepts ont-ils été suivis ?
Les Concepts étaient-ils corrects ?
Des Exigences importantes ont-elles été omises?
Est-ce que l'Architecture a été appropriée?
Y-a-t-il de meilleures solutions ?
Est-ce-que la production a conduit à des produits ou des services fiables et rentables ?
Est-ce-que l'exploitation du *Système d'Intérêt* a fourni la « valeur ajoutée » attendue?
Le produit ou service était-il maintenable ?
Le produit ou service a-t' il pu être convenablement retiré du service ?

Les réponses aux questions telles que celles-ci fournissent la matière pour la collecte des Connaissances, partie au cœur du *modèle de gestion du Changement* d'un Système présenté dans ce livre.

Etant donnée l'approche interdisciplinaire de la gestion du cycle de vie, il est logique d'organiser le travail en *Equipes de Projet Intégrées (EPI)* dans lesquelles les divers rôles des acteurs sont représentés. Une *EPI* peut être constituée pour travailler en projet durant la majeure partie ou la totalité du cycle de vie. Toutefois, une *EPI* peut être constituée pour traiter des phases spécifiques quand on juge nécessaire un tel découpage du travail dans le cycle de vie.

Le lecteur notera la similarité entre la matrice de la Figure 6-8 et celle de la Figure 5-9 où nous avons présenté une approche générale d'organisation des modèles de cycle de vie, en particulier des *Processus Techniques*. Dans la Figure 5-9, les processus correspondants étaient listés sur la gauche, en lieu et place des *rôles des acteurs*. La vision matricielle traduit le découpage des projets tout au long des phases et la sélection de processus techniques à appliquer par les acteurs pour accomplir les résultats de la phase et les plans projet. Ainsi, en définissant et en apportant son soutien aux projets, le *CCC* devrait tenir compte des avantages interdisciplinaires à utiliser une *Equipe de Projet Intégrée*, comme l'illustre la Figure 6-8.

INTEGRATION DES MODELES DE CYCLE DE VIE ET DES PROCESSUS

Finalement, pour assembler toutes les pièces, on considère les facteurs impliqués dans la gestion des modèles de cycle de vie et des processus. S'ensuit la description de la façon de sélectionner les éléments du modèle de cycle de vie et des processus puis de les compléter avec d'autres éléments pratiques afin de décrire une instanciation du modèle du cycle de vie utilisable par un projet ou une organisation.

Gérer les Modèles de Cycle de Vie

En pratique, une entreprise devrait établir (définir) un petit nombre de modèles structurels de cycle de vie fondamentaux qui servent de schémas pour faciliter le « fonctionnement au quotidien » quelle que soit la nature des produits ou services à valeur ajoutée. Les modèles de cycle de vie sont eux-mêmes des *actifs* composés d'éléments de système. Ainsi, les modèles ont des cycles de vie et les visualiser de cette façon répond au besoin, une fois de plus, de cohérence structurelle qu'il est important d'assurer. Le propriétaire naturel du système de modèles de cycle de vie est le *CCC*, dont le rôle est de représenter intérêts de l'entreprise.

Considérez à nouveau le *modèle en T* des phases de cycle de vie, les éléments systèmes, leurs relations définies et l'intégration en un système, tel que l'illustre la Figure 6-2. Il devrait être évident maintenant que si le *modèle de cycle de vie* est un système, ses éléments sont des *phases* et qu'il existe des relations définies entre les phases. Ainsi, le *modèle des phases* utilisé représente le modèle de cycle de vie qui gère les modèles de cycle de vie.

Gestion des Processus

Les processus du standard de l'ISO/IEC 15288 décrits au chapitre 3 fournissent, comme pour les modèles de cycle de vie, des descriptions de schémas à ajuster pour s'adapter aux besoins organisationnels, de l'entreprise, des projets et des contrats. Au sein d'une organisation (entreprise) la gestion de processus s'accomplit via le processus suivant :

Gestion du Modèle du Cycle de Vie	**Définir, maintenir et assurer la disponibilité des politiques, des processus de cycle de vie, des modèles de cycle de vie et des procédures pour que l'organisation les utilise en application du Standard International.**

Comme indiqué précédemment, le *Comité de Contrôle du Changement (CCC)*, élément du *système de Gestion du Changement* agit au nom de l'entreprise. Ainsi, le *CCC* devrait établir et gérer en cycle de vie, selon ses besoins et sa politique, un environnement de descriptions de schémas de processus souhaités qui peuvent être supportés par une infrastructure de méthodes, procédures, techniques, outils et du personnel formé.

Au sein d'un projet ou d'une entité organisationnelle chargée de faire des changements de descriptions de système ou de paramètres opérationnels, on sélectionne les éléments de l'environnement et on les ajuste, comme l'exige le cadre de la planification *(Plan)*. Les activités sélectionnées sont ensuite exécutées *(Développer)* pour fournir les changements à apporter aux descriptions systèmes ou aux aspects opérationnels, les résultats sont évalués *(Contrôler)*, les résultats et les efforts sont réajustés, si nécessaire *(Agir)*.

Il peut être nécessaire d'ajuster les processus du standard pour établir le contrat entre un acquéreur et un fournisseur. Dans ce cas pour parvenir à un accord, les parties sélectionnent, structurent, emploient et réalisent les éléments du processus établi pour fournir les produits et services. Les processus convenus peuvent également être utilisés pour évaluer la conformité au contrat des performances de l'acquéreur et du fournisseur.

Ces trois formes d'ajustement conduisent à des processus gérés qui sont décrits en terme de nouvelles contributions au modèle de cycle de vie à déployé par le *CCC*, par le projet ou en lien avec un contrat acquéreur-fournisseur. Comme décrit au chapitre 3, le résultat de la mise en œuvre réussie d'un Processus Ajusté se résume ainsi :

- Un modèle de cycle de vie est défini en termes de phases et des contributions que les processus apportent.
- Chaque phase du cycle de vie qui influence la réalisation d'un contrat de *produit-système* ou un *service-système* est décrit.
- Les processus de cycle de vie nouveaux ou modifiés sont définis.

Comme pour l'ensemble des modèles de cycle de vie, les processus qui résultent d'un certain ajustement, forment un système de processus qu'on doit considérer comme un *Système d'Intérêt* et que le *CCC* (propriétaire du système) doit donc gérer en cycle de vie. On peut voir l'ajustement comme une partie de la phase de définition amont du cycle de vie, qui a pour résultat une *instance du système de processus* associée à une *instance du modèle de cycle de vie*. Les processus, une fois mis en œuvre et intégrés dans le modèle de cycle de vie, sont introduits pour être utilisés, maintenus et le cas échéant retirés du service.

Instances du Modèle de Cycle de Vie

Le résultat de la phase de Production conduisant à l'élaboration d'une *instance du modèle de cycle de vie* est illustré en Figure 6-9. Une fois de plus, ceci correspond directement à une structure du modèle général du cycle de vie pour tout type de système, comme décrit dans *le modèle en T* de la Figure 6-2.

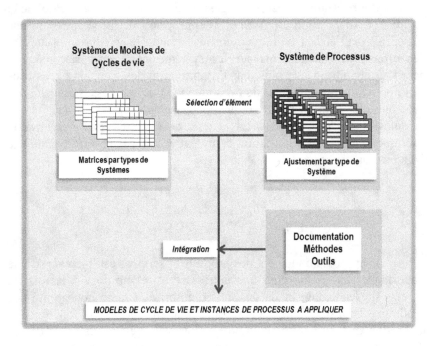

Figure 6-9: Ajustement vu comme la production d'une instance Système

L'instance de modèle de cycle de vie et de processus qui est transmise aux projets et aux entités organisationnelles se transforme en directives et en dispositifs de contrôle. Ainsi, la propriété est transférée du propriétaire des définitions (le *CCC*) au leadership du projet ou de l'entité organisationnelle. Le transfert correspond à la délégation d'une autorité et d'une responsabilité.

Mise à disposition de Détails, Méthodes et Outils spécifiques

Le standard ISO/IEC 15288 ne donne pas de directives particulières pour la documentation, les méthodes et les outils supports aux processus. Ces éléments détaillés doivent être établis par les utilisateurs qui appliquent le standard, comme indiqué en Figure 6-9. En particulier, la documentation est toujours un problème crucial. On applique, comme nécessaire, différents types de formulaires, de check-lists, etc. La documentation devrait toutefois suivre le principe de « valeur ajoutée », autrement dit, on ne devrait pas exiger des documents qui n'ajoute pas de valeur et qui ne seront pas utilisés par les acteurs suivant leurs rôles pendant le cycle de vie.

Pour résumer, c'est par la gestion des modèles de cycle de vie et la mise à disposition d'ensembles appropriés de processus, qu'une entreprise peut établir un moyen unifié de contrôle, exécution et mesure des effets des changements sur les systèmes de l'entreprise, comme décrit au chapitre 5. De plus, par l'assimilation des Connaissances tirée de l'application des modèles de cycle de vie et des processus associés, on peut mesurer et utiliser dans la gestion du changement, l'efficacité des modèles et des processus. C'est la voie nécessaire vers l'amélioration continue, conduisant à la gestion et au leadership à long terme, dans une organisation apprenante.

CYCLES DE VIE PRODUIT

L'approvisionnement des produits et services est, bien sûr, d'une importance stratégique pour une entreprise et reflète donc à la fois les aspects de leadership et de gestion. L'autorité et la responsabilité des produits est souvent déléguée, au sein d'une entreprise, aux fonctions de marketing ou de planification. Elles utilisent la gestion de cycle de vie des produits pour planifier et exécuter les processus commerciaux, par exemple, ceux liés au marketing, la vente et le support des produits ou services. Le cycle de vie classique des produits (et de nombreux services) est présenté en Figure 6-10.

Les *cycles de vie Produit* sont reliés aux *cycles de vie Système* en ce sens que la phase de *Développement* du *cycle de vie Produit* a pour conséquence la convocation d'un cycle de vie système où les besoins et exigences du produit sont fournis à une *fonction de développement* de l'entreprise. La fonction développement définit le système nécessaire pour fournir les instances du produit. Quand le produit est défini et développé et que la production commence, on entre dans la phase *Introduction pour lancer le produit*. Le volume des ventes peut fluctuer, comme indiqué dans la figure, tout au long des phases de Croissance, Maturité et Déclin.

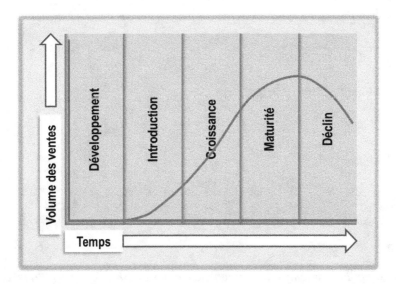

Figure 6-10: phases classiques de Gestion du cycle de vie des Produits.
Source: Wikipedia: Product Life Cycle Management [www.blurtit.com]

Des produits (et services également) sont tout simplement arrêtés quand le marché s'épuise. Cependant, des produits ou services peuvent être renouvelés par de nouvelles versions et ainsi, le cycle de vie du produit est revisité avec la génération suivante de produits ou services. A nouveau, ceci provoque une réitération du cycle de vie du système. Pour les produits exigeant un service opérationnel significatif, il y a, bien sûr, un marché après-vente qui se traduit souvent par une source de revenus significatifs pour l'entreprise comme par exemple pour les produits de l'aéronautique ou de l'automobile. L'entreprise peut avoir des exigences contractuelles ou légales de fournir un support permanent au produit.

Un aspect important de la *Gestion du Cycle de Vie du Produit* est la mise à disposition de systèmes de soutien qui sont vitaux pour maintenir le produit en exploitation. Alors que le produit ou le service fourni peut être vu comme le *SdI-R* (*Système d'Intérêt Restreint*) pour un acquéreur, l'acquéreur doit aussi incorporer les systèmes de soutien dans son *SdI-E* (*Système d'Intérêt Etendu*). Ces systèmes de soutien devraient être vus comme des *actifs-systèmes*, qui sont activés au besoin pour répondre à une situation apparue dans l'exploitation du *SdI-R*. Le nom collectif de l'ensemble des systèmes de soutien est le *Système de Soutien Logistique Intégré* (*SLI*). La Figure 6-11 indique quelques types classiques de systèmes de *SLI*.

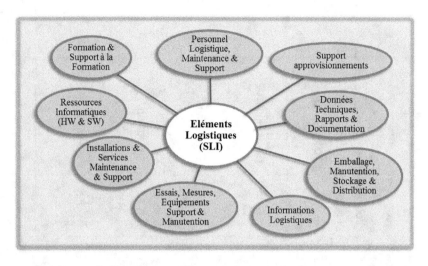

Figure 6-11: Systèmes de Soutien classiques de SLI. Source: [Blanchard, 2004]

Le SLI illustré par la figure, cohérent avec notre discussion précédente sur le *Système d'Intérêt*, identifie plusieurs types d'éléments classiques de ce système SLI, chacun d'eux étant un système exigeant une gestion de son cycle de vie. Les éléments sont des *actifs-systèmes* d'une entreprise fournisseur qui sont instanciés et mis en œuvre pour répondre aux situations de logistiques.

Comme nous l'avons souligné plusieurs fois déjà, il est crucial d'avoir une vision holistique quand on définit, produit et exploite les *produits et services-systèmes*. Ainsi, pour développer le *Système d'Intérêt*, les aspects logistiques doivent être pris en compte en phase amont du cycle de vie. La Figure 6-12 illustre la relation de la conception et le développement système avec les exigences de logistiques.

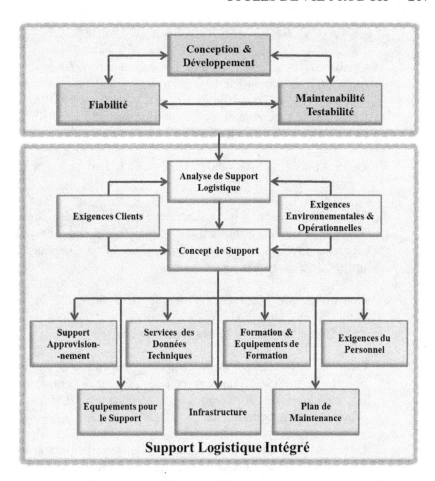

Figure 6-12: Relier le SLI au Cycle de Vie du Système. Source: [ASD, 2009]- Association Européenne des Industries de l'Aerospatiale et de la Défense

Les exigences de fiabilité issues du besoin de maintenabilité et de testabilité sont des facteurs déterminants. Ces besoins sont analysés par une Analyse de Support Logique (ASL) fondée sur les Exigences du Client et les Exigences Environnementales et Opérationnelles. En cohérence avec notre discussion du chapitre 4 sur l'importance de concepts et principes directeurs, un concept de support doit être développé pour être ensuite utilisé afin de générer les systèmes de support SLI individuels.

VERIFICATION DES CONNAISSANCES

1. Quelle est la différence entre la *gestion de systèmes* et le *leadership de systèmes* ?

2. Comment le type et la durée de vie d'un système affectent son mode de gestion ou de leadership ?

3. Donnez plusieurs exemples de systèmes à longévité courte et à longévité longue (durables).

4. Identifiez un grand système complexe qui pourrait être appelé Système d'Intérêt, et qui exige l'implication d'une entreprise étendue. Quelles sont les implications d'un manque de propriétaire du système ?

5. Confirmez que le *modèle générique en T* du cycle de vie, composé des phases Définition, Production et Utilisation est applicable à tous les systèmes identifiés en (3).

6. Décrivez des situations pour lesquelles l'exécution des phases pourrait se faire selon une approche de *développement itératif,* de *développement et une mise en œuvre itératifs* et *d'acquisition progressive ou incrémentale*.

7. Comment peut-on gérer les exigences, leur vérification et leur validation dans le cadre de la structure du cycle de vie ?

8. Identifiez, pour divers types d'éléments systèmes dans un Système d'Intérêt auquel vous êtes familier, les *sources ad-hoc de documents de standards et de bonnes pratiques* qui peuvent être utilisés pour guider leur mise en œuvre.

9. Pourquoi est-il important d'impliquer tous les acteurs dans toutes les phases du cycle de vie d'un Système d'Intérêt ?

10. Qu'est-ce qu'une *Equipe de Projet Intégrée* et quelle est son objectif ?

11. Est-ce que les modèles de cycle de vie et les processus d'entreprise sont des systèmes ? Si oui, quels sont les éléments de ces Systèmes d'Intérêt ?

12. Définissez un modèle de cycle de vie sous forme de matrice de Processus Techniques avec les résultats des phases et les contributions principales de chaque processus à chaque phase, pour un type de Système d'Intérêt. (Essayez de faire une matrice pour la gérer le modèle de cycle de vie du Système d'Intérêt).

13. Définissez un ensemble de processus appropriés à un type de Système d'Intérêt. (Poursuivez avec l'exercice 12 en définissant un ensemble de processus ajustés qui peut être appliqué pour gérer le modèle de cycle de vie du Système d'Intérêt.

14. Quels types d'éléments de documentation seraient appropriés pour la gestion du modèle de cycle de vie et des processus résultant des exercices 12 et 13 ?

15. Décrivez les relations entre les cycles de vie du système et les cycles de vie des produits

16. Identifiez les exigences support d'un Système d'Intérêt auquel vous êtes familier.

Chapitre 7 - Données, Informations et Connaissances

La connaissance et la sagesse sont, ou au moins, devraient être les buts ultimes de toutes les activités humaines.

Les connaissances, disponibles et utilisées efficacement par des décideurs compétents, mènent à la sagesse, qui est à la base de l'amélioration continue des *actifs-systèmes* de l'infrastructure de l'entreprise : les systèmes livrés sous forme de produits ou services, la constitution et le déploiement des *systèmes de réponse* ainsi que les processus et les modèles de cycles de vie qui soutiennent les tâches associées au système. Les connaissances peuvent être explicites, autrement dit documentées d'une certaine façon, ou tacites (implicites) auquel cas les connaissances proviennent d'une compréhension sous-jacente de « *patterns* » non documentés de relations entre éléments et systèmes. Les connaissances peuvent être *abstraites*, soulignant les *concepts* et les *principes*, ou *concrètes*, auquel cas elles sont associées aux détails du « quoi » ou du « comment » dans le contexte des opérations d'un groupement d'entreprises (équipe, comité ou projet). Il est important que des individus, ainsi que le groupe collectivement, soient capables de comprendre les *concepts* et les *principes* ainsi que les détails concrets pertinents puisque les décisions sont prises à tous les niveaux, par des individus autant que par divers groupes.

Dans l'élément *Connaissances* d'un *Système de Gestion du Changement*, les connaissances sont collectées pour être assimilées pour la prise de décision au sein de l'Elément de Gestion du Changement, de la Gestion de Projet ou de la Gestion de l'entité Organisationnelle, et pour être réutilisées pour augmenter les capacités du « comment » dans l'accomplissement des changements effectifs.

DES DONNEES A LA SAGESSE

La collecte des connaissances passe par des étapes. En premier lieu, les *données* brutes collectées doivent être interprétées. C'est à travers l'interprétation, en plaçant les données dans leur bonne classe qu'on obtient de l'*information*. Par exemple, les données 18.5, 19.6, 20.1, 18.3 ne deviennent de l'information que lorsque l'on sait ce que ces données représentent. Savoir que ces données sont des températures en degrés Centigrades, transforme les données en informations comme l'illustre la Figure 7-1. Les données peuvent être enrichies et fournir de nouvelles informations en mesurant les données par rapport à une autre classe d'information, par exemple, en évaluant les données par rapport à des limites de température de 18 et 22 degrés Centigrade. Un Elément de Mesure détermine que les températures sont à l'intérieur des limites et génère de nouvelles données, par exemple (à l'intérieur ou à l'extérieur des limites). Une fois de plus, les données (à l'intérieur ou à l'extérieur des limites) n'ont un sens que lorsque l'on sait qu'elles appartiennent à une classe appelée « limites de température. »

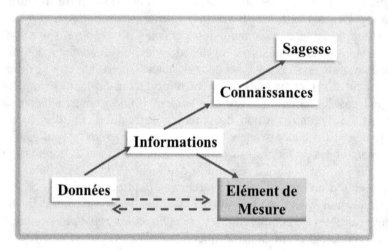

Figure 7-1: Données, Informations, Connaissances et Sagesse

Les *données* collectées, y compris les données mesurées et leur interprétation en tant qu'*informations*, sont utiles mais elles ne peuvent être transformées en *connaissances* que lorsqu'elles sont associées à d'autres informations où des relations entre « patterns » deviennent évidentes. Par exemple, savoir que les mesures de température ont conduit systématiquement à les trouver à l'intérieur de certaines limites, et coupler ces données avec une information quantitative sur la conception du système de contrôle de climatisation qui réalise ce comportement, fournit des connaissances quant à une solution qui marche. De telles connaissances peuvent être utilisées pour prendre des décisions conduisant à des changements et pour réaliser les changements de futures versions du système de climatisation. La transformation des connaissances en prise de décision efficace, décrit la dernière étape de la Figure 7-1, à savoir atteindre la *sagesse*. La relation entre données, informations et connaissances a été établie de manière concise par Börje Langefors [Langefors 1973] dans l'équation *info logique* suivante

I = i (D, S, t) où:

I est l'information obtenue par un processus d'interprétation, i ;
D sont les données concernant des connaissances antérieures S ;
Et t est l'instant auquel l'interprétation est faite.
Dans cette équation, S correspond aux connaissances d'une classe d'informations.

Considérez un autre exemple de relation entre données, informations et connaissances concernant l'Evaluation des Capacités du Processus, comme décrite au chapitre 5. Les *données* de résultats du processus sont rassemblées pendant que les processus s'exécutent. Les *données* peuvent être de deux types (non effectué, effectué) pour les résultats spécifiques. Jusqu'à ce que l'on sache à quelle *information* associer les *données*, ce ne sont que des données. Savoir que les données sont reliées à un résultat de processus, tel que « exigences validées », transforme les *données* en *informations*. Dans l'évaluation d'un processus (Elément de Mesure), on peut attribuer une valeur numérique telle que (2). Une fois de plus, ces données générées deviennent des informations lorsqu'elles sont associées à une échelle de classe de maturité de processus conduisant à un résultat de mesure tel que « reproductible ». Etre capable d'associer des informations de validation d'exigences ou d'évaluation aboutissant à des données et des informations concernant d'autres résultats du processus, permet de construire des *connaissances* sur les performances du processus. La *sagesse* vient de l'utilisation de ces informations pour prendre des décisions efficaces sur les changements visant à une amélioration du processus évalué.

Une vision plus large de l'Information

L'*information* est un concept bien plus large que celui des discussions précédentes sur la transformation de données en informations. L'information est fournie sous forme de divers media. Par exemple, les dessins, les modèles, l'enregistrement de voix, des films vidéo fournissent tous de l'information et sont des éléments importants dans la formation des connaissances. Une grande variété de paradigmes, présentés comme des modèles de formes diverses, ont été introduits dans ce livre qui, avec un peu de chance, ont constitué des informations pour le lecteur, en faisant éclore des connaissances sur ce que « penser » et « agir » signifient en termes de systèmes.

GESTION DES DONNEES ET DES INFORMATIONS

La large disponibilité de données et des informations fournies par les ressources des réseaux et de l'informatique a révolutionné notre façon de penser et de travailler. Avant l'ère de l'informatique, les données et les informations étaient en général disponibles sous forme papier.

Depuis l'avènement de l'informatique puis des réseaux, plusieurs générations de technologies de gestion d'informations et de données ont conduit à une explosion de données et d'informations. On a estimé qu'on a généré plus de données sur la période de cinq ans, de 2005 à 2010, qu'on en a produit sur les 40 000 années précédentes [www.c-data.nl]. Comme les technologies de l'informatique et des réseaux ont augmenté en capacité et puissance de calcul, l'usage à large échelle de graphiques, d'enregistrements et de vidéos est devenu une partie essentielle de la base des informations qui contribuent à la formation des connaissances.

Dans son excellent livre sur les problèmes croissants de l'information, Wurman a très tôt souligné le rythme accéléré de la collecte et de la dissémination des données et des informations dû aux développements des Technologies de l'Information.

« *Une Anxiété de l'Information se produit par l'écart toujours plus grand entre ce que nous comprenons et ce que nous estimons devoir comprendre. C'est le trou noir entre les données et les connaissances qui advient quand les informations ne nous disent pas ce que nous voulons ou souhaitons connaître.* »
Richard Saul Wurman [Wurman, 1989]

Trop d'informations disponibles provoquent de l'anxiété chez les individus et dans les groupes. La pertinence de la présentation ainsi que la quantité et la qualité des informations facilitent énormément les connaissances. Quand on exploite une entreprise, il est crucial de contrôler le problème d'*anxiété de l'information*. Sur la base de la définition de Wurman, nous pourrions éventuellement définir une qualité de l'information comme sa capacité à réduire l'**intervalle** (avec les connaissances). La vraie mesure de la qualité des informations, dans le contexte d'une entreprise, est la façon dont les informations sur les quantités et les catégories appropriées sont collectées, conservées et utilisées pour construire des connaissances et prendre des décisions.

La quantité et la qualité d'Informations est une préoccupation croissante dans la gestion du cycle de vie des systèmes complexes. En particulier, un facteur significatif est l'externalisation croissante de la création de produits et services, de l'exploitation et la maintenance dans de grandes chaines logistiques, comme nous l'avons vu au chapitre 4 et illustré en Figure 4-10. Les problèmes ne sont pas seulement associés au volume d'informations mais sont associés aux incompatibilités des représentations des données et de la classification des informations. Ces problèmes sont aggravés dans les entreprises internationales où co-existent diverses langues et des différences culturelles. Ainsi, il est crucial que les informations soient classifiées et collectées d'une manière qui les rende compréhensibles et utiles pour les groupes qui en ont besoin.

Le standard ISO/IEC 15288 établit un processus pour la *Gestion de l'Information* ainsi que pour la *Mesure* qui peuvent être ajustés pour satisfaire aux besoins de données et d'informations dans la gestion du cycle de vie des systèmes.

Gestion de l'information	**Fournir à des tiers désignés les informations pertinentes, exactes, exhaustives, valides et si nécessaire, confidentielles, durant et éventuellement au-delà du cycle de vie du système.**
Mesure	**Collecter, analyser et communiquer les données relatives aux produits développés et aux processus mis en œuvre au sein de l'organisation, pour appuyer une gestion efficace des processus et démontrer de façon objective la qualité des produits.**

Classifier les Informations

Pour fournir une base de compréhension commune entre les personnes et les agents logiciels qui collectent, enregistrent et retrouvent des informations, la classification des informations est un prérequis. Comme la technologie des ordinateurs a progressé depuis les traitements séquentiels de fichiers de données jusqu'aux bases de données à l'accès aléatoire et maintenant à l'accès interactif au web, diverses approches pour décrire la structure des informations et leur contenu sont apparues. Le développement des descriptions des informations reflète les besoins du système et il est fondé sur l'identification de *concepts*, de *classes* et de *propriétés des données* à traiter.

Wurman [Wurman, 1989] identifie cinq façons fondamentales d'organiser les informations, à savoir *alphabétique, catégorielle, temporelle* (par date), par *provenance* ou par *pondération*. Ces modes de classification sont applicables à pratiquement toute entreprise - de fichiers de renseignements personnels aux opérations de sociétés multinationales. Considérez comme exemple le classement de l'information pour l'industrie automobile où le nom de l'entreprise est utilisé pour une classification *alphabétique*, l'identification des modèles d'autos pour une classification par *catégorie*, l'année de production pour la classification *temporelle*, le lieu de fabrication pour la classification par *provenance* des notations de rapports de consommateurs pour la classification par *pondération*. Ce qui suit résume l'usage général des catégories de Wurman.

Alphabet – Un moyen naturel de classification pour les langages occidentaux. Il se prête bien à l'organisation de grandes quantités d'informations.

Catégorie – Utilisée classiquement pour classer des produits et peut être utilisé pour classer des services. Se prête bien à l'organisation d'articles d'importance similaire.

Temps – Fonctionne surtout pour les évènements qui arrivent à période fixe. Le Temps est un cadre que l'on appréhende facilement, à partir duquel on peut observer des changements et faire des comparaisons.

Provenance – Une forme naturelle pour choisir quand on cherche à examiner et comparer des informations qui proviennent de diverses sources ou lieux.

Pondération – Utilisé pour attribuer des valeurs ou des poids aux informations. Il les organise par ordre de grandeur de petit à grand, du moins cher au plus cher, par ordre d'importance, etc.

Le lecteur déjà consciemment ou inconsciemment déploie évidemment ces modes de classification dans sa vie quotidienne. Ces catégories sont génériques et peuvent être associées à n'importe quelle *classe d'informations*. Le plus important est d'organiser les *concepts* selon lesquels l'information est organisée de façon rationnelle pour établir ainsi une base de compréhension commune et des orientations aux agents logiciels qui collectent, stockent, référencent et présentent les données et les informations d'une manière compréhensible.

Taxinomies et Ontologies

Bien que la classification des informations ait une longue histoire, c'est avec l'introduction à grande échelle des TI (Technologies de l'Information) qu'un grand débat allant même jusqu'à « un grand battage publicitaire » est apparu autour de la classification des informations. Dans cette section nous considérons les idées principales des taxinomies et des ontologies. Il existe une littérature conséquente et disponible sur ces sujets que le lecteur devrait investiguer via une recherche web. Considérez les deux définitions quelque peu simplifiées reprises de Wikipedia :

Taxinomie est la pratique et la science de la classification. Le mot prend ses racines dans la langue grecque, *taxis* (signifiant « ordre », « arrangement ») et *nomos* (« loi » ou « science »).

Ontologie (du grec) est l'étude philosophique de la nature de l'être ou de la réalité en général, ainsi que des catégories fondamentales de l'être et de ses relations.

Beaucoup de personnes citent l'œuvre d'Aristote comme le point de départ du fondement de l'ontologie, dans ce qu'il appelait la *métaphysique*. Son œuvre, comme indiqué au chapitre 1, a abordé de multiples disciplines et l'a conduit à voir le besoin d'une unification par le biais des classifications et des relations. A travers les siècles, il y a eu de nombreux travaux significatifs en classification, par exemple, l'effort colossal par le scientifique suédois du XIII° siècle, Carl von Linne, pour créer les taxinomies biologiques des espèces des plantes et des animaux.

En pratique, une taxinomie peut être vue comme une forme restreinte d'ontologie, où les choses sont simplement classifiées selon une relation *"est un"* indiquant qu'un objet est un membre d'une classe d'objets. Les autres relations ne sont pas décrites. Les taxinomies sont en général organisées en une hiérarchie de classes reflétant les concepts utilisés par la formalisation des classes. Au sein d'une classe, la taxinomie peut très bien être organisée selon les catégories d'information que Wurman identifie, c'est-à-dire *alphabétique, catégorielle, temporelle* (par date), par *provenance* ou par *pondération* ou des combinaisons de celles-ci.

De façon générale, nous pouvons affirmer que l'ontologie est la théorie des objets et de leurs relations. Une ontologie fournit les critères de distinction entre divers types d'objets (concrets et abstraits, présents et non présents, réels et idéaux, indépendants et dépendants) et leur liens (relations, dépendance et prédicat). Sur la base de ce que nous avons déjà traité dans ce livre, nous pouvons voir un lien fort entre les notions d'ontologie et de système. Pratiquement, les ontologies (ainsi que les taxinomies) fournissent des moyens de construire un modèle d'informations dans le domaine du discours ou même pour un *Système d'Intérêt* spécifique.

La technologie du Web Sémantique basée sur le langage OWL [Schreiber et Wood, 2004] souvent mentionnée sous le nom de Web 3.0 est basée sur l'usage d'ontologies. Dans le contexte de cette technologie, le traitement des ontologies en tant que systèmes est décrit dans l'interlude d'étude de cas qui suit ce chapitre.

Dans une interprétation plus large de l'information présentée plus haut, on a noté que les technologies multimédias ont évolué, comme tout ce qui est basé sut l'informatique. Ainsi, le traitement de la voix, des images, des dessins, des films, etc. a radicalement étendu les types de « données » qui peuvent être traitées par les technologies de l'information. Les fichiers contenant des représentations de ces média, deviennent des données fondamentales qui doivent aussi être classifiées en tant que partie des modèles d'informations.

La vue kaléidoscopique des systèmes décrite plus tôt dans le livre apparaît évidente dès que l'on considère la création et l'usage de données et des informations. De fait, les informations du cycle de vie pour un système, de même que ses instances peuvent également être traitées comme un système composé d'éléments d'informations. De plus, diverses visions kaléidoscopiques d'un système se traduiront par divers jeux d'informations, chacun d'eux pouvant être vus comme « leur » système par les parties concernées. Comprendre la structure et l'organisation des informations rattachées au cycle de vie du système permet l'extraction de valeur et de signification. C'est une exigence absolue de qualité de l'information et elle constitue les bases pour une prise de décision prudente.

Collecter des Données, des Informations et des Connaissances

Pendant le cycle de vie des *actifs-systèmes* qu'ils concernent l'infrastructure, le soutien ou la valeur ajoutée gérés par une entreprise, les données, les informations et les connaissances sont collectées de la façon décrite dans les sections précédant ce chapitre. En ce qui concerne les transformations fondamentales du cycle de vie identifiées au chapitre 4, la *collecte des données*, l'*interprétation en informations*, la *mesure* potentielle et l'*assimilation en connaissances* sont illustrées en Figure 7-2.

Les données, les informations et les connaissances acquises pendant le cycle de vie sont de divers types. Elles peuvent être reliées à la définition de système, à la production d'instances de produits ou services ou à des services fournis pendant l'utilisation. Elles peuvent aussi correspondre aux connaissances reliées à la performance du processus de définition du système ou du produit ou du service dans diverses phases du cycle de vie. La définition d'un *modèle d'informations du système* est, bien sûr, un pré requis.

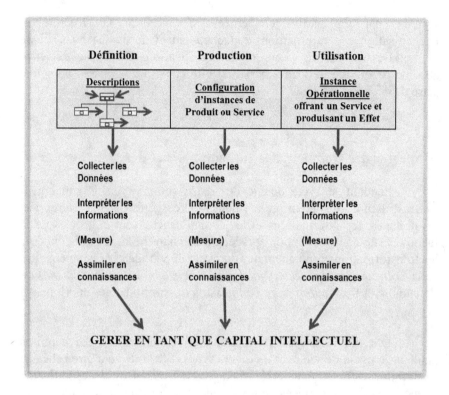

Figure 7-2: Assimiler les Connaissances en tant que capital intellectuel

Construire les Modèles d'Informations

Pour construire le *modèle d'informations du système*, il est utile d'utiliser comme concepts et base de classification, la terminologie établie par l'ISO/IEC 15288. On pourrait l'établir d'après les données et les informations générées par les processus que l'on doit mettre en œuvre dans les diverses phases du cycle de vie ; on pourrait aussi plus généralement le baser sur les phases. La Figure 7-3 illustre une classification de modèle d'informations. Dans ce modèle, une hiérarchie de classes d'informations est établie dans laquelle les feuilles (nœuds terminaux) de la hiérarchie identifient des classes dans lesquelles les données et les informations doivent être collectées. N'oubliez pas que les informations peuvent se trouver sous forme de modèles (textuels ou graphiques) et peuvent inclure des fichiers de voix ou des vidéos.

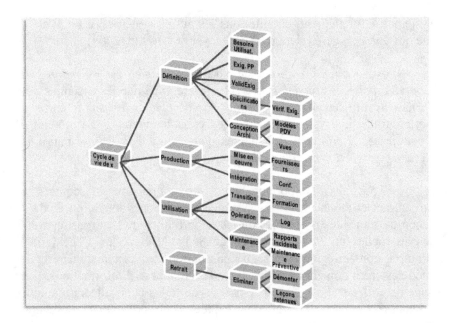

Figure 7-3: Un Modèle illustrant des informations de Cycle de vie

La figure illustre des données et des informations collectées dans les processus techniques ; elle peut et devrait toutefois être étendue aux données et informations associées aux autres catégories du standard ISO/IEC 15288, à savoir, les *processus contractuels, de soutien aux projets et les processus projet.* Les collectes de données, d'informations, de mesures et de connaissances associées aux bases de référence et aux configurations, comme décrit au chapitre 4, sont très pertinentes et doivent être prises en compte pour organiser les données et les informations. Rappelez-vous que les bases de référence peuvent être associées aux informations du projet (cadre, coût, calendrier) ou au *produit-système* ou *service-système.* De plus, certaines bases de référence représentent en fait une configuration des descriptions et des instances produit ou service. Alors que le système progresse à travers l'établissement de bases de référence et la création de configurations, les connaissances collectées autour du système, produit, service et processus sont cruciales pour les prises de décision du *CCC* tout comme elles les sont pour guider la réalisation de changements.

Comme indiqué dans les Figures 7-2 et 7-3, les connaissances assimilées deviennent une partie du capital intellectuel de l'entreprise, de ses groupes, équipes et individus. Ainsi, sont sages les entreprises qui formalisent la structure et les processus associés à la collecte des connaissances dans un *Système de Gestion des Connaissances.* Ce système, naturellement, comme tous les autres systèmes, a un cycle de vie qui doit être géré [Herald, Berkemeyer,et Lawson, 2004].

Au sein du domaine d'un *Système de Gestion des Connaissances*, les *modèles de Cycle de Vie* ainsi que les ensembles des *Processus* utilisés dans la gestion du *Système d'Intérêt*, à partir du portefeuille de systèmes, sont de vrais capitaux intellectuels de l'entreprise. Ils doivent être captés dans le modèle d'information du *Système de Gestion des Connaissances*.

Tout aussi importante sont les connaissances acquises en structurant et en analysant les systèmes thématiques lorsqu'on étudie la façon de traiter les problèmes ou les opportunités de l'entreprise. Ainsi, les approches du *Penser Système* de Senge, Boardman, Checkland et d'autres constituent une base d'assimilation des connaissances et les modèles créés doivent devenir une partie de la base d'informations. Il est sage de collecter les « leçons apprises » de telles études de sorte que les connaissances soient vraiment captées et contribuent au capital intellectuel de l'entreprise.

Grâce au capital intellectuel qui aide à comprendre les fonctionnements dynamiques des systèmes et à comprendre également comment structurer efficacement et opérer la gestion du changement et la gestion de cycle de vie, l'entreprise est bien préparée, avec la sagesse requise, à « *Penser* » et « *Agir* » *Système*.

LA PENSEE CREATIVE

« L'imagination est plus importante que la connaissance »"
Attribué à Albert Einstein

En poursuivant de nouvelles pistes en réponse à des problèmes et des opportunités ou en mettant au jour de nouveaux problèmes ou opportunités, l'entreprise (incluant les membres des *CCC*) doit développer la capacité de penser d'une façon créative. Les approches du *Penser Système* présentées au chapitre 2, ainsi que toute la littérature disponible sur le sujet, fournissent, à cet égard, des points d'entrées à connaître. La *Pensée Créative* a des liens avec le *Penser Système* mais il y a certains aspects de la pensée créative qui ne sont pas souvent discutés dans le cadre du *Penser Système*. Plusieurs gourous renommés ont développé des approches sur la *Pensée Créative* et un traitement complet du sujet sort évidemment du cadre de ce livre. Une fois de plus, nous vous recommandons une recherche sur le web.

Synectics

Une des approches qui a été appliquée avec succès par des entreprises et des individus est la *Synectics*, développée par feu le professeur du MIT W.J.J. Gordon [Gordon, 1961]. Gordon a identifié les formes suivantes d'analogies à utiliser pour résoudre un problème et pour évaluer des situations d'opportunité :

Analogie personnelle – on s'identifie aux éléments du problème et on joue le rôle des éléments clés.

Analogie directe – on compare les faits, les connaissances ou les technologies concomitantes. Des comparaisons avec des systèmes physiques et biologiques sont souvent enrichissantes, à cet égard.

Analogie symbolique – on utilise des images objectives et impersonnelles pour décrire le problème d'une façon techniquement inexacte mais esthétiquement satisfaisante.

Analogie fantaisiste – on imagine le meilleur de tous les mondes possibles dans lequel tout est possible.

En utilisant une *analogie personnelle*, un individu peut s'imaginer comme un acteur du système. Par exemple, on peut jouer le rôle d'un élément de contrôle, d'un élément contrôlé ou d'un élément de mesure. « Si j'étais le système d'exploitation de l'ordinateur, qu'est-ce que je ferais dans cette situation? » Cette analogie peut être utile si l'on tente de comprendre ou de déboguer un élément logiciel important.

L'utilisation de l'*analogie directe* est un des fondements les plus importants du *Penser Système*. C'est Ludwig von Bertalanffy, qui, à la fin des années 1920, a souligné les analogies entre les systèmes biologiques et d'autres systèmes physiques voire, éventuellement non physiques. C'est évident dans l'usage de la cybernétique, en tant que mécanisme de contrôle de systèmes physiques ou organisationnels. Reconnaître les similarités en comparant les faits, les connaissances ou les technologies apporte de la perspicacité. Assurément, l'ISO/IEC 15288 constitue un moyen permettant des analogies en apportant des concepts, des principes et des processus qui peuvent être utilisés de la même façon pour la gestion du cycle de vie de toutes sortes de systèmes artificiels.

On peut utiliser une *analogie symbolique* ou une *analogie fantaisiste* pour approfondir des points de vue sur un problème ou une opportunité réels. Regarder le problème depuis un autre angle de vue, à partir duquel le problème ou l'opportunité sont caractérisés d'une façon peut-être non conventionnelle, ou basé sur des hypothèses non réalistes, peut fournir un éclairage vers de nouvelles approches. De telles analyses peuvent conduire à la découverte de paradoxes, comme ceux décrits au chapitre 2.

Cartes de concepts

L'identification de concepts pour un système est une activité créative qui requiert des connaissances, de l'expérience et de l'imagination. Ceci a été souligné comme un facteur de succès au chapitre 4 et sera illustré dans l'interlude de l'étude de cas qui suit ce chapitre. Comme décrit plus haut, l'identification de concepts est aussi un pré requis pour bâtir un *modèle d'informations* dans le domaine du discours ou celui du *Système d'Intérêt*. Une méthode supportée par un outil très utile est celle des cartes de concepts [Novak et Cañas, 2008]. Dans leur rapport technique il existe plusieurs exemples d'utilisation de concepts et d'informations concernant l'outil Cmap sur le site web www.ihmc.us.

Novak et Cañas caractérisent le concept des cartes comme des outils graphiques pour organiser et représenter les connaissances. Ils définissent en cohérence avec la présentation du chapitre 4, un concept comme une régularité perçue des évènements ou objets, ou d'enregistrements d'évènements ou objets, désignés par un label. Une autre caractéristique des cartes de concepts est que les concepts sont représentés de façon hiérarchique, avec les concepts les plus généraux et les plus inclusifs en haut de la carte et les concepts les moins généraux et les plus spécifiques arrangés, de façon hiérarchisée, au-dessous. La structure hiérarchique pour un domaine particulier de connaissances dépend aussi du contexte dans lequel les connaissances doivent être appliquées ou considérées. Il est intéressant de noter qu'ils ont choisi de décrire les caractéristiques des cartes de concept en utilisant la carte de concept illustrée en Figure 7-4. Le lecteur est encouragé à explorer ce modèle et à le relier à des expériences personnelles de concepts.

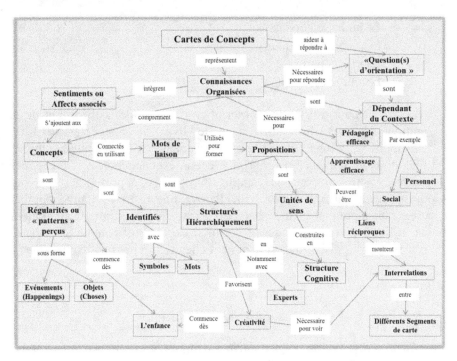

Figure 7-4: Caractéristiques des Cartes de Concepts sous forme de Carte de Concepts

En résumé, les approches de *pensée créative*, tout comme les *raisonnements analogiques* ou les *cartes de concepts*, en supportant et en organisant la pensée, fournissent des approches utiles aux individus ou aux groupes pour acquérir des connaissances.

L'ORGANISATION APPRENANTE

Dans ce livre, nous avons présenté des approches pour acquérir l'aptitude à « *Penser Système* » et « *Agir Système* ». Le bénéfice est, bien sûr, la façon dont les individus d'une organisation ainsi que les entités organisationnelles (entreprise, groupes sous forme de projets, groupes de travail ou comité de contrôle de changement) assimilent ces connaissances et utilisent la sagesse acquise pour améliorer leurs aptitudes individuelles et collectives.

Peter Senge dans son ouvrage classique, la Cinquième Discipline, décrit les ingrédients nécessaires pour atteindre une organisation apprenante. Senge voir la *Pensée Systémique* comme la discipline qui intègre un ensemble de disciplines reliées entre elles, à savoir :

– La maîtrise personnelle
– Les modèles mentaux
– La vision partagée
– L'équipe apprenante

On peut trouver une description détaillée de la théorie et de la pratique de ces disciplines dans le livre de Senge « The Fifth Discipline » [Senge, 1990] ainsi que dans « The Fifth Discipline: Fieldbook » [Senge, et al, 1994]. Le lecteur est encouragé à consulter ces sources pour trouver des explications plus approfondies de ces disciplines. En particulier Fieldbook fournit un grand nombre d'exemples pratiques sur la façon dont ces disciplines ont été appliquées en utilisant divers méthodes et d'outils. Ce qui suit résume les aspects principaux des disciplines et comment elles sont reliées entre elles.

La Maîtrise Personnelle

Le point de départ pour tout apprentissage est, par nature, personnel. C'est une condition préalable, comme l'indique la citation suivante de Senge :

"Les organisations n'apprennent qu'à travers des individus qui apprennent. L'apprentissage individuel ne garantit pas un apprentissage de l'organisation. Mais, en son absence, aucun apprentissage de l'organisation ne peut advenir."

La maîtrise personnelle est comparable à un voyage grâce auquel une personne clarifie et approfondit en permanence sa vision personnelle, y mobilise, recherche avec patience et, de cette façon, voit apparaître de mieux en mieux la réalité d'une manière objective. On ne peut forcer personne à une maîtrise personnelle, cependant, elle fait partie de la stratégie de l'organisation qui doit l'expliquer et l'encourager. Il y aura des sources de tension et de conflit qui, très probablement, se déclareront pendant de parcours, dû à l'écart entre la vision personnelle et la réalité.

La tension créative est positive et apparaît avec un engagement au changement au cours duquel la personne éprouve de l'énergie et de l'enthousiasme. La réalité courante se déplace vers une vision personnelle.

La tension émotionnelle est négative et survient quand on ne croit plus que le changement est possible. Ceci peut conduire à des sentiments et des émotions associées à de l'anxiété et mettre une distance entre la vision personnelle vers la réalité.

Le conflit structurel peut survenir quand il y a une perte de confiance dans sa propre capacité à combler les désirs intrinsèques et que cela repose sur des suppositions d'impuissance ou d'échec. Un manque de confiance en soi peut conduire à une érosion de la vision personnelle.

Penser Système contribue à la *Maîtrise Personnelle* en aidant la personne à expliciter la nature dynamique des structures dans sa vie (dans des situations personnelles ou celles liées au travail).

Les Modèles Mentaux

Les modèles mentaux sont des structures conceptuelles de l'esprit qui guident les processus cognitifs de la compréhension. Ils sous-tendent implicitement, le plus souvent de façon invisible, la relation d'un individu avec les autres et avec le monde en général.

La discipline des *modèles mentaux* vise à apprendre aux personnes à prendre conscience que les modèles mentaux accaparent effectivement leur esprit et façonnent leurs actions. Pour gérer des modèles mentaux, les personnes doivent développer des compétences de *réflexion* et de *questionnement (investigation)*, par exemple, en émettant ouvertement des hypothèses de modèles mentaux et en testant leur bien-fondé via une investigation et une réflexion sur leurs implications. Dans des organisations apprenantes, les personnes sont capables de tester de nombreux modèles mentaux (les leurs ainsi que ceux de leurs collègues). Une structure organisationnelle facilitatrice est nécessaire pour promouvoir ce type de compétences. Notez que les diverses formes de raisonnement analogique ainsi que le « langage » du *Penser Système* peuvent venir en aide pour formuler les modèles mentaux.

La Vision Partagée

Contrairement aux visions personnelles, la *vision partagée* est associée aux images mentales des personnes d'un bout à l'autre de l'organisation. La *vision partagée* fait référence aux valeurs partagées du fonctionnement, au sens commun de la finalité, et à un niveau minimal de réciprocité. Elle étend la *maîtrise personnelle* en un monde d'aspiration collective et d'engagement partagé. La vision partagée fournit une concentration et une énergie pour apprendre (résultant en une entropie négative, telle que décrite au chapitre 5). Senge décrit ceci comme un *apprentissage génératif* par opposition à *l'apprentissage adaptatif* ce qui correspond aux notions de prises de décisions proactives et réactives, également décrites au chapitre 5. En étant générative, l'organisation augmente sa capacité à créer son propre futur (proactive) plutôt que d'être créée par des événements du moment (réactive).

La vision partagée encourage la prise de risque et l'expérimentation. Elle engendre des leaders ayant un sens visionnaire, qui veulent communiquer ces visions pour inspirer d'autres personnes à les partager et les assimiler comme leur propre vision personnelle – l'art du leadership visionnaire. Dans une organisation, un tel leadership peut venir du haut, ou monter en bulles en venant du bas. Dans tous les cas, une vraie vision partagée prend du temps à émerger et à influencer la façon dont les choses sont faites.

Le *Penser Système* explique la propagation de la vision partagée pour un apprentissage génératif, comme un processus de renforcement (croissance). La communication des idées donne le rythme et la vision devient de plus en plus claire, conduisant à un enthousiasme croissant. Le processus de croissance peut être contrebalancé par un facteur (limitatif), par exemple, quand trop de personnes sont impliquées. Plus il y a de personnes, plus grand est le potentiel de diversité de points de vues à faire évoluer. Un autre facteur limitatif arrive quand des personnes voient l'écart entre la vision partagée et la réalité, conduisant à des sentiments négatifs et une érosion des buts de la vision partagée.

L'Équipe Apprenante

Le but de l'équipe apprenante est d'arriver à aligner les pensées et les énergies des personnes. Une orientation commune génère le sentiment que l'équipe entière accomplit plus que la somme des membres de son équipe. Si les personnes ne sont pas alignées, des qualités importantes de l'organisation apprenante telles que la délégation de pouvoir, peuvent de fait conduire à un conflit. La délégation implique l'attribution de l'autorité et de la responsabilité à des individus ou à des groupes. Une équipe apprenante réussi tient à l'atteinte d'un équilibre entre le *débat* et le *dialogue*. Le débat est le moyen de communication où différentes visions sont présentées et défendues pour la recherche d'une vision optimisée qui étaye une décision à prendre. Le dialogue est une communication de nature différente où les personnes suspendent leurs visions et entrent dans une écoute profonde au sens où, celui qui écoute visite et explore les modèles mentaux des autres membres de l'équipe. Celui qui écoute tente de voir à travers les yeux des autres membres de l'équipe.

Les points de vue et les outils du *Penser Système* sont vitaux pour l'équipe apprenante, par exemple, dans la gestion des équipes comme le *CCC*, où traiter la complexité est une tâche fondamentale. Le *Penser Système* fournit un langage à travers diverses approches telles que les *archétypes systèmes,* les *diagrammes d'influence*, les *systemigrams* et les *images enrichies* qui aident à se saisir de la complexité dynamique. Il aide à rassembler les *modèles mentaux* des personnes en une *vision partagée* et ainsi, à générer un apprentissage d'équipe, une compréhension ainsi qu'un sens de la finalité.

Le Penser Système

Comme le lecteur l'observera, le *Penser Système* joue le rôle de coordination entre les quatre autres disciplines. Il fournit une combinaison de théories et de pratiques essentielles pour l'organisation apprenante. En résumé, la contribution du *Penser Système* aux autres disciplines est la suivante :

Maîtrise Personnelle – aide à voir en permanence l'interconnexion des systèmes ainsi que les interdépendances entre nos actions et notre réalité.

Modèles Mentaux – émet des suppositions et analyse si elles sont fondamentalement erronées, par exemple, en identifiant des résultats non escomptés.

Vision Partagée – clarifie la façon dont la vision rayonne à travers les processus de « feedback » collectifs et s'estompe à travers les processus de « feedback » conflictuels.

Equipe Apprenante – identifie les synergies positives et négatives dans le débat et le dialogue, le tout étant plus que la somme de ses parties.

Construire une Organisation Apprenante

Construire une organisation apprenante requiert un dévouement à une finalité. Cela n'arrive pas du jour au lendemain et il faut un encouragement continu pour que les cinq disciplines deviennent une réalité. Ce peut être un processus coûteux. Cependant, s'il réussit, le retour sur investissement peut faire plus que justifier le coût, par des effets positifs, tangibles et intangibles. Il peut y avoir diverses raisons pour vouloir construire une organisation apprenante :

– Parce que nous voulons une performance de niveau supérieur.
– Pour améliorer la qualité.
– Pour les clients.
– Pour un avantage compétitif.
– Pour une force de travail, dynamique et engagée.
– Pour gérer le changement.
– Pour la vérité.
– Parce que les circonstances l'exigent.
– Parce que nous admettons notre interdépendance
– Parce que nous le voulons.

Quelle que soit la raison ou les raisons, il est important d'établir une architecture organisationnelle qui fournisse les structures à partir desquelles se développent des comportements positifs d'apprentissage et où le capital intellectuel croit. Senge présente une telle architecture organisationnelle et ses relations sous la forme d'une boucle de renforcement (croissance) qui fournit les bases permettant d'atteindre un environnement d'organisation apprenante, comme l'illustre la Figure 7-5.

En définissant une architecture organisationnelle, l'organisation doit établir et revisiter en permanence ses idées directrices déclinées sous formes de concepts abstraits, de principes et de politiques. Une volonté d'innover à l'égard des *actifs-systèmes* d'infrastructure de soutien et de rendre explicites les théories, méthodes et outils sous-jacents sont également des éléments importants.

L'architecture organisationnelle façonne le cadre dans lequel les compétences et les aptitudes des individus ainsi que les éléments d'organisation sont en permanence améliorés. Ceci conduit d'abord à un savoir et des sensibilités accrues et ensuite à des attitudes et des croyances renforcées. Grâce à une énergie appropriée (l'entropie négative), ce cycle de croissance peut se poursuivre pour donner lieu à des améliorations dans la capacité des organisations à atteindre sa finalité, atteindre ses buts set réaliser ses missions. La sagesse vraie a été atteinte.

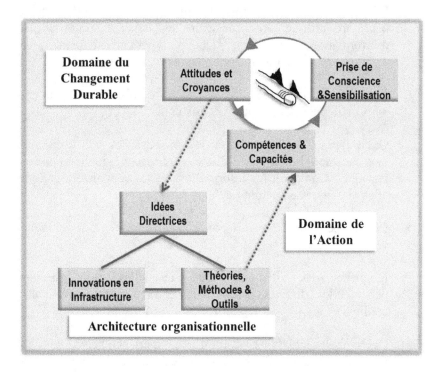

Figure 7-5: Architecture Organisationnelle et Changement Durable

VERIFICATION DES CONNAISSANCES

1. Quelles relation y-a-t-il entre les données, les informations, les mesures, les connaissances et la sagesse ?

2. Créez des exemples de *données, d'informations, de mesures et de connaissances* pour divers types de systèmes durables, en rapport avec la définition, la production et la consommation du système.

3. Explorez les données produites par des enquêtes sur l'Indice de Satisfaction du Consommateur. Décrivez comment les *données* deviennent *des informations* et comment elles contribuent *aux connaissances* et à la *prise de décision*.

4. Utilisez au moins trois des classifications de l'information, par *alphabet, catégorie, temps, provenance et pondération* pour construire une taxinomie d'une famille de produits ou services avec lesquels vous êtes familier.

5. Débattez de la façon dont la terminologie de l'ISO/IEC 15288 peut être utilisée pour construire les concepts d'un modèle d'informations systèmes. Quels types de *données* et d'*informations* devraient être collectés ?

6. Quel rôle les bases de référence et les configurations peuvent-elles bien jouer pour contribuer aux connaissances ?

7. Quels types d'informations et de connaissances sont utilisés en tant que capital intellectuel d'une entreprise à laquelle vous êtes familier ? Comment les informations et les connaissances sont-elles classifiées en ontologie ?

8. Développez une carte des concepts d'un système avec lequel vous êtes familier.

9. Identifiez des situations dans lesquelles des analogies personnelles, directes, symboliques et fantaisistes peuvent être appliquées.

10. Décrivez des situations venant d'une expérience personnelle qui peuvent être reliées aux disciplines de *Maîtrise Personnelle* et de *Modèles Mentaux*, tels que décrits par Senge.

11. Quels problèmes rencontre-t-on dans une organisation pour construire une vision partagée ? Décrivez quelques expériences personnelles à ce sujet.

12. Pourquoi le débat et le dialogue sont-ils tout aussi importants pour l'apprentissage d'équipe ?

13. Comment le *Penser Système* est-il déployé comme une discipline unificatrice des quatre autres disciplines d'une organisation apprenante ?

14. Quels problèmes pourraient être rencontrés pour construire une organisation apprenante dans l'environnement d'une entreprise auquel vous êtes familier ?

Interlude 4 : Etude de cas

Ontologies de Gestion de Cycle de Vie

Cette étude de cas, de Marie Gustafsson, est tirée de la publication d'un article intitulé: « Développement et déploiement d'une ontologie en utilisant l'ISO/IEC 15288 »[Gustafsson, 2006]. La publication s'inspirait d'une participation de Marie à un cours dispensé par votre auteur à l'Université de Skövde, en 2005. Ce projet constitue certainement la preuve que les systèmes ont une définition très large. Dans le cas présent, les ontologies sont considérées comme des systèmes qui peuvent et devraient être gérés en cycle de vie. C'est ainsi que le travail effectué est devenu une partie de la thèse de doctorat de Marie Gustafsson [Gustafsson, 2009] et a été pris en charge par l'Agence suédoise pour les Systèmes d'Innovation.

RESUME

Nous proposons que les ontologies soient considérées comme des systèmes, dans le sens où elles peuvent être vues comme des descriptions, des contrats et des produits. En visualisant les ontologies comme des systèmes, on démontre la façon d'appliquer les processus de cycle de vie du système de l'ISO/IEC 15288 au développement et au déploiement de l'ontologie. Une brève étude de cas illustre comment appliquer ces processus pour créer une ontologie de la médecine buccale. Un avantage à appliquer cette norme est de bénéficier d'un niveau d'adaptabilité aux diverses configurations de développement d'ontologies. Un autre avantage est la considération par la norme des éléments non techniques, ce qui est pertinent pour tenter de transférer les concepts d'un groupe en une spécification technique.

INTRODUCTION

On a largement suggéré d'utiliser les ontologies pour partager une compréhension commune de la structure des informations entre les agents logiciels et les personnes. Plusieurs méthodes de développement d'ontologies ont été proposées, mais la construction d'une ontologie reste en grande partie une affaire de métier plutôt qu'un processus d'ingénierie bien compris. L'absence de déploiement effectif d'ontologies, que ce soit sous la forme d'applications basées sur des ontologies ou sous la forme d'ontologies publiées disponibles pour la réutilisation, est un problème majeur.

Les méthodes proposées pour l'ingénierie de l'ontologie viennent en grande partie de la terminologie du génie logiciel. [Uschold et King, 1995], [Grüninger et Fox, 1995] et [Fernández-López, et al. 2000] Le standard ISO/IEC 15288, en revanche, nous dote d'un moyen, indépendant du domaine, de comprendre la nature et la composition de systèmes artificiels, ainsi que leur circulation à travers les cycles de vie. Le standard exige d'élaborer un modèle de cycle de vie pour chaque système d'intérêt auquel la norme doit être appliquée. En visualisant les ontologies comme des systèmes, des techniques de Penser Système et d'Ingénierie Système peuvent être appliquées pour structurer le développement et le déploiement d'ontologies. Ces techniques aident également à gérer le changement et à intégrer à la fois des éléments techniques et non techniques. En nous inspirant de méthodologies existantes, nous proposons une approche du développement d'ontologies basée sur le standard ISO/IEC 15288.

Si nous regardons une des définitions les plus courantes de l'ontologie, celle de Gruber « Spécification explicite d'une conceptualisation » [Gruber, 1993], il est intéressant de noter ce qu'il en pense aujourd'hui: « avec le recul, je ne changerais pas la définition mais je voudrais essayer de mettre en exergue que nous concevons des ontologies. La conséquence de cette vision est que nous pouvons appliquer la discipline d'ingénierie dans leurs conceptions et leurs évaluations »[Lytras, 2004]. Nous croyons que l'utilisation du standard ISO/IEC 15288 peut ajouter une expérience d'ingénierie précieuse pour concevoir des ontologies. Nous commençons par un aperçu de l'ISO/IEC 15288 et décrivons en quoi les ontologies peuvent être considérées comme des systèmes. Après un coup d'œil à d'autres travaux sur le développement des ontologies, nous décrivons comment les processus de cycle de vie des systèmes de l'ISO/IEC 15288 peuvent être appliqués au développement et au déploiement des ontologies. Une brève étude de cas est suivie d'une discussion sur les avantages de cette approche.

PROCESSUS DU CYCLE DE VIE DES SYSTEMES DE L'ISO/IEC 15288

Les processus du Cycle de vie des systèmes de l'ISO/IEC 15288 ont comme but principal de « fournir une base pour le commerce international des produits et services ». Pour atteindre ce but, le standard fournit des recommandations pour définir les structures et les frontières des systèmes, pour structurer les cycles de vie des systèmes, ainsi que les processus de gestion des systèmes de l'entreprise, de contrats d'acquisition et d'approvisionnement, de gestion de projet du de travaux associés aux systèmes et pour mener à bien les caractéristiques techniques des systèmes. Ses créateurs tenaient à ce que « les standard puisse être appliqué à n'importe quel type de système artificiel.»

Un système, conformément au standard, satisfait un besoin, produit un ensemble potentiel de services et lorsqu'il est utilisé dans un contexte opérationnel, fournit des effets. Un système d'intérêt est le système sur lequel on se focalise. Le système d'intérêt est composé d'autres systèmes et d'éléments du système, qui fournissent des services pour le système d'intérêt. L'élaboration d'un modèle de cycle de vie est nécessaire, mais le standard n'impose pas un modèle spécifique. Cependant, en tant que guide, il présente une description d'une structure de modèle de cycle de vie classique, constituée de la phase de conception, la phase de développement, la phase de production, des phases parallèles d'utilisation et de support et enfin de la phase de retrait de service. Le modèle ne doit ne pas être considéré comme une séquence de phases ; l'itération entre phases est possible et souvent nécessaire. Le standard fournit une composition récursive des systèmes et peut être réappliqué pour les systèmes de n'importe quel type, quelle que soit sa place dans la hiérarchie des systèmes. En outre, les systèmes de soutien sont identifiés comme des systèmes nécessaires à la progression du Système d'Intérêt dans son cycle de vie, tout en étant auxiliaires pour sa finalité. En outre, l'ensemble des processus fournis peuvent être appliqués et ajustés pour être utilisés dans différentes phases du cycle de vie. Ces processus sont regroupés en catégories, à savoir les processus d'entreprise, les processus contractuels, les processus projet et les processus techniques. Vous trouverez plus de détails sur ces processus dans la section sur l'utilisation de l'ISO/IEC 15288 pour le développement d'une ontologie.

ONTOLOGIES VUES COMME DES SYSTEMES

Les ontologies peuvent être vues comme des systèmes, en ce sens qu'elles constituent des accords – sur ce que nous voulons être capables de décrire. Une ontologie peut également être vue comme un produit, c'est-à-dire une entité conçue.

Si la déclaration « les systèmes existent uniquement par leurs descriptions » est appliquée aux ontologies, nous pouvons dire qu'une ontologie est essentiellement une simple description : c'est une description d'un besoin éprouvé par un groupe de personnes ou une organisation pour pouvoir décrire, discuter et partager des informations sur un sujet.

Comme indiqué précédemment, les systèmes satisfont des besoins et les besoins à satisfaire par une ontologie peuvent être les suivants [Noy et McGuinness, 2001]: partager une compréhension commune de la structure des informations entre des personnes et des agents logiciels ; permettre la réutilisation des connaissances du domaine ; rendre les hypothèses du domaine explicites ; dissocier les connaissances du domaine des connaissances opérationnelles et d'analyser les connaissances du domaine. Les effets et les services potentiels d'une ontologie se rapportent à ces motivations.

Un élément d'un système est soit une ontologie (composée de classes, propriétés et restrictions) qui n'est plus décomposable, soit c'est une autre ontologie, que nous réutilisons. En règle générale, une ontologie comprend à la fois les classes et les relations définies pour cette ontologie, et la réutilisation d'autres ontologies. En plus d'être un élément du système dans une autre ontologie, une ontologie peut également être un élément d'un système dans une application basée sur des ontologies.

Un autre aspect important des systèmes est qu'ils peuvent être organisés en Systèmes d'Intérêt. Pour ce qui est des ontologies, on distingue souvent différents types d'ontologies en particulier [Pinto et Martins, 2004]: les ontologies représentationnelles, les ontologies supérieures, les ontologies de domaine et les ontologies d'application.

Différents types d'ontologies, formant une hiérarchie du général au plus spécifique, peuvent être considérés comme des Systèmes d'Intérêt à différents niveaux. Bien que cet article considère le Système d'Intérêt pour en faire une ontologie, l'ontologie pourrait également être considérée comme un élément d'un système dans une application logicielle basée sur l'ontologie. Ainsi, nous pourrions également appliquer l'ISO/IEC 15288 au niveau du développement logiciel basé sur l'ontologie.

Les parties prenantes d'une ontologie étant aussi bien les humains que les machines, on doit tenir compte des différents types de besoins à satisfaire. Les classes d'utilisateurs humains d'ontologies sont : les développeurs d'ontologies de référence à grande échelle ; des utilisateurs qui ont besoin d'améliorer ou d'adapter des ontologies existantes pour une application particulière ; des utilisateurs qui ont besoin de construire de petites ontologies spécifiques pour une utilisation particulière ; et les développeurs d'applications qui veulent utiliser les ontologies.

Il y a à la fois des fournisseurs et des consommateurs d'ontologies, et une ontologie donnée peut être à la fois consommatrice (réutiliser) et fournisseur (être disponible) pour d'autres ontologies.

En visualisant les ontologies comme des systèmes, nous pouvons appliquer des techniques de Penser Système et d'Ingénierie Système pour structurer le développement et le déploiement d'ontologies et pour faciliter la gestion du changement. Avant de décrire la façon d'appliquer l'ISO/IEC 15288 au développement d'ontologie, nous décrivons certains travaux de ce domaine.

DEVELOPPEMENT D'ONTOLOGIE

Plusieurs méthodes de développement d'ontologies ont été proposés, dont certaines, décrites ci-dessous. Nous examinerons aussi brièvement certains thèmes d'un intérêt tout particulier dans le développement d'ontologie – réutilisation, évaluation et maintenance.

Méthodologies de développement d'ontologies

La terminologie en ingénierie d'ontologie s'inspire de l'ingénierie du logiciel, où les étapes généralement admises à partir desquelles l'ontologie est construite sont la spécification, la conceptualisation, la formalisation, la mise en œuvre et la maintenance [Pinto et Martins, 2004]. Les activités d'acquisition des connaissances, d'évaluation et de documentation doivent être effectuées pendant tout le cycle de vie. Une différence réside dans le fait qu'en ingénierie logiciel, l'acquisition des connaissances est rarement présente, alors qu'elle est au cœur processus de construction de l'ontologie. Une autre différence réside dans la séparation entre la conceptualisation et la formalisation. La méthode d'Uschold et de King [Uschold et King, 1995] commence par l'identification de l'objectif et du champ d'utilisation. Les concepts et les relations clés du domaine sont ensuite identifiés et capturés sous forme textuelle non ambiguë puis cartographiés en une terminologie précise. Par la suite, ils sont codés dans un langage formel de représentation des connaissances et les connaissances ad-hoc d'ontologies existantes sont réutilisées. Quand l'ontologie est intégrée, elle est évaluée et documentée pour une réutilisation et modification ultérieures.

Grüninger et Fox [Grüninger et Fox, 1995] proposent une méthodologie fondée sur le développement de systèmes à base de connaissances (KBS), à l'aide d'une logique du premier ordre. Comme l'approche d'Uschold et de King, Grüninger et Fox proposent de commencer par capturer des scénarios motivants. Ensuite, des questions informelles sur les compétences sont utilisées pour déterminer le champ de l'ontologie. Ces questions et leurs réponses sont utilisées pour extraire les concepts principaux et leurs propriétés, les relations et les axiomes, d'abord spécifiés de façon semi-formelle et ensuite exprimés en spécification formelle. Enfin, les questions de compétence sont utilisées pour évaluer le système.

L'approche METHONTOLOGY [Fernández-López, et al., 2000] peut servir à construire des ontologies à partir de zéro, à réutiliser d'autres ontologies telles quelles, ou pour les refondre. Elle comprend un processus de développement de l'ontologie, un cycle de vie basé sur des prototypes en constante évolution et des techniques particulières pour mener à bien chaque activité. Le processus de développement se compose de : la planification, le contrôle, l'assurance qualité, la spécification, l'acquisition de connaissances, la conceptualisation, l'intégration, la formalisation, la mise en œuvre, l'évaluation, la maintenance, la documentation et la gestion de la configuration. Le cycle de vie identifie les phases que traverse l'ontologie et les interdépendances avec les cycles de vie d'autres ontologies.

En dépit de ces méthodes, on observe souvent que la construction d'une ontologie reste une affaire de métier plutôt qu'un processus d'ingénierie bien compris [Pérez-Gómez et Rojas-Amaya, 1999]. On a noté que l'on ne soutient pas suffisamment l'ingénieur ontologique dans ses choix de conception à différents niveaux. Un raffinement de ces recommandations est nécessaire [Jones, et al., 1998].

Alors que de nombreuses méthodologies fournissent des recommandations générales pour chaque phase, elles manquent d'informations sur la façon de procéder, par exemple quelles actions et les décisions doivent être prises dans chaque phase [Valarakos, et al., 2005]. Une des rares exceptions est l'approche METHONTOLOGY [Fernández-López, et al., 2000], qui donne des recommandations plus explicites.

Réutilisation d'ontologie

La réutilisation d'ontologie est le processus par lequel des ontologies disponibles sont utilisées pour générer de nouvelles ontologies. On peut identifier deux processus de réutilisation, la fusion et la composition [Pinto et Martins, 2004]. Lorsqu'on utilise la fusion, une ontologie est construite en unifiant deux ou plusieurs ontologies différentes sur un même sujet. Quant à la composition, une ontologie est construite sur un sujet, en réutilisant une ou plusieurs ontologies de différents autres sujets. Les ontologies d'origine (source) sont agrégées, combinées, réunies ensemble, pour former l'ontologie qui en résulte. Bien que les méthodologies de construction d'ontologie reconnaissent la réutilisation comme une partie du processus global de construction d'une ontologie, elles ne traitent pas explicitement la question. Il n'y a toujours pas beaucoup de méthodologies qui prennent en charge la construction d'ontologies au moyen d'une large palette de réutilisations, y compris la fusion et la composition [Pinto et Martins, 2004].

Évaluation de l'ontologie

L'évaluation est une partie importante du processus d'élaboration de l'ontologie. En classant les approches d'évaluation [Brank, et al., 2005] on a constaté que l'ontologie est soit comparée à un « étalon or », utilisée dans une application dont on évalue les résultats, en les comparant à une source de données pertinentes pour le domaine soit évaluée par des experts selon des critères prédéfinis. L'évaluation du développement de l'ontologie peut également être divisée en une évaluation technique et une évaluation utilisateur [Pinto et Martins, 2004]. Pour l'évaluation technique, l'ontologie est jugée par rapport à un cadre, où il y a deux activités : vérification (conformité par rapport à l'entendement accepté du domaine) et validation (correspondance avec ce qu'elle est censée être, suivant le document de spécification d'exigences). Pour l'évaluation par les utilisateurs, la facilité d'utilisation, l'utilité de l'ontologie et sa documentation lorsqu'elle est réutilisée ou partagée dans les applications, est évaluée du point de vue de l'utilisateur.

Maintenance de l'ontologie

Les modèles de connaissances changeront inévitablement au cours du processus de construction et d'utilisation d'un système à base de connaissances. La formulation du modèle pourrait conduire l'expert à le revoir et a fortiori lorsqu'un feedback provient de l'application du modèle dans un monde réel ou simulé. Un autre facteur qui peut conduire à changer, est lié à la problématique de l'obtention des exigences dans la mesure où les utilisateurs potentiels ont des difficultés à évaluer les avantages ou les utilisations possibles du nouveau système, et que le système lui-même modifie les processus de travail lorsqu'il est installé. Les hypothèses sur lesquelles repose le modèle peuvent être erronées, en partie à cause des difficultés des experts du domaine à expliciter leurs pratiques quotidiennes.

DEVELOPPEMENT ET DEPLOIEMENT D'ONTOLOGIE A L'AIDE DE L'ISO/IEC 15288

Le standard exige que la finalité et les résultats soient définis pour chacune des phases du cycle de vie. Dans une phase donnée, les processus et les activités du cycle de vie sont choisis, ajustés et employés pour contribuer à sa finalité et ses résultats. Les vingt-cinq processus du cycle de vie système décrits par la norme sont regroupés en processus d'entreprise, processus contractuel, processus projet et processus techniques. Pour chaque processus, la norme décrit une finalité, les résultats d'une mise en œuvre réussie et des activités associées.

Nous allons maintenant regarder comment utiliser différents processus pendant le cycle de vie du développement et du déploiement d'une ontologie. Pour chaque phase du cycle de vie du système, nous avons sélectionné les processus les plus pertinents du standard. La plupart des processus sélectionnés ci-dessous appartiennent à la catégorie des processus techniques. Les actions suggérées pour ces processus sont en partie proposées par le standard et en partie inspirées par des méthodologies plus anciennes et en général, par la recherche sur les ontologies. Bien qu'une phase de faisabilité ne fasse pas partie du modèle illustré dans le standard, on peut l'ajouter au modèle quand, par exemple, les services système requis peuvent être conçus et développés de plusieurs façons différentes, ce qui est le cas pour le développement de l'ontologie.

Il est à noter que les composants processus de ce cycle de vie dépendent du type d'ontologie à développer. Les ontologies à grande échelle, utilisées par de nombreux utilisateurs, auront une focalisation différente et des besoins de rigueur plus importants que celles développées pour être utilisées par de plus petits groupes d'utilisateurs. En outre, le mode de construction, par exemple en manuel ou en semi-automatique, affecte également les actions à mener dans les différents processus.

1. Phase de concept

Processus de définition des exigences des parties prenantes : identifier les parties prenantes, tels que des experts du domaine, les développeurs de l'ontologie, les responsables de la maintenance et les utilisateurs. Capturer des scénarios motivants. Les utiliser pour identifier l'objet et le champ d'application de l'ontologie et pour énumérer les termes importants.

2. Phase de faisabilité

Processus de définition des exigences des parties prenantes : affiner les scénarios motivants, la finalité, le champ d'application et les termes importants de la phase de concept.

Processus d'acquisition : identifier les ontologies potentiellement réutilisables à l'aide de la liste des termes importants comme point de départ ; évaluer les ontologies identifiées selon les critères définis dans le processus de définition des exigences des parties prenantes. Décider si une des ontologies externes répond au besoin particulier, et dans quelle mesure des adaptations internes sont nécessaires. Prendre en considération également l'existence de sources appropriées pour la construction semi-automatique de l'ontologie, ce qui pourrait amorcer l'ontologie.

3. Phase de développement

À ce stade, on décide quelles classes, propriétés, contraintes et instances devraient figurer dans notre ontologie. Cela se fait de façon informelle, autrement dit en n'utilisant pas de langage de représentation.

Processus d'acquisition : pour les ontologies sélectionnées pour être réutilisées, effectuer une analyse plus détaillée des concepts à réutiliser et des concepts à représenter dans l'ontologie interne.

Processus de conception architecturale : l'apprentissage des ontologies manuelles et semi-automatiques devrait être pris en compte pour définir l'architecture de l'ontologie. Définir les classes et la hiérarchie des classes. Les approches possibles pour développer une hiérarchie de classes s'effectuent de façon descendantes, ascendantes ou par combinaison des deux. Définir les propriétés des classes qui décrivent la structure interne des concepts. Définir des contraintes qui décrivent ou limitent le jeu de valeurs possibles des propriétés. Les contraintes peuvent traiter de cardinalité, de type de valeur, ainsi que de domaine et de gamme. Identifier les instances des classes. Définir une instance individuelle d'une classe nécessite de choisir une classe, de créer une instance individuelle de cette catégorie et d'attribuer des propriétés. Envisagez d'utiliser des « patterns » de conception d'ontologie [Svatek, 2004], pour faciliter la résolution des problèmes de conception des classes de domaine et des propriétés qui composent l'ontologie.

Processus de mise en œuvre : décider de la façon d'encoder les classes, les propriétés et les contraintes identifiées dans le processus de conception architecturale. Par exemple, le Web Ontology Language (OWL) [W3C Recommendation, 2004 a] devrait-il être utilisé ? Décider en même temps la détermination du niveau de formalisme visé pour cette ontologie.

Processus de vérification : regrouper des cas de test de raisonnement à utiliser pour capter les erreurs d'encodage de l'ontologie.

Processus de validation : vérifier avec les parties prenantes les composants de l'ontologie avec, notamment avec les experts du domaine.

4. Phase de production

Cette étape implique l'encodage des classes, des propriétés, des contraintes et des instances identifiées dans la phase de développement à l'aide d'un langage de représentation des ontologies. Le résultat est plus formel que celui de la phase de développement, sachant que le niveau de détail et le formalisme varient encore selon l'objectif de l'ontologie.

Processus de mise en œuvre : encoder les classes, les propriétés et les contraintes identifiées dans la phase de développement, suivant la forme de présentation décidée précédemment. Dans ce processus, identifier les meilleures pratiques à utiliser. Pour OWL voir par exemple le *W3C Semantic Web Best Practices and Deployment Working Group* [Schreiber et Wood, 2004].

Processus de vérification : vérifier que l'encodage correspond au document de la spécification des exigences. Les cas de test et de raisonnement identifiés dans la phase de développement pourraient servir à identifier des problèmes et des incohérences.

Processus de validation : l'ontologie construite peut-elle être utilisée pour satisfaire les scénarios motivants ? Vérifier la conformité à la compréhension acceptée du domaine.

Processus de maintenance : établir des critères pour les modifications futures apportées à l'ontologie et adapter une politique de gestion des versions d'ontologie.

5. Phase d'utilisation

Processus d'exploitation : utiliser l'ontologie comme un élément d'une application supportée par une ontologie. Cela pourrait par exemple être fait en utilisant les concepts étudiés par Knublauch [Knublauch, 2004], où il propose que les applications du Web sémantique se composent de deux couches distinctes mais liées : la couche Web sémantique rendent les ontologies et les interfaces disponibles au public, tandis que la couche interne est constituée de mécanismes de contrôle et de raisonnement.

Processus d'approvisionnement : rendre l'ontologie disponible et connue des autres, par exemple, en l'ajoutant aux référentiels d'ontologies.

6. Phase de support

Processus de maintenance : effectuer des ajustements de l'ontologie, lorsque des erreurs possibles font surface ou pour s'adapter aux changements des connaissances du domaine, conformément à la politique de gestion des versions.

7. Phase de retrait de service

Processus d'élimination : quand l'ontologie n'est plus applicable ni nécessaire, lorsque les modifications qui doivent être apportées sont de grande envergure ou lorsqu'une autre ontologie répond mieux aux mêmes besoins, il est possible d'avoir à retirer l'ontologie. Cela consiste à créer une stratégie de retrait pour aborder les questions sur la façon de transposer les pratiques actuelles de l'ontologie à une version plus récente, entre autres.

Plusieurs de ces phases sont itératives par nature. Par exemple, travailler à la définition informelle des classes peut conduire à des changements dans la définition des exigences, et en définissant formellement des classes nous pourrions réaliser que des modifications doivent être apportées aux définitions informelles. Les exigences des parties prenantes sont allouées aux différentes phases. Les durées de vie des systèmes d'ontologies varieront selon le positionnement de l'ontologie dans la hiérarchie et son niveau d'utilisation.

Il existe également des systèmes de soutien à la construction d'ontologies tels que les éditeurs d'ontologies (par exemple, Protégé1[2]) et des visualiseurs (par exemple, IsaViz2). Pour construire des ontologies et les utiliser comme éléments d'applications, les systèmes de soutien ont des interfaces de programmation d'application (API) permettant d'écrire des programmes d'interaction avec *OWL* et *RDF* (*Resource Description Framework*) [*W3C Recommendation*, 2004 b] tels que Jena3.

1http://www.w3.org/2001/11/IsaViz/
2 http://jena.sourceforge.net/
3 http://dublincore.org/
4 l'anamnèse générale est l'histoire médicale du patient.

EXEMPLE : DEVELOPPEMENT & DEPLOIEMENT D'ONTOLOGIE EN MEDECINE BUCCALE

Dans le projet suédois Web de médecine buccale (SOMWeb), une ontologie a été élaborée pour représenter les examens de médecine buccale. Ce travail est basé sur le projet *MedView* [Jontell, et al, 2005] et il présente une représentation des définitions des connaissances. Cette section décrit comment le projet a utilisé les phases et certains des processus du cycle de vie des systèmes décrits ci-dessus dans le paragraphe du développement de l'ontologie.

1. Phase de conception

Processus de définition des exigences des parties prenantes : les parties prenantes identifiées étaient des cliniciens, des informaticiens du service informatique de la clinique de médecine buccale (experts du domaine, utilisateurs et spécialistes de la maintenance) et des personnes venant des départements des sciences informatiques (développeurs d'ontologie et personnel de maintenance). Un scénario motivant utilisait l'ontologie comme schéma de représentation des examens en médecine buccale, en *RDF* pour la communauté en ligne de *SOMWeb*. Le but de l'ontologie était de représenter les concepts pertinents par rapport aux examens de médecine buccale. Le champ d'application de l'ontologie devait pouvoir représenter au minimum ce qui pouvait déjà être représenté avec *MedView*, représentation précédente des connaissances. Les termes importants étaient avant tout ceux déjà énumérés par la représentation précédente ; différentes parties de bilans de santé et de propriétés associés, ainsi que les listes de valeur correspondant à ces propriétés.

2. Phase de faisabilité

Processus d'acquisition : malheureusement il y avait peu d'ontologies qui pouvaient traiter des besoins spécifiques à ce domaine et elles n'étaient pas disponibles en suédois. Étant donné que l'utilisation des standards *W3C* avait été décidée dès le début de ce travail, nous avons recherché des ontologies médicales et dentaires, considérées comme pertinentes et représentés par *OWL*. Nous n'avons trouvé aucune ontologie *OWL* pertinente par rapport à ce domaine spécifique, bien que certaines aient des fragments traduits en *OWL*. Une fois l'ontologie identifiée pour la réutilisation, *Dublin Core*4 a représenté les métadonnées. La construction automatique ou semi-automatique de l'ontologie n'a pas été considérée en dehors du cadre d'utilisation du contenu des connaissances de *MedView*.

3. Phase de développement

Processus d'acquisition : il a été décidé que la traduction des ontologies médicales de plus grande envergure, pas en OWL, mais dans OWL, dépassait le cadre de ce projet de développement d'ontologie. L'ontologie identifiée pour la réutilisation, *Dublin Core*, était petite et déjà en OWL, évitant ainsi toute adaptation.

Processus de conception architecturale : la liste compilée à partir des exigences des parties prenantes dans la phase de Concept a été utilisée pour décider de ce qui devait être représenté comme des classes, des propriétés et des instances. Il a été décidé que les différentes parties des bilans de santé, tels que *l'anamnèse générale* et *le diagnostic*, devaient être représentées comme des classes. Les propriétés, telles que *hasAllergy* et *hasTentativeDiagnosis* ont été associées à chacune d'entre elles. Ces propriétés peuvent prendre des valeurs à partir d'instances de classes de valeurs correspondantes, telles que respectivement l'*Allergie* et le *Diagnostic*.

Processus de mise en œuvre : il a été décidé d'utiliser *OWL DL*, étant une recommandation de *W3C*, ce qui a, par bonheur, facilité l'intégration des données collectées de *SOMWeb* avec les données provenant d'autres sources et de plus a donné accès à une gamme plus large d'outils développés en conformité avec ces recommandations. Le sous-langage *OWL DL* a été choisi car il y avait un besoin potentiel de contraintes de cardinalité plus avancé que celles offertes par *OWL Lite*, et *OWL Full* n'étant pas une option retenue car il fallair des garanties informatiques.

Processus de vérification : pour le développement des ontologies de *SOMWeb*, on n'a pas utilisé des cas de test de raisonnement car le niveau de complexité logique des ontologies n'était pas élevé.

Processus de validation : les développeurs de l'ontologie ont discuté de la conception de l'ontologie avec les experts du domaine . Comme la plus grande partie de l'acquisition des connaissances avait été effectuée dans le projet *MedView*, cette validation avait déjà eu lieu.

4. Phase de production

Processus de mise en œuvre : les classes, les propriétés et les instances identifiées ont été encodées en *OWL* en utilisant *Protégé* et *Jena*. Un prototype a été réalisé plus ou moins manuellement à l'aide de *Protégé*. L'ontologie finale a été créée par programme à l'aide de *Jena* en lisant les modèles de bilans de santé dans l'ancien format de *MedView* et en créant les classes, les propriétés et les instances en *OWL*, selon les décisions de conception prises antérieurement.

Processus de vérification : dans la mesure où le format précédent de *MedView* avait servi de spécification pour les ontologies de *SOMWeb* et que celle-ci avait traduite automatiquement, les ontologies de *SOMWeb* se sont révélées conformes à la spécification.

Processus de validation : dans le prototype de *Protégé*, nous nous sommes rendu compte que l'ontologie *SOMWeb* pouvait servir à réaliser le scénario motivant et fournir des modèles pour l'enregistrement des bilans de santé.

Processus de maintenance : au niveau du développement il était important que l'utilisateur final puisse ajouter des instances à l'ontologie avec toutefois la possibilité d'ajouter des métadonnées pour montrer qui a créé un concept et, idéalement, pour quelle finalité. Dans *SOMWeb*, la finalité d'ajout d'une instance vient du besoin d'enregistrement d'un bilan de santé. Une politique de gestion des versions n'a pas encore été établie.

5. Phase d'utilisation

Processus de fonctionnement : l'ontologie est utilisée comme un schéma de représentation des bilans de santé dans le système *SOMWeb* [Falkman et al. 2008]. D'autres parties de ce système, telles que les données sur les membres, les réunions, l'actualité et les métadonnées du cas, sont également représentées à l'aide d'*OWL* et de *RDF*.

Processus d'approvisionnement : les ontologies sont disponibles à l'adresse suivante: http://www.somweb/ontologies/. Cependant, les données instanciées provenant des bilans de santé ne sont pas accessibles au public. Les instances des bilans de santé établies par la communauté en ligne sont disponibles en ligne via le « login » d'accès des membres ;

toutefois, quand les cliniciens visualisent les cas, ils voient des représentations en langage naturel plutôt qu'en *RDF*.

Les phases de maintenance et de retrait de service ne sont pas incluses ici, car le développement n'a pas encore atteint ces phases.

DISCUSSION

Utiliser l'ISO/IEC 15288 pour le développement de l'ontologie comporte des similitudes avec d'autres méthodologies de construction d'ontologies, telles que celles décrites ci-dessus, plus proches de Methontology. Toutefois, l'applicabilité du standard à une gamme étendue de systèmes associés à des activités entraîne un niveau souhaitable d'adaptabilité à différentes configurations de développement d'ontologies. Une ontologie n'existera probablement pas toute seule, mais fera partie d'un système plus vaste, composé à la fois de composants logiciels et humains. Dans la mesure où l'ISO/IEC 15288 peut être utilisée à tous les niveaux d'appréhension du système, il est logique de l'appliquer également au niveau de l'ontologie. Le standard fournit un cadre pour penser et agir à un même niveau système indépendamment de la technologie et de la discipline. En visualisant les ontologies comme des systèmes, nous acquérons l'accès à un cadre conceptuel intéressant et utile, avec une vision globale d'ingénierie logicielle et système. Le standard du cycle de vie des processus fournit une base pour les modèles axés sur les phases de cycle de vie et pour un cadre de processus ajusté, qui fournissent des points de départ pour communiquer et coordonner. Un inconvénient possible d'utiliser un tel standard général est d'avoir à traiter plus de facteurs que nécessaires pour développer l'ontologie. Cependant, l'ajustement du standard devrait aider à faire face à ce problème, afin que les processus non pertinents soient retirés.

L'ISO/IEC 15288 fournit un support pour les systèmes techniques, les systèmes non techniques et pour les systèmes comprenant à la fois des éléments de système technique et non technique. Ceci s'impose dans le cas des ontologies, où les éléments de systèmes non techniques, tels que les connaissances humaines et les accords sur les conceptualisations de domaine, relèvent de ce type de systèmes. En continuant sur le chemin du Penser Système, il serait très intéressant de considérer les concepts de Senge [Senge, 1990] sur le « dialogue » et la « discussion habile » pour parvenir à un consensus sur les concepts ontologiques. Le dialogue est défini comme « enquête collective s'appuyant sur l'expérience quotidienne et sur ce que nous prenons comme acquis ». Dans la discussion habile – différant des discussions improductives dans le sens où les participants ne prennent pas part uniquement à des « guerres de plaidoyers » – une gamme de techniques, telles que la réflexion concertée et les compétences pour enquêter, sont utilisées. Un autre outil présenté par [Senge, 1990] concerne le langage « des liens et des boucles », où les représentations des relations de causalité multiples peuvent être construites à l'aide de simples notions de liens, de boucles et de retards. L'utiliser pour analyser les problèmes rencontrés dans le développement et le déploiement des ontologies dans différentes situations pourrait s'avérer judicieux.

Travailler dans le cadre de l'ISO/IEC 15288 donne accès à des guides de recommandations détaillés pour les différentes phases de développement, même si elles ne sont pas spécifiques aux ontologies. Une cartographie complète des ontologies n'a pas encore achevée, mais serait un travail intéressant pour l'avenir. En outre, les processus proposés peuvent être élaborés afin d'ajouter des détails aux différents aspects de la gestion de l'ontologie, par exemple, l'élicitation, la maintenance et l'évolution, issus des recherches en cours dans ces domaines. Un prolongement pertinent au travail présenté ici serait de décrire comment le standard et ses processus peuvent être appliquées au développement de logiciel basé sur l'ontologie.

REFERENCES DE L'ETUDE DE CAS

Falkman, G., Gustafsson, M., Jontell, M., and Torgersson, O. (2008) SOMWeb: A Semantic Web-based System for Supporting Collaboration of Distributed Medical Communities of Practice. Journal of Medical Internet Research 10(3):e25, Theme issue on Medicine 2.0.

Fernández-López, M., Gómez-Pérez, A and Rojas Amaya, M. D. (2000) Ontology's crossed life cycles. In EKAW '00: Proc. 12th European Workshop on Knowledge Acquisition, Modeling and Management, pages 65–79, London, UK.

Gruber, T.R. (1993) A translation approach to portable ontologies. Knowledge Acquisition, 5(2):199–220

Grüninger, M. and Fox, M. (1995) Methodology for the design and evaluation of ontologies. In IJCAI'95, Workshop on Basic Ontological Issues in Knowledge Sharing.

D. Gómez-Pérez and Rojas-Amaya, D. (1999) Ontological reengineering for reuse. In EKAW '99: Proc. 11th European Workshop on Knowledge Acquisition, Modeling and Management, pages 139–156, London, UK.

Gustafsson, M. (2006) Ontology Development and Deployment Using ISO/ IEC 15288 System Life Cycle Processes. In Joachim Baumeister and Dietmar Seipel (eds.): Proceedings of the Second Workshop on Knowledge Engineering and Software Engineering, June 14-19, 2006, Bremen, Germany. pp. 15-26.

Gustafsson, M. (2008) SOMWeb: Supporting a Distributed Clinical Community of Practice Using Semantic Web Technologies, PhD Thesis Chalmers University and Göteborgs University.

Lytras, M. D. (2004) Tom gruber in ais sigsemis bulletin! AIS Special Interest Group on Semantic Web and Information Systems, 1(3).

Noy, N.F. and McGuinness, R.L. (2001) Ontology development 101: A guide to creating your first ontology. Stanford Knowledge Systems Laboratory Technical Report.

Pinto, H.S. and Martins, J. P. (2004) Ontologies: How can they be built? Knowledge and Information Systems, 6(4):441–464.

Schreiber, G. and Wood, D. (co-chairs) (2004) Semantic Web Best Practices and Deployment Working Group. W3C Working Group. Available at: http://www. w3.org/2001/sw/BestPractices/

Uschold, M. and King, M. (1995) Towards a methodology for building ontologies. In Proc. IJCAI95's workshop on basic ontological issues in knowledge sharing, Montreal, Canada.

W3C Recommendation (2004a) Web Ontology Language (OWL). See http://www. w3.org/2004/OWL

W3C Recommendation (2004b) Resource Description Framework (RDF). See http://www.w3.org/RDF

Chapitre 8 - Organisations et Entreprises considérées comme Systèmes

Atteindre une Finalité, des Buts et une Mission

Nous avons établi au chapitre 1 un cadre de référence pour ce livre, à savoir que pour atteindre une finalité, des buts et des missions, les organisations et leurs entreprises doivent se focaliser sur les systèmes. Ce dernier chapitre considère l'intégration des actifs des systèmes de soutien d'une organisation. Souvenez-vous du premier chapitre : les termes organisation et entreprises sont pris le même sens.

L'intégration des éléments d'une organisation conduit à un *Système d'Intérêt organisationnel*, représentant une agrégation de systèmes. Ainsi, les systèmes sont vus du point de vue de la gestion de l'entreprise [Arnold et Lawson, 2004]. Ils constituent les briques de base d'un paysage de systèmes qui apportent la substance de l'Organisation et sont couramment appelés Architecture d'Entreprise.

SYSTEME(S) D' INTERET ORGANISATIONNEL(S)

Pour sélectionner les systèmes de son portefeuille d'*actifs-systèmes institutionnalisés*, l'organisation se base sur ses estimations de besoins pour opérer son business. Autrement dit, le *Système d'Intérêt de l'organisation* est composé des systèmes qui fournissent les services requis. Quand l'organisation fonctionne, sur la base d'une instance du *Système d'Intérêt de l'organisation* définie, on s'attend à ce qu'elle fournisse l'effet désiré, à savoir, atteindre *la finalité, les buts et les missions*. Ainsi, l'organisation entière, en opération, est *un Système de Réponse* qui répond à la *Situation-Système* des besoins de ses « clients » en fournissant des produits et services à valeur ajoutée.

Alors même que les systèmes en place varient d'une organisation à l'autre, les catégories de systèmes que l'on peut trouver sous une forme ou une autre dans la plupart des organisations publiques, privées et à buts non lucratifs, est illustrée par la Figure 8-1. Les organisations sont formées d'éléments d'infrastructure comprenant des personnes, processus, méthodes, procédures et de données-informations-connaissances. Des éléments d'infrastructure sont utilisés en tant que systèmes contributeurs pour produire des produits et services à valeur ajoutée ainsi que pour gérer l'organisation du business. Au chapitre 6 nous avons présenté des exemples de divers types de produits et services à valeur ajoutée produits par les organisations.

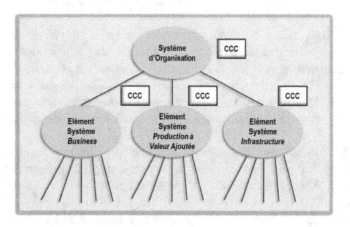

Figure 8-1: Système d'Intérêt organisationnel

Chacun des éléments système du *Système d'Intérêt organisationnel,* devient, par une décomposition récursive, un *Système d'Intérêt* lui-même composé d'éléments systèmes qui, de par l'émergence, satisfait aux besoins spécifiques, assure les services nécessaires et fournit l'effet attendu en fonctionnement. Comme pour tous les systèmes, le besoin de décomposition plus fine du système d'organisation est basé sur des préoccupations de risques et de considérations de coûts/bénéfices. Autrement dit, les systèmes des niveaux les plus bas satisfont les besoins spécifiés et le management de l'organisation est convaincu de la bonne maîtrise (du risque) par ce niveau final. Lorsqu'ils fonctionnent, les systèmes sont censés fournir leurs services de façon fiable.

L'architecture hiérarchique de la Figure 8-1 illustre des instances d'un Système d'organisation de Gestion du Changement, au travers des *CCC*. Les *CCC* ont l'autorité et la responsabilité des décisions de gestion des changements structurels et opérationnels, correspondants à leurs domaines respectifs dans l'organisation.

Une organisation est souvent représentée sous forme d'organigramme avec une hiérarchie de fonctions telles que la Vente, le

Marketing, la Publicité, le Support au Client, la Production, l'entreposage, le Transport, les Ressources Humaines, etc. Cependant, une alternative bénéfique pour *Penser et Agir systèmes*, consiste à visualiser l'organisation d'un point de vue de systèmes supports et coopérants qui sont définis et opérés au sein de l'organisation. Ainsi, leurs relations réelles ne sont pas nécessairement hiérarchiques mais suivent les besoins de coopération et support interconnectés en réseau. C'est de cette interrelation que les systèmes thématiques peuvent être extraits des systèmes institutionnalisés, et former la base d'études de situations problématiques et opportunistes.

La Vue du Kaléidoscope

Une organisation, pour fonctionner avec succès, peut s'appuyer sur de nombreuses visions des systèmes, parmi elles :

- Les produits ou services fournis, à valeur ajoutée.
- L'ensemble des contrats établis et entretenus.
- Les ressources définies et utilisées.
- La structure de l'organisation (humaine, financière et physique).
- Les systèmes et leurs modèles de cycle de vie.
- Les processus définis et utilisés.
- La structure organisationnelle des délégations de pouvoir et des responsabilités.

Toutes ces vues conduisent à divers types de systèmes qui, lorsqu'ils sont appréhendés par des individus et des groupes, définissent des *Systèmes d'Intérêt* d'un point de vue particulier. Dans une organisation apprenante, il est vital d'unifier ces vues avec d'autres vues pertinentes, pour former une vision partagée qui permette la coopération indispensable au succès.

Les Managers, propriétaires de systèmes

Si l'on adopte une vision système d'une organisation, la définition traditionnelle des fonctions de management est remplacée par (ou est définie pour inclure) un rôle de propriétaire de système, comme décrit au chapitre 4. La propriété peut comprendre des définitions de systèmes, la production, une ou plusieurs instances d'un *produit-système*.

Suivant le type de systèmes impliqués, la propriété d'un système peut impliquer une grande diversité de rôles de management, comme l'illustre le Tableau 8-1. Le lecteur peut utiliser le terme « Manager du Système X » pour identifier la personne propriétaire système correspondant.

Tableau 8-1: Rôles de Management de Systèmes

Système d'Actifs	Système d'Entreprise
Système de Gestion du Changement	Système de Configuration
Système Contractuel	Système de Données
Système d'Ingénierie	Système d'Installations
Système Financier	Système de Ressources Humaines
Système d'Information	Système de Propriété Intellectuelle
Système d'Investissement	Système de Technologie de l'Information
Système de Connaissances	Système de Processus de Cycle de vie
Système Logistique	Système Marketing
Système de Police	Système de Processus
Système Produit	Système de Production
Système Programme	Système d'Offre
Système de Relations Publiques	Système Qualité
Système d'Exigences	Système de Ressources
Système de Risque	Système de Ventes
Système de Sécurité	Système de Services
Système Stratégique	Système de Chaîne Logistique
Système Technologique	Système de Déchets

Distribution des Autorités et des Responsabilités

Dans leur rôle de propriétaires de système, les managers en assument la responsabilité et devraient être investis de l'autorité de gestion du cycle de vie de leur système. Pour exercer une gestion efficace, le propriétaire du système devrait utiliser une instance du *Système de Gestion du Changement* sous la forme d'un *CCC* composé de représentants de personnes directement affectées par les décisions ainsi que de conseillers, experts appropriés. Une structure hiérarchique de *CCC* se déploie et correspond dans une large mesure à la structure système de l'organisation. Au sein de cette structure, les autorités et les responsabilités sont déléguées aux niveaux inférieurs, comme l'illustre la Figure 8-2.

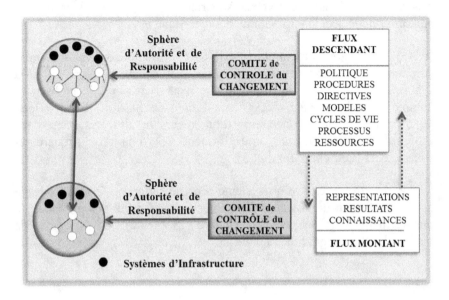

Figure 8-2: Distribution des autorités et des responsabilités

Au sein d'un *Système d'Intérêt*, géré en cycle de vie par un *CCC* de niveau élevé, un élément système est fourni par une entité organisationnelle d'un niveau inférieur. Ainsi, la relation entre ces deux entités de l'organisation, est celle d'acquéreur-fournisseur qui peut (et devrait) être régulée en utilisant les recommandations des *processus Contractuels* de l'ISO/IEC 15288. Notez la similitude avec la discussion du chapitre 4 sur la chaine logistique. Dans ce cas, l'acquéreur et le fournisseur sont membres de la même organisation.

L'autorité et la responsabilité de la gestion du cycle de vie des systèmes étant distribuées à travers l'organisation, comme le montre la Figure 8-2, divers flux se produisent comme une conséquence naturelle de la relation acquéreur-fournisseur. Quelques flux, parmi les plus importants, sont indiqués sur la droite. Dans le cas des flux descendants, plusieurs aspects relèvent de l'application des *processus de soutien aux projets* de l'ISO/IEC 15288. Rappelons-nous la discussion sur l'utilisation des *processus de soutien aux projets* pour la *Gestion du Changement*, au chapitre 5.

Dans le flux montant, il est important de noter l'aspect *représentation*. Conformément aux notions d'organisation de Russel Ackoff's [Ackoff, 1994] (voir chapitre5), il est important que les personnes représentant les intérêts de niveau inférieur participent aux prises de décisions des niveaux supérieurs qui affectent leur travail. Ackoff appelle ceci la « hiérarchie démocratique ».

Les relations hiérarchiques du *CCC* qui en découlent, suivent la structuration du *Système d'Intérêt*, comme l'illustrent la Figure 1-9 et la Figure 5-8. Autrement dit, il existe une récursivité dans l'organisation, comme dans le *Modèle de Système Viable* de Stafford Beers [Beer, 1985], qui reflète la décomposition récursive des systèmes dans l'alignement des contrats qui forment les relations acquéreurs-fournisseurs (voir chapitres 4 et 5).

Mettre en œuvre un système d'organisation de la façon décrite ci-dessus, fournit de la substance à l'approche système des principes de management requise par le standard ISO 9001 du système de management de la qualité [ISO 9001].

Organisations dans leurs Environnements

L'Organisation ou ses Entreprises devraient être vues comme un *Système d'Intérêt-Restreint* (*SdI-R*) qui existe dans un *SdI-E* (*Système d'Intérêt-Etendu*) et qui, collectivement, existent dans un *Environnement* et même un *Environnement plus large*, comme introduit au chapitre 1 et maintenant illustré à nouveau dans la Figure 8-3.

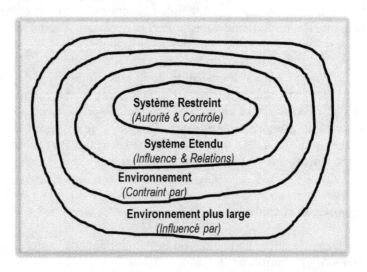

Figure 8-3: Organisation en tant que Système d'Intérêt-Restreint

Comme noté dans la figure, une organisation ou une entreprise, dans sa sphère d'influence, a l'autorité et le contrôle sur ses systèmes et leurs opérations. Autrement dit, elle contrôle sa propre destinée et prend les décisions associées. Elle peut seulement influencer et avoir des relations formelles ou informelles avec le *SdI-E* qui peut, comme discuté dans l'exemple du fabricant de jouets au chapitre 2, consister en ses clients et la chaine logistique. Les organisations regroupées du *SdI-R* et du *SdI-E*, contraintes par des facteurs établis dans l'*Environnement*, peuvent aussi être influencées par des facteurs de l'*Environnement plus large*, par exemple des règles et règlementations, etc.

ARCHITECTURES D'ENTREPRISES

« *Une Architecture d'Entreprise est un jeu de représentations descriptives (i.e. de modèles) qui sont pertinentes pour décrire une Entreprise de telle sorte qu'elle peut être produite selon les exigences de management et maintenue sur tout la période de sa vie utile.* »
John A. Zachman, Zachman Institute for Framework Advancement [www.zifa.com]

Pour identifier comment les organisations et leur entreprises pourraient bénéficier des technologies de l'information, Zachman développa dans les années 1980 un modèle de cadre pour identifier les aspects essentiels des besoins d'informations des organisations par des représentations sous forme de modèles. [Zachman, 1987 et 2008]. Ainsi, ses premiers efforts ont porté sur l'*Architecture de l'Information* mais plus tard via divers raffinements, les modèles ont globalement été appelés *Architectures d'Entreprise*. En réalité, Zachman fournit un cadre pour établir les relations entre les deux, autrement dit, l'*Entreprise et son Architecture d'Information*.

Au chapitre 4 nous avons considéré des *Cadres d'Architecture*, tels que décrits dans le standard ISO/IEC 42010 qui permet de bâtir les standards organisationnels pour décrire et communiquer sur les structures essentielles, par exemple au sein d'un groupe responsable de la gestion d'une ligne de produit, de la gestion de projet ou d'une entreprise. Le cadre de Zachman ainsi que beaucoup d'autres cadres tels que DoDAF, MoDAF, NAF, FEAF, TOGAF sont utilisés pour définir l'architecture d'une Entreprise. Beaucoup d'entre eux, définis par des comités, brassent larges et sont complexes. Comme mentionné auparavant, il est intéressant de noter que les descriptions de beaucoup de ces cadres d'architecture représentent plusieurs centaines de pages.

Un INCOSE Fellow fait l'observation pertinente suivante :

« *J'ai surveillé le buzz sur les architectures d'entreprise, la Federal Enterprise Architecture et le cadre d'Architecture du DoD, DoDAF, ainsi que de nombreuses architectures d'entreprises commerciales et des cadres d'architecture. Dans l'ensemble, je n'ai pas vu autant de moutons de Panurge depuis que la modélisation des données était supposée nous sauver tous.* »
Jack Ring, INCOSE Fellow et Agent Provocateur

Les complexités indiquées par Ring sont manifestes à l'utilisation de DoDAF et de MoDAF. Les diversités des descriptions de points de vue ont suscité une multitude de types de modèles pour des vues diverses. Ainsi, comme indiqué au chapitre 3 (« *Des standards sont généralement requis quand trop de diversité crée de l'inefficacité ou gêne l'efficacité* »), l'*Object Management Group* a développé un jeu de points de vue plus restrictifs basé uniquement sur UML et SysML [OMG, 2009]. L'utilisation d'UPDM (*Unified Profile for the Department of Defense Architecture Framework (DoDAF) and the Ministry of Defence Architecture Framework (MODAF)*) est décrite par [Hause et Holt, 2010].

Appliquer le cadre d'architecture Léger

Etant donné le point de vue système développé dans ce livre, on peut faire l'observation qu'une façon cohérente de visualiser l'Entreprise est de la considérer comme l'agrégat de tous les systèmes qui ont un intérêt pour l'Entreprise ainsi que les interrelations entre les systèmes. L'*Architecture d'Entreprise* est alors constituée des descriptions architecturales du *Système d'Intérêt*. Un ensemble représentatif de tels systèmes est présenté dans le Tableau 1-1.On l'illustre maintenant sous forme d'une hiérarchie dans la Figure 8-4. Le mot *Système-Entreprise* est peut-être utile dans ce contexte pour différencier l'entreprise, en tant que système opérationnel, contrairement à la description du système et de ses éléments qui constitue l'*Architecture d'Entreprise*.

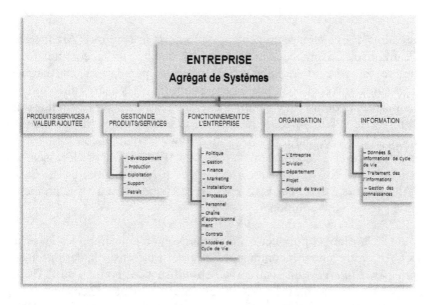

Figure 8-4: Système-Entreprise en tant qu'agrégats de Systèmes

Ainsi, le *Système-Entreprise* est exprimé en termes de produits ou services à valeur ajoutée qu'elle fournit et des systèmes qu'elle utilise dans l'organisation pour produire ses produits ou services. Tous les systèmes du portefeuille du *Système-Entreprise* doivent être gérés de telle sorte que, lorsqu'ils seront requis pour être utilisés en réponse à des situations, ils fonctionneront correctement. Ceci est cohérent avec la vision présentée précédemment dans ce chapitre où les managers des diverses fonctions dans l'entreprise sont en fait les propriétaires de systèmes. Dans ce point de vue système le *CAL* (*Cadre d'Architecture Léger*) introduit au chapitre 4 peut être appliqué pour développer l'architecture composite d'une entreprise. Souvenez-vous que le CAL se construit en appliquant les standards ISO/IEC 15288 et ISO/IEC 42010, ainsi qu'avec la sémantique concrète du système présentée sous le forme du *Kit de Survie des Systèmes*.

Selon le CAL, les parties prenantes (propriétaire, concepteur, développeur, fabricant, utilisateur et opérateur de maintenance) qui ont des intérêts particuliers dans les cycles de vie en matière de (capacités, exigences, fonctions/objets, produits/service, utilisation et support) expriment leurs points de vue en développant des vues des modèles pour chaque système. L'Architecture d'Entreprise peut être définie sur la base de ces vues.

Avertissement: les travaux sur le Cadre d'Architecture Léger (CAL) sont à leurs débuts. Il a été proposé pour mettre de l'ordre dans les cadres d'architecture en général, y compris les cadres d'Architecture d'Entreprise. La préoccupation de votre auteur sur la complexité de nombre de cadres d'Architecture d'Entreprise popularisés, est partagée par d'autres qui cherchent également à simplifier les cadres ainsi que les méthodes et outils qui soutiennent les travaux sur l'Architecture d'Entreprise. Parmi eux, le travail de Tim O'Neill a donné lieu au produit ABACUS fourni par Avolution [www.avolution.com]. Le travail a commencé en encourageant le standard IEEE 1471, prédécesseur du standard ISO/IEC 42010, qui est une des pierres angulaires du Cadre d'Architecture Léger. On vous encourage chaudement à vous promener sur le site web d'Avolution.

Challenge: pour ceux qui s'intéressent à poursuivre les idées sur les CAL, votre auteur recommande de porter l'effort sur la définition des *Systèmes d'Intérêt* d'une entreprise, en utilisant les notions du CAL sur les points de vue et les vues. Ceci aide vraiment à *Penser et Agir systèmes*. Vous pouvez utiliser le produit d'Avolution, ABACUS, comme un moyen pour créer et maintenir des descriptions appropriées. En outre, informez votre auteur de tout travail fait dans ce domaine. Par avance MERCI.

CONDUIRE DES CHANGEMENTS ORGANISATIONNELS

Les éléments fondamentaux de *Gestion du Changement* à l'égard de la cybernétique organisationnelle ont été présentés au chapitre 5. La *Gestion du Changement* concerne aussi bien les décisions associées aux changements de paramètres opérationnels que celles associées aux changements structurels plus fondamentaux de l'organisation. Dans cette section, on se concentre sur le leadership de changement structurel stratégique qui, comme noté au chapitre 6, comprend l'engagement d'actions visant à améliorer les opérations futures de résolution de problèmes ou de saisie d'opportunités. Pour y arriver, il faut un processus bien construit, impliquant l'identification claire de la situation présente, l'établissement des buts du changement, la compréhension et l'analyse de l'écart entre le présent et le futur souhaité et enfin, la mise en œuvre des changements appropriées grâce à des projets de *Systèmes de Réponse*.

De tels changements fondamentaux devraient bien sûr être faits dans le contexte du *Penser et Agir Système*, au sein d'une organisation apprenante. Ainsi, alors que les compétences associées au *Penser et Agir Système*, devraient imprégner toute l'organisation, elles sont de première importance pour *le Comités de Contrôle du Changement (CCC)*. Les membres individuels d'un *CCC* comme le *CCC* dans son ensemble devraient apprendre et pratiquer les cinq disciplines identifiées par Senge et décrites au chapitre 7, à savoir :

- La maîtrise personnelle,
- Les modèles mentaux,
- La vision partagée,
- L'équipe apprenante et
- Le Penser Système

En pratiquant ces disciplines, ils devraient être capables d'identifier les problèmes et les opportunités à adresser en étudiant les systèmes thématiques, et d'exploiter les langages et les méthodologies tels que ceux de Senge, Checkland et Boardman décrits au chapitre 2. L'utilisation effective des disciplines de la *Pensée Créative* telles que le raisonnement analogique de Syntectics, décrit au chapitre 7, fournit également une base pour passer des Connaissances à la Sagesse, en imaginant les futurs pouvant résulter du changement structurel.

En ce qui concerne *l'Agir systèmes*, les qualités de leadership du *CCC* doivent inclure l'aptitude à structurer les activités de changement, à initier les activités de changement, à suivre les activités de changement, à engager les actions correctives requises issues des situations qui émergent pendant le changement et en final à voir que les changements structurels progressent dans l'organisation de sorte que l'effet souhaité du changement soit atteint. Ces aspects cruciaux sont traités via l'application du standard ISO/IEC 15288, tels qu'introduits au chapitre 3.

Processus de Changements Stratégiques

Comme noté au chapitre 5, le standard ISO/IEC 15288 n'a pas processus dédié à la *Gestion du Changement*. Une approche pour mettre en œuvre un Processus de Gestion du Changement est de le créer selon le Processus d'ajustement de l'ISO/IEC 15288. Au chapitre 5, nous avons proposé un objectif pour un tel processus, défini comme suit :

Gestion du Changement	**Prendre les décisions et mettre en place le contrôle des changements de toute nature qui sont essentiels pour atteindre la finalité, les buts et les missions de l'entreprise.**

Pour se focaliser sur le leadership du changement structurel, les résultats et les activités introduites dans le *Processus de Gestion du Changement* doivent refléter le caractère fondamental de ces changements stratégiques. Flood [Flood, 1999] présente un processus d'apprentissage organisationnel et de transformation basé sur des modèles de changement qui peuvent être utilisés pour développer un *Processus de Gestion du Changement*. Une version du modèle proposé de Flood est présentée en Figure 8-5.

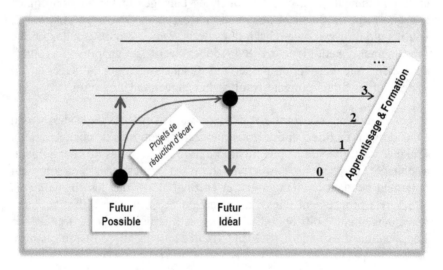

Figure 8-5: Leadership en matière de Changements Systèmes

La figure illustre une série d'étapes chronologiques durant lesquelles des futurs possibles de l'organisation ou de l'entreprise évoluent. En apprenant et en transformant, une entité de gestion des changements telle que le *CCC* doit continuellement surveiller les amorces de changements en utilisant la boucle *OODA* du *Modèle de Changement* introduite au chapitre 3. Le *CCC* doit identifier et faire partager à la fois des futurs possibles et des situations futures, désirées ou idéales. Les différences entre les futurs possibles et idéaux sont ensuite identifiées par une analyse d'écarts. Le *CCC* établit et surveille les projets des *Systèmes de réponse* de réduction d'écart, qui suivent une boucle *PDCA* pour réaliser les changements structurels dans le système d'organisation. Au fur et à mesure que le temps avance, les résultats des projets, en matière de cycles de vie des systèmes en cours de changement, sont mesurés et évalués à des étapes de points de décision. Dans la période temporelle qui suit, des étapes doivent être définies pour recaler les projets existants et peut-être initier des projets supplémentaires de réduction d'écarts pour atteindre un futur idéal réactualisé, comme illustré en Figure 8-6. Conformément au *Modèle de Changement*, pendant que ce processus de changement se déroule, des connaissances sont collectées, à la fois assimilées et reprises par les projets de *Système de Réponse* et des entités organisationnelles.

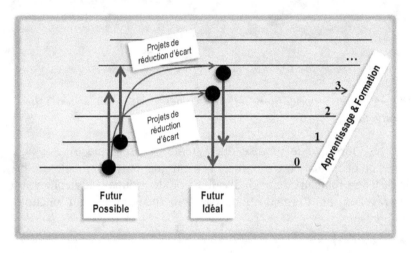

Figure 8-6: Leadership en matière de Changements Système en plusieurs étapes

Omniprésence de la Cybernétique

Les futurs désirés idéaux deviennent des consignes (benchmarks) auxquelles sont comparés les résultats mesurés des projets d'amélioration, afin de réviser la teneur du projet en fonction de la situation actuelle du futur idéal. Ainsi, le modèle fondamental d'un système cybernétique, tel que décrit au chapitre 5, s'insinue dans toutes les prises de décision d'un *CCC*. La figure 8-7 illustre les activités de changement associées à la structure cybernétique d'un *CCC*.

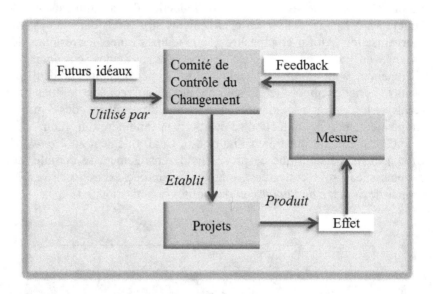

Figure 8-7: Application de la Cybernétique au Leadership du Changement

Alors que le modèle du système cybernétique est adapté aux prises de décisions du *CCC*, il est évident que dans ce modèle des prises de décision fondamentales, individuels ou de groupes, adviennent à tous les niveaux de l'organisation,. La cybernétique est un phénomène omniprésent.

Transformer les Organisations

Il y a beaucoup d'écueils lorsque l'on effectue des changements stratégiques dans une organisation. John Kotter [Kotter, 1995] identifie huit étapes pour transformer une organisation et détaille, pour chacune d'elles, les sources d'échec précisées dans le Tableau 8-2.

Table 8-2: Etapes et Echecs dans la Transformation d'une Organisation

1. Etablir un Sentiment d'Urgence. Examiner les faits du marché et de la concurrence. Identifier et discuter des crises, des crises potentielles ou des opportunités majeures.	Ne pas établir un sentiment suffisamment profond de l'urgence.
2. Former une Coalition Dirigeante Puissante. Monter un groupe avec suffisamment d'énergie pour conduire l'effort de changement. Encourager le groupe à travailler ensemble en équipe.	Ne pas créer une coalition assez puissante.
3. Créer une Vision. Créer une vision pour aider à orienter l'effort de changement. Développer des stratégies pour atteindre cette vision.	Manquer de vision.
4. Communiquer la Vision. Utiliser tous les véhicules possibles pour communiquer sur la nouvelle vision et les stratégies. Former aux nouveaux comportements par l'exemple de la coalition dirigeante.	Sous-communiquer sur la vision d'un facteur dix.
5. Responsabiliser d'Autres personnes pour Agir sur la Vision. Se débarrasser des obstacles au changement. Changer les systèmes ou les structures qui handicapent sérieusement la vision.	Ne pas enlever les obstacles à la nouvelle vision.
6. Planifier et Créer des Réussites à Court Terme. Planifier des améliorations visibles de performance. Créer ces améliorations. Distinguer et récompenser les employés impliqués dans ces améliorations.	Ne pas planifier systématiquement ni créer des réussites à court terme.
7. Consolider les Améliorations et Poursuivre l'Effort de Changements. Utiliser la crédibilité croissante pour changer les systèmes, les	Déclarer la victoire trop tôt.

structures et les politiques qui ne cadrent pas avec la vision.	
8. Institutionnaliser les Nouvelles Approches. Articuler les connections entre les nouveaux comportements et les succès de l'organisation. Développer les moyens d'assurer le développement et la succession du leadership.	Ne pas ancrer les changements dans la structure de l'organisation.

Ces étapes fournissent un guide utile pour les *CCC*, en particulier sur la façon dont le *CCC* interagit avec le reste de l'organisation.

Contrer l'effet d'entropie

L'effet d'entropie a été décrit au chapitre 5. Il est crucial quand on gère et dirige des organisations d'éviter l'effet d'accroissement d'entropie qui détériore les *actifs-systèmes* institutionnalisés. Pour assurer la disponibilité de systèmes stables, fiables et en permanence améliorables, on doit injecter de l'entropie négative, étapes par étapes. La Figure 8-8 illustre l'injection d'entropie négative qui peut conduire à renforcer les boucles de réduction d'entropie ainsi que celles qui limitent la réduction de l'effet de l'entropie.

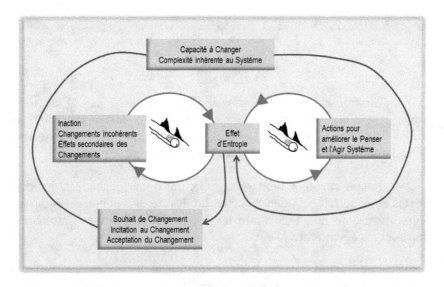

Figure 8-8: A la Recherche de l'Entropie Négative

Le raffinement de l'entropie négative en activités plus précises et les actions associées est laissé aux lecteurs en exercice à faire. Ceci peut se baser, bien évidemment, sur les nombreux aspects du Penser et Agir Systèmes qui ont été introduits durant ce voyage. Par exemple, ils peuvent comprendre l'utilisation des *cinq disciplines* de Senge, le déploiement de la *Méthodologie Système Soft* de Checkland, l'utilisation des *Systemigrams* de Boardman et Sauser, l'élaboration d'*architectures systèmes* appropriées, l'introduction d'une démocratie participative dans les *prises de décision*, l'application de la *cybernétique organisationnelle*, la création de *CCC*, la mise en œuvre de l'ISO/IEC 15288 pour gérer les cycles de vie systèmes et bien d'autres encore.

La durabilité de l'amélioration est aussi un problème crucial. On peut réussir grâce à des solutions de facilité, par exemple avec des systèmes pour lesquels les changements sont évidents et où l'on peut réaliser des gains rapidement. Comme noté dans le tableau 8-2, Kotter souligne les avantages des réussites à court terme mais il est important de ne pas perdre de vue l'aspect crucial d'inscrire les gains dans la durée et de s'attacher à un leadership soutenu et à des changements et sur le long terme.

ATTEINDRE LA QUALITE DANS LES ORGANISATIONS, LES ENTREPRISES ET LES PROJETS

Un but ultime des organisations, des entreprises et de leurs projets est d'atteindre et de préserver la qualité de leurs produits et services à valeur ajoutée ainsi que de leurs opérations. Le standard ISO 9001 établit huit principes qui caractérisent la qualité comme suit:

Focus sur le Client – Les Organisations dépendent de leurs clients et de ce fait devraient comprendre les besoins actuels et futurs de leurs clients, devraient satisfaire les besoins des clients et s'attacher à dépasser les attentes des clients.

Leadership – Les leaders établissent la cohérence entre la finalité et la direction de l'organisation. Ils devraient créer et maintenir l'environnement interne dans lequel les personnes deviennent pleinement impliquées dans l'atteinte des objectifs de l'organisation.

Implication des personnes – Les personnes à tous niveaux sont l'essence d'une organisation et seule leur implication totale permet d'utiliser leurs aptitudes pour le bénéfice de l'organisation.

Approche Processus– Un résultat souhaité est atteint plus efficacement quand les activités et les ressources sont gérées comme un processus.

Approche Système du management – Identifier, comprendre et gérer les processus inter reliés comme un système, contribue à l'efficacité et l'efficience de l'organisation pour atteindre ses objectifs.

Amélioration Continue – L'amélioration continue de la performance globale de l'organisation devrait être un objectif permanent de l'organisation.

Approche factuelle pour la prise de décision – Les décisions efficaces sont basées sur l'analyse des données et des informations.

Relations fournisseur mutuellement avantageuses – Une organisation et ses fournisseurs sont interdépendants et une relation mutuellement avantageuse améliore l'aptitude des deux parties à créer de la valeur.

Le lecteur devrait facilement identifier que tous ces principes ont été pris en considération, directement et indirectement, durant ce parcours au pays des systèmes. Il y a une explication détaillée des principes sur le site web ISO http:// www.iso.org/iso/qmp.

Mise en œuvre des Standards des Systèmes de Gestion

Un certain nombre d'autres standards de systèmes de gestion peuvent être requis dans une organisation, en complément aux systèmes de gestion de la qualité définis dans l'ISO 9001. Le standard ISO 14001 du Système de Gestion Environnemental est l'un d'entre eux ; il y a aussi des standards pour la sécurité de l'information, la sûreté des produits, la sécurité des chaînes logistiques, la médecine du travail et bien d'autres domaines, qui imposent des exigences aux systèmes de gestion. Dans cette section, des recommandations pour mettre en œuvre des standards de systèmes de gestion sont fournis pour démontrer l'approche qui concerne les familles de standards ISO 9000 et ISO 14000.

Les familles de standards ISO 9000 et ISO 14000 sont « des standards génériques de systèmes de gestion ». Autrement dit, les standards peuvent s'appliquer :

– à n'importe quelle organisation, grande ou petite, et quels que soit ses produits ou services ;
– à tout secteur d'activité et ;
– à toute organisation qu'elle soit une entreprise commerciale, une administration publique ou un service de l'état.

Ces deux standards ont été mis en œuvre par plus d'un million d'organisations dans plus de 175 pays. Les exigences de ces standards sont fournies dans l'ISO 9001 [ISO 9001] et l'ISO 14001 [ISO 14001]. Ces standards peuvent être utilisés pour une évaluation interne d'une organisation ou comme base pour une certification externe indépendante de conformité aux exigences des standards respectifs.

L'ISO 9001 et l'ISO 14001 encouragent tous deux l'utilisation d'une approche système pour la gestion de la qualité et respectivement de facteurs environnementaux. Etant des systèmes, ils doivent eux-mêmes être gérés en cycle de vie par l'organisation et, espérons-le, par une sorte de *Comité de Contrôle du Changement*. Un plan de mise en œuvre d'un système de gestion selon l'ISO 9001 ou l'ISO 14001 dans une organisation, peut utiliser l'ISO/IEC 15288 comme base pour gérer les cycles de vie de leurs systèmes de gestion. Le reflet du besoin de cycle de vie et l'encapsulation des éléments système de ces systèmes de gestion sont illustrés en Figures 8-9 et 8-10.

Les relations entre les éléments système sont illustrées et définies dans les modèles système fournis dans les standards ISO 9001 et ISO 14001. Dans les deux cas, le produit concret des systèmes de gestion de la qualité et de l'environnement sont des documents (i.e. des manuels) qui sont utilisés en allouant des exigences aux activités de l'organisation/entreprise, aux produits et aux services. La gestion du cycle de vie de ces systèmes de gestion fournit un moyen structuré de customiser (ajuster) et d'intégrer les exigences des standards en pratique dans l'organisation. Un part cruciale de cet ajustement concerne le développement des politiques et des procédures. L'Entreprise doit alors assurer, via sa politique et les procédures, que les phases du cycle de vie et leur processus constitutifs intègrent, aux endroits appropriés, les exigences des Systèmes de Gestion de la Qualité et de l'Environnement par l'application de leurs manuels respectifs.

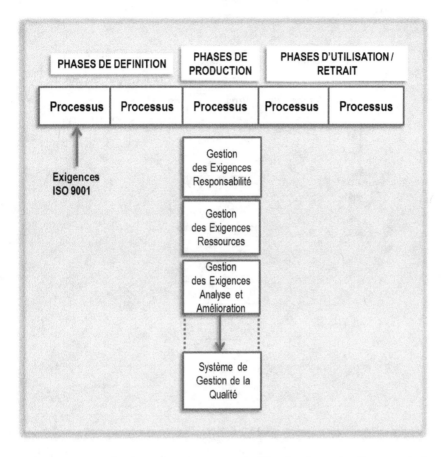

Figure 8-9: Cycle de vie et Composition du Système de Gestion de la Qualité

Nota: Dans le diagramme en T introduit au chapitre 6, le cycle de vie d'un système composé de phases et de processus utilisés dans ces phases est représenté horizontalement, alors que le *produit-système* ou le *service-système*, composés d'éléments systèmes intégrés dans un *Système d'Intérêt* est représenté verticalement, comme résultat d'une forme de « production ».

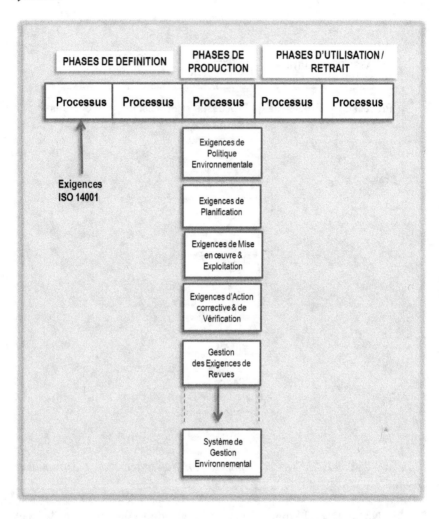

Figure 8-10: Cycle de vie et Composition du Système de Gestion Environnemental

Déployer les Systèmes de Gestion de la Qualité ou de l'Environnement

Le déploiement (utilisation) de ces deux systèmes de gestion, implique de les utiliser comme exigences de parties prenantes en entrées tous les autres systèmes que l'organisation produit sous forme de produits ou services ou utilise en tant qu'*actifs-systèmes* institutionnalisés pour leur propres besoins d'infrastructure et de gestion du business. C'est ce qu'illustre la Figure 8-11.

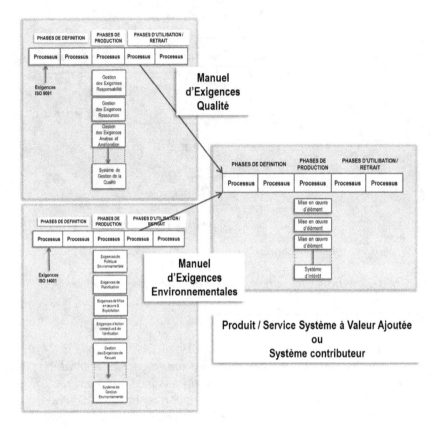

Figure 8-11: Appliquer les exigences des systèmes Qualité et Environnementaux

Les aspects qualité et environnementaux sont pris en compte pour planifier les systèmes intermédiaires qui conduisent à des versions successives d'un *Système d'Intérêt*. En particulier, dans les phases amont du cycle de vie, les exigences sont analysées et ensuite distribuées aux phases, processus et activités appropriés. En outre, les exigences associées aux propriétés des produits et services sont fournies aux projets des *Systèmes de Réponse* qui réalisent les transformations pratiques des définitions de systèmes, produisent les produits et services, exploitent (peut-être via une entité organisationnelle) et ensuite éliminent potentiellement le *produit-système* ou le *service-système*. La distribution des exigences est illustrée en Figure 8-12.

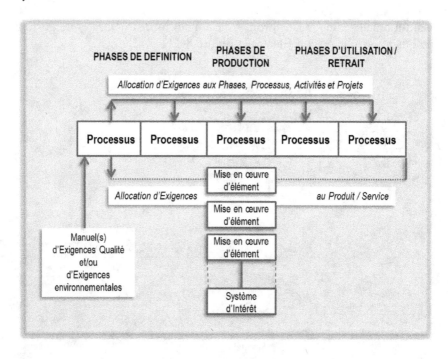

Figure 8-12: Allouer les exigences aux activités, produits et services

Les moyens de vérifier que les exigences du *Système de Gestion de la Qualité* ou du *Système de Gestion Environnemental* ont été satisfaites par un quelconque *produit-système* ou *service-système*, peuvent être facilement réalisés en incorporant des *processus de Vérification* à chaque phase pertinente, comme l'illustre la Figure 8-13. De plus, pour valider que le produit fabriqué ou le service satisfait réellement le client, un *processus de Validation* est aussi inclus dans la phase d'Utilisation. Notez que l'utilisation des processus de Vérification dans les phases aval s'applique à la vérification de la maintenance ou aux exigences de retrait de service.

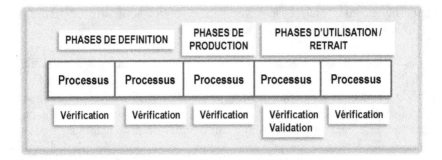

Figure 8-13: Vérification et Validation

Par la distribution des exigences dans les cycles de vie, leur vérification et la validation pour la satisfaction du client, le cadre de l'ISO/IEC 15288 fournit un mécanisme tout indiqué pour mettre en œuvre l'ISO 9001 et l'ISO 14001 ainsi que d'autres standards de systèmes de gestion. Des revues de gestion régulières de la tenue des exigences par le *CCC* est assurée aux points de décision. De plus, quand les phases du cycle de vie sont itérées pour raffiner le *produit-système* ou le *service-système* et développer de nouvelles versions, le cadre continue à fournir des points de décisions de telle sorte que les exigences de qualité ou environnementales demeurent un point focal.

Soutenir les Besoins des Projets

Les exigences allouées aux organisations pour traiter les aspects qualité et environnementaux sont souvent transformées en exigences spécifiques aux projets, pour les projets internes à une entreprise ou entre entreprises. Dans de tels cas, il est important que le projet soit doté des manuels requis pour les planifications, l'exécution des plans projets, l'évaluation des résultats ainsi que le contrôle et la révision des plans projets. Le standard ISO 10006 fournit de telles recommandations pour des systèmes de gestion de la qualité dans les projets [ISO 10006]. Ici encore, l'utilisation de l'ISO/IEC 15288 fournit un cadre pour traiter les exigences de qualité et d'environnement au sein d'un projet. Cela se réalise en accord avec l'approche système illustrée en Figure 8-9. Le *Système de Gestion de la Qualité* est vu comme un système contributeur. Ainsi, en plus des exigences de l'ISO 9001 (et peut-être des exigences de l'ISO 14001) qui sont propagées, des exigences supplémentaires, spécifiques au projet, basées sur l'ISO 10006, sont utilisées dans les phases amont de ce système contributeur.

Il est possible de générer un Système générique de Gestion de la Qualité d'un Projet, géré en cycle de vie, à titre de Manuel Qualité Projet. Dans ce cas, des projets concrets de *Systèmes de Réponse* l'utiliseront (ainsi que le manuel d'organisation), comme des exigences en entrée de chaque projet. Sinon, un manuel de projet unique peut être généré pour chaque projet, sans manuel générique. Le plan d'action dépend du nombre et de la diversité des projets qui doivent être exécutés. Des projets complexes, à long terme, basés éventuellement sur l'implication de multiples organisations, auront le plus probablement besoin d'un *Système de Gestion de la Qualité Projet,* alors que des projets à court terme peuvent tout simplement adapter des aspects nécessaires à partir d'un manuel qualité projet générique ou d'un manuel qualité de l'organisation.

VERIFICATION DES CONNAISSANCES

1. Identifiez des systèmes correspondant aux éléments systèmes de gestion du business, des produits ou services à valeur ajoutée, et d'infrastructures, dans une organisation à laquelle vous êtes familier.

2. Comment les systèmes identifiés en (1) sont-ils gérés dans l'organisation ?

3. Quels bénéfices seraient tirés de la *gestion* et du *leadership* des systèmes identifiés en (1) et 2), si un *Comité de Contrôle du Changement* était mis en œuvre ?

4. Identifiez quelques rôles supplémentaires de gestion (voir le tableau 8-1), dans lesquels les managers peuvent être vus comme des propriétaires de systèmes.

5. Décrivez comment le leadership du planning stratégique est accompli dans une organisation à laquelle vous êtes familier.

6. Identifiez plusieurs systèmes qui devraient être définis dans un cadre Architectural pour une Entreprise à laquelle vous êtes familier. Identifiez le type de modèles que les parties prenantes intéressées à différents points de leurs cycles de vie, pourraient utiliser.

7. Pourquoi la cybernétique et la cybernétique organisationnelle sont-elles aussi importantes ?

8. Donnez quelques exemples où des étapes ont été définies pour transformer une organisation à laquelle vous êtes familier. Décrivez ensuite tout échec qui a pu arriver.

9. En utilisant des exemples de *Penser et Agir Système*, décrivez comment leur injection dans l'organisation tend à contrecarrer l'effet d'entropie.

10. Que signifie « solution de facilité » pour la conduite d'un changement organisationnel?

11. En utilisant les huit principes de la qualité établis par l'ISO 9001, identifiez les connaissances pertinentes acquises pendant notre parcours qui ont adressé ces principes.

12. Quel est le produit le plus concret d'un système de gestion et comment est-il appliqué ?

13. Pourquoi la vérification et la validation des résultats des phases sont-ils si importants ?

RESUMONS LE TOUT!!!

« *Par essence la pensée systémique produit de multiples vues différentes d'une même chose et la même vue de multiples choses différentes.* »
Rusell L. Ackoff

Maintenant que le parcours arrive à sa fin, le lecteur peut apprécier la vision kaléidoscopique des systèmes qui correspond bien à la citation ci-dessus d'un des pionniers du *Penser Système* (systémique).

Le *Parcours* à travers les différents aspects du *Pays des Systèmes* a fourni une vision complète et holistique du *Penser et d'Agir Systèmes*. Comme pour tous les parcours plusieurs sites ou auraient pu ou dû être visités en chemin mais laissons place à de futures investigations sur ce thème fascinant. Votre auteur vous recommande vivement d'utiliser les vastes ressources d'informations d'Internet pour approfondir continuellement vos idées et suivre les nouveaux développements significatifs relatifs aux systèmes.

Le vrai test de l'utilité de ce parcours peut être mesuré par les connaissances acquises ; les changements apparus suite aux connaissances acquises, comment les connaissances peuvent être appliquées dans le monde réel et comment les connaissances contribuent à l'éthique des activités personnelles.[Duffy, 1995] propose des questions très utiles à ce sujet que vous pouvez maintenant utiliser pour voir quel effet la matière de cet ouvrage a eu sur votre propre *Parcours au Pays des Systèmes* :

APPRENDRE, CORPUS DE CONNAISSANCES

1. Ai-je bien saisi les concepts?
2. Qu'est-ce que j'ai retenu de la matière de l'ouvrage?
3. Comment faire la jonction entre les nouveautés apprises et les matières déjà apprises ou connues ?
4. Qu'est-ce que je sais de plus maintenant ?

APPRENDRE, LES PROCESSUS DE CHANGEMENT

1. Comment ma vie ou mon comportement ont-ils changé ?
2. Est-ce que cela change ma façon de regarder le monde?
3. Est-ce que cela remet en cause mes connaissances actuelles ?
4. Est-ce que ma perception du cours a changé depuis que j'ai commencé le cours ?

5. Qu'est-ce qui est différent de ce que je connaissais avant ? Qu'est-ce que j'ai ajouté à ce que je savais avant ? Qu'est-ce que j'ai corrigé par rapport à ce que je savais avant ?

APPRENDRE, APPLICATION ET IMPLICATION DANS LE MONDE REEL

1. Puis-je utiliser les informations dans des situations futures ?
2. Serai-je capable d'appliquer les informations à l'extérieur ? Dans mon travail ?
3. Est-ce que ce que j'ai appris a du sens dans ma vie ? Dans ma vie personnelle ?
4. Suis-je capable d'appliquer en pratique les théories?
5. Quelle est l'application pratique de ce cours ?
6. Puis-je discuter de façon claire d'autres exemples relatifs au même sujet ?
7. Puis-je poser une question qui amplifierait ce qui vient d'être discuté ?
8. Puis-je expliquer l'idée à quelqu'un d'autre ?

APPRENDRE, UNE ACTIVITE ETHIQUE

1. Puis-je utiliser ces informations pour aider d'autres personnes ?
2. Quelles informations ai-je estimé suffisamment pertinentes pour les intégrer dans mon propre jeu de croyances/morale/valeurs ?
3. A quelles informations est-ce que j'accorde suffisamment d'importance pour les transmettre?

Le parcours est arrivé à sa fin.

Bons voyages, à l'avenir!!!

REFERENCES

Ackoff, R. L. (1971) Towards a System of Systems Concepts. Management

Science, 17(11).

Ackoff, R. L. (1994) The Democratic Organization, Oxford University Press, New York.

ANSI/IEEE 1471-2000 Recommended Practice for Architectural Description of Software-Intensive Systems.

Arnold, S., and Lawson, H. (2004) Viewing Systems from a Business Management Perspective, Systems Engineering, The Journal of The International Council on Systems Engineering, Vol. 7, No. 3, pp 229-242.

ASD (2009) Aerospace and Defence Industries of Europe, ASD-STAN, Products and Services S3000L, www.asd-stn.org.

Ashby, W.R. (1964) An Introduction to Cybernetics, Chapman and Hall, 9, London.

Ashby, W.R. (1973) Some Peculiarities of Complex Systems, Cybernetic Medicine, 9, pp. 1-7.

Beer, S. (1985) Diagnosing the System for Organisations, Wiley, Chichester and New York.

Bellinger, G. (2004) www.systems-thinking.org

Bendz, J. and Lawson, H. (2001) A Model for Deploying Life-Cycle Process Standards in the Change Management of Complex Systems, Systems Engineering, The Journal of The International Council on Systems Engineering, Vol. 4, No. 2, pp 107-117.

Blanchard, B.S. (2004) Logistic Engineering & Management, Megregor, London.

Boardman, J. and Sauser, B. (2008) Systems Thinking – Coping with 21st Century Problems, CRC Press, Boca Raton, FL.

Boardman, J. and Sauser, B. (2008) Systemic Thinking; Building Maps for Worlds of Systems, Wiley, Hoboken, NJ.

Boardman, J., Wilson, M. and Fairbairn, A. (2005) Addressing the System of Systems Challenge, Proceedings of the INCOSE International Conference, Rochester, NY.

Boehm, B. W. (1988) A Spiral Model of Software Development and Enhancement, IEEE Computer, May.

Box, G. E. P. and Draper, N. R. (1987) Empirical Model-Building and Response Surfaces. Wiley. pp. p. 424

Boyd, J. R. (1987) An Organic Design for Command and Control, A Discourse on Winning and Losing, Unpublished lecture notes (Maxwell AFB, Ala. Air University).

Brehmer, B. (2005) The Dynamic OODA Loop: Amalgamating Boyd's Loop and the Cybernetic Approach to Command and Control: Assessment, Tools and Metrics, Proceedings of the 10th International Command and Control Research and Technology Symposium: The Future of C2. McLean, VA, June 13-16.

Checkland, P. (1993) Systems Thinking, Systems Practice, John Wiley, Chichester, UK.

Checkland, P. (1999) Systems Thinking, Systems Practice – Includes a 30 year Retrospective, JohnWiley, Chichester, UK.

Checkland, P. and Sholes, J. (1990) Soft System Methodology in Action, Wiley, New York.

Checkland, P. and Poulter, J. (2006) Learning for Action, Wiley, New York.

Churchman, (1971) The Design of Inquiring Systems, Basic Books, New York.

Collinson, M., Monahan, B. and Pym, D. (2012) A Discipline of Mathematical Systems Modelling, Systems Series Volume 2, College Publications, Kings College, UK.

Dahl, O-J., Myhrhaug, B. and Nygaard, K. (1970) Common Base Language, Norwegian Computing Center.

Deming, W.E. (1986) Out of Crises, MIT Center for Advanced Engineering Study.

DoD (2004) Acquisition Deskbook https://dap.dau.mil

DoD (2005) Technology Readiness Assessment (TRA) Deskbook

Donate, I. (2009) A Systemic View of Technology Readiness Levels (TRL), Student project.

Duffy, M. Sensemaking: A Collaborative Inquiry Approach to "Doing" Learning, The Qualitative Report, Volume 2, Number 2, October, 1995 (http://www.nova.edu/ssss/QR/QR2-2/duffy.html)

Ericsson, M. (2006) Why Customer Product Information is Inadequate, Late and Expensive to Produce or how to make it adequate, ready in time and on budget -a Systemic Approach. Student project.

Fairbairn, A., and Farncombe, A. (2001) Enterprise Systemics: Systems Thinking for Plotting Strategy at the Extended Enterprise Level, INCOSE International Conference, Melbourne.

Flood, R.L. and Carson, E.R. (1998) Dealing with Complexity: An Introduction to the Theory and Application of Systems Science, Second Edition, Penum Press, London and New York.

Flood, R.L. (1998) Rethinking the Fifth Discipline: Learning within the unknowable, Routledge, London and New York.

Fornell, C. (2001) The Science of Satisfaction, Harvard Business Review, 79, 3, March 120-121.

Forrester, J.W. (1975) Collected Papers of Jay W. Forrester, Pegasus Communications.

Forsberg, K., Mooz, H., Cotterman, H. (2005) Visualizing Project Management, 3rd edition, John Wiley and Sons, New York, NY.

Fritzson, P. (2004) Object-Oriented Modeling and Simulation with Modelica 2.1, IEEE Press and Wiley-Interscience.

Gordon, W.J.J., (1961) Synectics, the Development of Creative Capacity, Harper & Row, New York.

Gotze, J. and Jensen-Waud, A. (2013) Beyond Alignment: Applying Systems Thinking in Architecting Enterprises, Systems Series, Volume 3, College Publications, Kings College, UK.

Haines, S.G. (1998) The Managers Pocket Guide to Systems Thinking & Learning, HRD Press, Amherst, Mass.

Hammond, E.W. and Cimino, J.J. (2001) Standards in Medical Informatics, Springer

Hause, M. and Holt, J., (2010)Model-Based System of System Engineering with UPDM, INCOSE EuSEC Symposium Proceedings

Herald, T., Berkemeyer, W. and Lawson, H. (2004) A Knowledge Management System Life Cycle Description Using the ISO/IEC 15288 Standard, Proceedings of the INCOSE Conference, Toulouse, France.

Howard, R. (1960) Dynamic Programming and Markov Processes, The M.I.T. Press.

Howard, R. and Matheson, J.E. (editors) (1984) Readings on the Principles and Applications of Decision Analysis, 2 volumes. Menlo Park CA: Strategic Decisions Group.

INCOSE (2010) Systems Engineering Handbook: A Guide for System Life Cycle Processes and Activities,. See www.incose.org.

Ingargio   (2005)
http://www.cis.temple.edu/~ingargio/cis587/readings/tms.html

ISO 9001:2008 (2008) Quality Management Systems, International Standardization Organization, 1, rue de Varembe, CH-1211 Geneve 20, Switzerland.

ISO 10006:2003 (2003) Quality management systems - Guidelines for quality management in projects, International Standardization Organization, 1, rue de Varembe, CH-1211 Geneve 20, Switzerland.

ISO 14001:2004 (2004) Environmental Management Systems -- Requirements with Guidance for Use, International Standardization Organization, 1, rue de Varembe, CH-1211 Geneve 20, Switzerland.

ISO/IEC 12207 (1995) Information technology - Software life cycle processes, International Standardisation Organisation/International Electrotechnical Commission, 1, rue de Varembe, CH-1211 Geneve 20, Switzerland.

ISO/IEC 42010 (2010) Architecture description – Committee Draft 1 (CD1) of the on-going revision.

ISO/IEC 15288 (2002) Information technology – System life cycle processes, International Standardization Organization/International Electrotechnical Commission, 1, rue de Varembe, CH-1211 Geneve 20, Switzerland.

ISO/IEC 15288 (2008) Systems and software engineering - System life cycle processes, International Standardization Organization / International Electrotechnical Commission, 1, rue de Varembe, CH-1211 Geneve 20, Switzerland

ISO/IEC/IEEE 15939, Measurement Process, International Standardization Organization / International Electrotechnical Commission, 1, rue de Varembe, CH-1211 Geneve 20, Switzerland.

ISO/IEC 15504 (2004) Information technology Process assessment (six parts), International Standardization Organization/International

Electrotechnical Commission, ISO,1, rue de Varembe, CH-1211 Geneve 20, Switzerland.

ISO/IEC 19501 (2005) Information technology - Open Distributed Processing - Unified Modeling Language (UML) Version 1.4.2, International Standardization Organization/International Electrotechnical Commission, 1, rue de Varembe, CH-1211 Geneve 20, Switzerland

ISO/IEC 24748-1 (2009) Systems and software engineering - Guide for life cycle

Management, International Standardization Organization / International Electrotechnical Commission, 1, rue de Varembe, CH-1211 Geneve 20, Switzerland.

Jackson, D, (2009) A Direct Path to Dependable Software, Communications of the ACM, Vol. 52, No. 04, April pp. 78-88.

Jennerholm, M. and Stern, P. (2006) Societal Security Handled by a Crisis Management System of Systems, Student Project.

Joint Publication 2-0 (2007) Joint Intelligence, Joint Chiefs of Staff.

Kaplan, R.S. Norton, D.P. (1996) The Balanced Scorecard: Translating Strategy into Action, Harvard Business School Press, Boston, MA.

Kotter, J.P. (1990) What Leaders Really Do, Harvard Business Review, May-June.

Kotter, J.P. (1995) Leading Change: Why Transformation Efforts Fail, Harvard Business Review, March-April, pp. 59-67.

Kruchten, P. (2003) The Rational Unified Process: An Introduction (3rd edition), Addison Wesley.

Langefors, B. (1973) Theoretical Analysis of Information Systems, Studentlitteratur, Lund, Sweden.

Lawson, H. W., and Martin, J. N. (2008) On the Use of Concepts and Principles for Improving Systems Engineering Practice, INCOSE, Proceedings of the INCOSE International Conference, Utrecht.

Lawson, H. (1990) Philosophies for Engineering Computer-Based Systems, IEEE Computer, Vol 23, No.12, December 1990.

Low, A., (1976) Zen and Creative Management, Playboy Paperbacks, New York. ISBN 0-867-21083-4.

Lumina (2009) Influence Diagrams,

http://www.lumina.com/software/influencediagrams.html

Maeir, M., Emory, D., Hilliard, R. (2004) ANSI/IEEE1471 and Systems Engineering, Systems Engineering, The Journal of The International Council on Systems Engineering, Vol. 7, No. 3.

Markowitz, H.M. (1979) Belzer, Jack; Holzman, Albert G.; Kent, Allen. eds. SIMSCRIPT, Encyclopedia of Computer Science and Technology. **13**. New York and Basel: Marcel Dekker. pp. 516.

Martin, J. N. (2000) Systems Engineering Guidebook: A Process for Developing Systems and Products, CRC Press.

Meadows, D.H. (2008) Thinking in Systems: A Primer, Chelsea Green Publishing, White River Junction, VT. (Edited by Diana Wright after Donella Meadows deceased)

MODAF 1.2. (2008) The MOD Architecture Framework, version 1.2 Available from http://www.modaf.org.uk/file_download/39/20081001

Novak, J.D. and Cañas, A.J. (2008) The Theory Underlying Concept Maps and How to Construct and Use Them. Technical Report IHMC CmapTools 2006-01 Rev 01-2008, Florida Institute for Human and Machine Cognition (IHMC) www.ihmc.us

Ntuen, C.A., Munyal, P., Trevino, M., Leedom, D. and Schmeisser, E. (2005) An Approach to Collaborative Sensemaking Process. Proceedings of the 10th International Command and Control Research and Technology Symposium – The Future of C2

OMG, (2009) Object Management Group – Unified Profile for the Department of Defense Architecture Framework (DoDAF) and the Ministery of Defence Architecture Framework (MODAF), available at http://www.omg.org/spec/UPDM/

Pirsig, R.M. (1974) Zen and the Art of Motorcycle Maintenance, William Morrow and Company edition and Bantam Books edition, ISBN 0-553-27747-2.

PMI (Project Management Institute) (2008) A guide to the Project Management Body of Knowledge PMBOK® Guide, Fourth Edition. PMI Inc., Newtown Square, PA.

Pyster, A. and Olwell, D.H. (eds). (2013) The Guide to the Systems Engineering Body of Knowledge (SEBoK), v. 1.2. Hoboken, NJ: The Trustees of the Stevens Institute of Technology. Accessed DATE. www.sebokwiki.org.

Rechtin, E. and Maier, M. (2000) The Art of Systems Architecting, CRC Press, Boca Raton, FL. Second Edition.

Rhodes, D.H. and Ross, A.M. (2010) Five Aspects of Engineering Complex Systems: Emerging Constructs and methods, SysCon2010 – IEEE International System Conference San Diego, CA.

Rifkin, J. (1980) Entropy: A New World View, Bantam Books, New York, ISBN 0-553-20215-4.

Roedler, G., Rhodes, D., Jones, C., Schimmoller, H. (2010) Systems Engineering Leading Indicators Guide, Version 2.0, INCOSE-TP-2005-001-03. International Council on Systems Engineering (INCOSE), San Diego, CA.

Rouse, W.B. (2005) Enterprises as Systems: Essential Challenges and Approaches to Transformation, Systems Engineering, The Journal of The International Council on Systems Engineering, Vol. 8, No. 2, pp 138-149.

Royce, W.W. (1970) Managing the Development of Large Software Systems: Concepts and Techniques, Technical Papers of Western Electronic Show and Convention (WesCon) August 25-28, 1970, Los Angeles.

Schreiber, G. and Wood, D. (co-chairs) (2004) Semantic Web Best Practices and Deployment Working Group. W3C Working Group. Available at: http://www.w3.org/2001/sw/BestPractices/

Senge, P.M. (1990) The Fifth Discipline: The Art & Practice of The Learning Organization, Currency Doubleday, New York.

Senge, P.M., Klieiner, A., Roberts, C., Ross, R.B., and Smith, B.J. (1994) The Fifth Discipline Fieldbook: Strategies and Tools for Building a Learning Organization, Currency Doubleday, New York.

Shewhart, W.A. (1939) Statistical Method from the Viewpoint of Quality Control, Dover, New York.

Skyttner, L. (2005) General Systems Theory: Ideas and Applications, World Scientific Publishing Co., Singapore.

Stevens, R., Brook, P., Jackson, K., Arnold, S. (1998) Systems Engineering: Coping with Complexity, Prentice-Hall Europe.

Schumann, R. (1994) Developing an Architecture that No One Owns: The US Approach to System Architecture, Proceedings First World Congress Appl. Transport Telematics Intelligent Vehicle-Highway Systems, Paris, France.

von Bertalanffy, L. (1968). General system theory: foundations, development, applications (Rev. ed.). New York: Braziller.

Wasson, C.S. (2006). System Analysis, Design and Development: Concepts, Principles, and Practices, John Wiley & Sons, Inc., Hoboken, New Jersey.

Weaver, W. (1948) Science and Complexity. American Science, 36 pp 536-544.

Weick, K. (1995). Sensemaking in organizations. Thousand Oaks, Calif.: SAGE.

Weinberg, Gerald M. (2001) An Introduction to General Systems Thinking, Dorset House Publishing Company, 1st edition.

Wik, M. (2003) Multisensor Data Fusion in Network-Based Defence, First International Conference on Military Technology, Stockholm,

Wurman, R.S. (1989) Information Anxiety, Doubleday, New York.

Zachman, J.A. (1987) A Framework for Information Systems Architecture, IBM Systems Journal, 26(3).

Zachman, J. A. (2008)   The Zachman Framework™: A Concise Definition,   Zachman   International.   Available   from http://www.zachmaninternational.com/index.php/the-zachman-framework/26-articles/13-the-zachman-framework-a-concise-definition ver. 1.1.

A PROPOS DE L'AUTEUR

Harold W. « Bud » Lawson a été très actif dans le milieu de l'informatique et des systèmes depuis 1958 et a une large expérience internationale dans des organisations privées et publiques ainsi que dans des environnements académiques. Ayant une expérience dans de multiples facettes des systèmes informatiques ou à base d'informatique, incluant l'ingénierie logicielle et l'ingénierie système, les architectures informatiques, le temps réel, les langages de programmation et les compilateurs, les systèmes d'exploitation, les standards de cycles de vie des processus, des domaines d'application divers tout comme l'éducation et la formation relatives à l'informatique et aux systèmes.

Bachelor of science de l'université de Temple, Philadelphie, Pennsylvanie et Docteur de l'Université Technique Royale, Stockholm, Suède. Il a contribué à plusieurs avancées pionnières dans des technologies « hardware » et « software » chez Univac, IBM, Standard Computer Corporation et Datasaab. Il intervient comme professeur permanent ou vacataire dans plusieurs universités comme Polytechnic Institute of Brooklyn, University of California, Irvine, Universidad Politecnica de Barcelona, Linköpings University, Royal Technical University, University of Malaga and Keio University. Actuellement Professeur Honoraire de la Swedish Graduate School of Computer Science et Academic Fellow de la School of Systems and Enterprises au Stevens Institute of Technology, Hoboken, NJ.

Membre de l'Association for Computing Machinery, Fellow et membre à vie de l'IEEE, Fellow de l'International Council on Systems Engineering, conférencier de marque d'ACM, IEEE European Distinguished Visitor, membre du ACM Fellows Committee (1997 – 2001), membre Fondateur de SIGMICRO, EUROMICRO, IEEE Computer Society Technical Committee on the Engineering of Computer-Based Systems, Swedish National Association for Real-Time (SNART), les chapitres suédois de l'ENCRESS et de l'INCOSE. Président (1999 – 2000) du comité technique de l'Engineering of Computer-Based Systems. Responsable de la délégation Suédoise à l'ISO/IEC SC7 WG7 (1996 – 2004) et élu architecte du standard ISO/IEC 15288.

En 2000, il a reçu la prestigieuse médaille du mérite de l'IEEE Computer Pioneer Charles Babbage pour son invention en 1964-65 du concept de variable pointeur dans les langages de programmation.

Harold Lawson est consultant indépendant dans sa propre société Lawson Konsult AB et est aussi partenaire consultant de Syntell AB, Stockholm.

A PROPOS DE LA TRADUCTRICE

Brigitte DANIEL ALLEGRO s'intéresse aux *activités transverses aux organisations et à la mobilisation d'équipes sur des projets*. Actuellement elle estime que l'émergence des réseaux sociaux et des approches collaboratives sont une opportunité pour soutenir efficacement un management transversal dans des organisations à réinventer.

Son expérience s'est construite dans le domaine de la *sûreté de fonctionnement* (SDF) dans un premier temps dans l'industrie nucléaire, à EDF, puis dans l'industrie aéronautique, à Airbus. Cela l'a conduit à développer une approche managériale des activités dans laquelle la sûreté de fonctionnement est intimement *liée à la conception des systèmes*.

Au début des années 1990, elle a introduit l'*ingénierie système* et la *valorisation de l'expérience* à Airbus France. Elle s'est appuyée sur ces deux disciplines pour créer une formation interne sur « le métier de concepteur des systèmes avion » en promouvant la *reconnaissance du capital humain des entreprises* (projet européen MNEMOS). Elle a mis en œuvre efficacement ces nouvelles approches dans différents contextes :

- développement de nouvelles capacités opérationnelles pour la flotte Airbus (Future Aeronautical Network System) ;
- projet de changement, organisationnel, économique et technique (modifications avions);
- management de tâches transverses aux systèmes avion (programme Airbus A380).

Ingénieur et artiste textile elle s'intéresse particulièrement aux rapports entre la pensée créative et la pensée système, entre le design artistique et le design industriel.

Brigitte s'appuie sur son *expérience industrielle et ses recherches actuelles* pour les *partager* dans un cadre *académique* (cours « Penser Système » à l'ENSTA-ParisTech à des ingénieurs de la DGA, et à l'ISAE) et *industriel* (coaching d'ingénieurs de l'industrie en architecture système).

Membre de l'AFIS, elle a rédigé un ouvrage d'introduction au Penser Système.

Contributions à diverses associations françaises et américaines dans les domaines de **l'ingénierie système** (AFIS, INCOSE), **artistiques** (Librarts, SAQA (Studio Art Quilt Associate) et **culturelles** (les Yi de Chine).

Loisirs: art textile, danse, voyages, autres cultures, lecture.

Formation
1971-1973: classes préparatoires écoles d'ingénieurs - série A' (Bordeaux)
1973-1976: ENSTA ParisTech
1975-1976: INSTN (Institut National des Sciences et Techniques Nucléaires)
1983-1984: IAE (Institut Administration des Entreprises) Toulouse
1997-1998: « cycle expert » Institut Groupe Aerospatiale, Expert SDF & IS
2004 – 2005: Ecole Supérieure des Arts Appliqués de Toulouse
2003-2008: « City & Guilds in Design & Quilting» (English Diploma)

Langues étrangères: anglais: courant, espagnol: compréhension